Manfred Popp
Deutschlands Energiezukunft

Weitere Titel zu diesem Thema:

Synwoldt, C.
Umdenken
Clevere Lösungen für die Energiezukunft
2013
ca. 250 Seiten mit 58 Abbildungen, Hardcover,
ISBN: 978-3-527-33392-9

Ganteför, G.
Klima – Der Weltuntergang findet nicht statt
2012
300 Seiten, Softcover,
ISBN: 978-3-527-32863-5

Bührke, T., Wengenmayr, R. (Hrsg.)
Erneuerbare Energie
Konzepte für die Energiewende
2012
182 Seiten mit ca. 130 Abbildungen und ca. 9 Tabellen, Hardcover,
ISBN: 978-3-527-41108-5

Synwoldt, C.
Alles über Strom
So funktioniert Alltagselektronik
2009
263 Seiten mit ca. 112 Abbildungen, Softcover,
ISBN: 978-3-527-32741-6

Helmers, E.
Bitte wenden Sie jetzt
Das Auto der Zukunft
2010
219 Seiten, Hardcover,
ISBN: 978-3-527-32648-8

Manfred Popp

Deutschlands Energiezukunft

Kann die Energiewende gelingen?

Verlag GmbH & Co. KGaA

Autor

Manfred Popp
Karlsruher Institut für Technologie
Karlsruhe, Germany

Titelbild

J. M. William Turner, The Fighting Temeraire tugged to her last Berth to be broken up, 1838, mit freundlicher Genehmigung der National Gallery, London

Offshore-Windpark, SHUTTERSTOCK, INC.

Alle Bücher von Wiley-VCH werden sorgfältig erarbeitet. Dennoch übernehmen Autoren, Herausgeber und Verlag in keinem Fall, einschließlich des vorliegenden Werkes, für die Richtigkeit von Angaben, Hinweisen und Ratschlägen sowie für eventuelle Druckfehler irgendeine Haftung

Bibliografische Information der Deutschen Nationalbibliothek
Die Deutsche Nationalbibliothek verzeichnet diese Publikation in der Deutschen Nationalbibliografie; detaillierte bibliografische Daten sind im Internet über http://dnb.d-nb.de abrufbar.

© 2013 WILEY-VCH Verlag GmbH & Co. KGaA, Boschstr. 12, 69469 Weinheim, Germany

Alle Rechte, insbesondere die der Übersetzung in andere Sprachen, vorbehalten. Kein Teil dieses Buches darf ohne schriftliche Genehmigung des Verlages in irgendeiner Form – durch Photokopie, Mikroverfilmung oder irgendein anderes Verfahren – reproduziert oder in eine von Maschinen, insbesondere von Datenverarbeitungsmaschinen, verwendbare Sprache übertragen oder übersetzt werden. Die Wiedergabe von Warenbezeichnungen, Handelsnamen oder sonstigen Kennzeichen in diesem Buch berechtigt nicht zu der Annahme, dass diese von jedermann frei benutzt werden dürfen. Vielmehr kann es sich auch dann um eingetragene Warenzeichen oder sonstige gesetzlich geschützte Kennzeichen handeln, wenn sie nicht eigens als solche markiert sind.

Print ISBN 978-3-527-41218-1
ePDF ISBN 978-3-527-67577-7
ePub ISBN 978-3-527-67576-0
Mobi ISBN 978-3-527-67575-3
oBook ISBN 978-3-527-67571-5

Umschlaggestaltung Simone Benjamin, McLeese Lake, Kanada
Satz le-tex Publishing Services GmbH
Druck und Bindung CPI Ebner & Spiegel, Ulm

Gedruckt auf säurefreiem Papier.

Inhaltsverzeichnis

Vorwort IX
1 **Prolog** 1
  1.1 Energie als Teil der Geschichte der Menschheit 1
  1.1.1 Das Feuer 1
  1.1.2 Erneuerbare Energien 5
  1.1.3 Kohle 12
  1.1.4 Elektrische Energie 17
  1.1.5 Erdöl und Erdgas 20
  1.1.6 Kernenergie 24
  1.2 Ein bisschen Physik muss sein 27
  1.2.1 Formen der Energie 28
  1.2.2 Gravitation 29
  1.2.3 Elektromagnetische Energie 31
  1.2.4 Kernenergie 39
  1.2.5 Die Erhaltung der Energie 49
  1.2.6 Thermodynamik 50
  1.2.7 Aggregatzustände 52
  1.2.8 Wärmeübertragung 52
  1.3 Der Energiesektor und seine Besonderheiten 53
  1.3.1 Energieeinsatz führt zu Abhängigkeiten 54
  1.3.2 Kein Segen ohne Fluch 55
  1.3.3 Energie als Wirtschaftsfaktor 56
  1.3.4 Zeitkonstante: 40 Jahre 58
  Exkurs 1 Was bei einem längeren Blackout geschieht 59
2 **Weltenergiebedarf und Klimaschutz** 63
  2.1 Der Energiebedarf der Welt 63
  2.2 Folgen für das Klima auf der Erde 67
  2.2.1 Die Strahlungsbilanz der Erde und ihrer Atmosphäre 67

2.2.2	Veränderungen des Erdklimas in der Vergangenheit	71
2.2.3	Die Prognosen des IPCC	74
2.2.4	Die UNO-Klimakonferenzen	83
2.3	Mögliche Maßnahmen des Klimaschutzes	90
2.4	Die wahrscheinliche Entwicklung der Weltenergieversorgung	93
Exkurs 2	Energie für Wasser ... Wasser für Energie	97

3 Perspektiven der konventionellen Energiequellen, weltweit und in Deutschland 101

3.1	Kohle	101
3.1.1	Segen und Fluch	101
3.1.2	Kohlekraftwerke	105
3.1.3	Internationale Perspektiven der Kohle	107
3.1.4	Perspektiven der Kohle in Deutschland	108
3.1.5	Potenziale der Forschung	110
3.2	Erdöl	113
3.2.1	Segen und Fluch	113
3.2.2	Internationale Perspektiven des Erdöls	115
3.2.3	Perspektiven des Erdöls in Deutschland	117
3.2.4	Potenziale der Forschung	119
3.3	Erdgas	119
3.3.1	Segen und Fluch	120
3.3.2	Erdgaskraftwerke	122
3.3.3	Internationale Perspektiven des Erdgases	123
3.3.4	Perspektiven des Erdgases in Deutschland	124
3.3.5	Potenziale der Forschung	125
3.4	Kernenergie	125
3.4.1	Kernkraftwerke	125
3.4.2	Segen und Fluch	127
3.4.3	Internationale Perspektiven der Kernenergie	133
3.4.4	Perspektiven der Kernenergie in Deutschland	136
3.4.5	Potenziale der Forschung	150
3.4.6	Kernfusion	152
Exkurs 3	Was in Fukushima geschah	157

4 Erneuerbare Energien 169
4.1 Segen und Fluch 170
4.2 Perspektiven der erneuerbaren Energien – international und in Deutschland 172
4.2.1 Wasserkraft 172
4.2.2 Windenergie 175
4.2.3 Sonnenenergie 182
4.2.4 Biomasse 191
4.2.5 Erdwärme 197
4.2.6 Energie aus den Ozeanen 201
4.3 Vergleichende Betrachtungen 203
4.3.1 Leistungsdichte 203
4.3.2 Klimarelevanz 203
4.3.3 Gesundheitskosten und externe Kosten 205
Exkurs 4 E10 – hält nicht, was es verspricht 207

5 Energieumwandlung, Transport, Speicherung und Effektivität 211
5.1 Elektrische Energie 214
5.1.1 Die Quellen der Stromerzeugung 214
5.1.2 Wirtschaftliche Aspekte der Stromversorgung 216
5.1.3 Stromerzeugung aus erneuerbaren Energien 220
5.1.4 Intelligente Netze 229
5.2 Flüssige und gasförmige Energieträger 231
5.2.1 Brennstoffe aus Biomasse 232
5.2.2 Wasserstoff 233
5.3 Energiespeicherung 236
5.3.1 Speicherung von elektrischer Energie 237
5.3.2 Speicherung flüssiger und gasförmiger Energien 241
5.3.3 Speicherung von Wärme 241
5.4 Energieeffizienz 242
5.4.1 Industrie 244
5.4.2 Haushalte 244
5.4.3 Gewerbe, Handel und Dienstleistungen 248
5.4.4 Verkehr 249
Exkurs 5 Elektro-Lastkraftwagen auf dem Schienennetz: ein Vorschlag 254

6	Welche Erfolgschance hat die deutsche Energiewende? 257
6.1	Die Energieprogramme 1973–1991 257
6.2	Die Energieforschungsprogramme 261
6.3	Das Energiekonzept der Bundesregierung 2010 266
6.3.1	Das Gutachten der wirtschaftswissenschaftlichen Institute 266
6.3.2	Das Energiekonzept der Bundesregierung vom September 2010 275
6.3.3	Das 6. Energieforschungsprogramm 281
6.4	Die Energiewende 283
6.5	Chancen und Risiken der Energiewende 288
6.6	Gibt es neue Perspektiven für Deutschlands Energiezukunft? 292
7	**Epilog** 299

Bildquellenverzeichnis 303

Literaturverzeichnis 309

Verzeichnis der Abkürzungen 315

Vorwort

Deutschlands Energiezukunft – wie wird sie aussehen? Mit der Energiewende hat sich Deutschland das neue und ehrgeizige Ziel gesetzt, bis zum Jahr 2050 eine klimaneutrale Energieversorgung zu verwirklichen. Kann das gelingen?

Versetzt man sich um die gleiche Zeitspanne, rund 40 Jahre, zurück, so findet man sich in einer Zeit wieder, in der – außer einigen Wissenschaftlern – noch niemand etwas von der drohenden Klimaveränderung auf der Erde durch die Nutzung der fossilen Energiequellen ahnte und die Kernenergie, so wie heute die erneuerbaren Energien, als glänzende Energiezukunft erschien. Im Rückblick auf 40 Jahre Energiepolitik und Technikentwicklung sieht man, dass die erdachte Zukunft, wenn sie zur Gegenwart wurde, immer eine andere Gestalt annahm. Man kann sich langfristige Ziele setzen, muss sich aber bewusst sein, dass man in jeder Gegenwart nur in die Richtung dieser Ziele aufbrechen kann. Wenn mit der Zeit die Kenntnisse wachsen und sich die Problemsicht wandelt, werden auch die Ziele verändert und die Richtungen korrigiert.

Eine fertige Antwort auf die Frage nach Deutschlands Energiezukunft kann und will dieses Buch nicht geben. Es will vielmehr dem Leser helfen, sich ein eigenes Urteil zu bilden über die Größe der Herausforderung, die Probleme, mit denen wir konfrontiert sind, und die Lösungswege, die uns offenstehen. Die Gelegenheit ist günstig: Lange hat der erbitterte Streit um die Kernenergie die Energiewelt in Deutschland gespalten, und jeder Versuch einer Darstellung des Energieproblems wäre sofort in den Verdacht der Parteinahme für eine der beiden Seiten geraten. Nach dem Beschluss, die deutschen Kernkraftwerke bis 2022 abzuschalten und auf der Grundlage eines breiten Konsenses, den Aufbruch in das Zeitalter der »neuen« erneuerbaren Energien zu wagen, ist diese Konfrontation obsolet geworden.

Seit die Menschen sich vor fast einer Million Jahren das Feuer dienstbar machten, ist jede Nutzung von Energie mit Segen und Fluch verbunden. Die Geschichte der Energietechnik ist bis heute beherrscht von dem Bemühen, den Nutzen für den Menschen zu mehren und die Risiken für Mensch und Natur zu begrenzen. Auch bei der Umsetzung der Energiewende wird dieses Ringen um den richtigen Fortschritt weitergehen. Was dabei zu bedenken ist, will dieses Buch mit einem Überblick über das gesamte große Energiethema vermitteln.

Groß ist das Energiethema wahrlich. Allein die Größenordnungen, die es überspannt, sind gewaltig: Zwischen der größten und der kleinsten Energiemenge, die in diesem Buch erwähnt werden, dem Weltenergieverbrauch in einem Jahr und der Energie eines einzelnen Lichtquants, liegt ein Faktor mit 40 Nullen. Wenn man sich mit einzelnen Technologien befasst, ist es wichtig, sich zu orientieren, wo man sich auf dieser weit gespannten Skala befindet. Und etwas Physik braucht man auch, um sich in der Welt der Energie zurechtzufinden.

Groß ist auch die Herausforderung der Energiewende, denn sie will das Zeitalter der fossilen Energiequellen Kohle, Erdöl und Erdgas beenden, die seit 200 Jahren die Welt verändern und die Handlungsmöglichkeiten der Menschen erweitern. Das Titelbild »The Fighting Temeraire tugged to her last Berth to be broken up« malte William Turner 1838 am Beginn dieser ersten großen Energiewende der Menschheit als Allegorie des Siegeszuges der mit Kohle befeuerten Dampfschiffe über die Segelschiffe. Heute soll die Energiewende diese Entwicklung rückgängig machen und eine neue Zeit einläuten, in der die von den fossilen Energien abgelösten erneuerbaren Energien in anderer Gestalt wieder die Hauptlast der Energieversorgung übernehmen – wenn sie gelingt, wahrhaftig ein Schritt von historischer Dimension.

Deutschland beansprucht mit einem Anteil von 3 % nur einen kleinen Teil des Energieverbrauchs der Welt, aber als Exportland von Hochtechnologie ist es stark mit internationalen Entwicklungen vernetzt. Wie entwickelt sich der Energieverbrauch der Welt, wie soll er gedeckt werden? Welche Auswirkungen auf das Klima sind zu befürchten und welche Möglichkeiten gibt es, diese Gefahr zu vermindern? Was sind die Perspektiven der verschiedenen Energiequellen, der konventionellen wie der erneuerbaren, international und für Deutschland? Wie kann man die Anwendung der Energie verbessern und noch effizienter mit Energie umgehen? Welche Chancen kann die Forschung dabei eröffnen? Wenn diese Themen behandelt sind, mündet der Überblick in die Frage nach der Energiezukunft Deutschlands: Wie ist die Lage entstanden, in der wir uns heute befinden, was sind die Ziele der »Energiewende« und welche Chancen und Risiken liegen in der Richtung, die sie heute vorgibt?

Ich habe dieses Buch in erster Linie als Physiker geschrieben. Deshalb orientiert sich das Buch an wissenschaftlichen Fakten und versucht, ein tieferes Verständnis der Zusammenhänge zu vermitteln. Ich möchte den Leser einladen, gemeinsam genauer hinzuschauen und auch einmal nachzurechnen, was einzelne Möglichkeiten bedeuten, über die sonst eher oberflächlich berichtet wird. Dabei kann man, auch als Autor, Überraschungen erleben und veranlasst werden, bisherige Einschätzungen zu korrigieren. Meine Erfahrungen als Wissenschaftsmanager sind in die Darstellung der Potentiale der Forschung, die als Leiter einer Genehmigungsbehörde in die Beschreibung der Schattenseiten der Energietechnik eingeflossen.

Auf die detaillierte Beschreibung einzelner Technologien oder Instrumente der Energietechnik habe ich verzichtet, denn dazu finden sich sehr gute Erläuterungen im Internet, zu denen das Buch zahlreiche Links enthält, die in der E-Book-Version unmittelbar angeklickt werden können, und für die Leser der Print-Ausgabe als Download-Liste auf der Homepage des Verlages bereitstehen.

Ein Buch mit einem so breiten inhaltlichen Spektrum kann man nicht allein schreiben. Als Ehrenbürger des Karlsruher Instituts für Technologie (KIT) habe ich den Sachverstand dieser Einrichtung genutzt, die zu den größten Forschungseinrichtungen der Energieforschung in Europa zählt, und zu vielen Themen konkrete Beispiele aus der Arbeit des KIT geschildert. Vielen Wissenschaftlern des KIT habe ich für die fachlich-kritische Durchsicht einzelner Kapitel zu danken: Prof. Dr. C. Kottmeier für den Bereich Atmosphäre und Klima, Dr. J. Knebel und Dr. T. W. Tromm für die Aussagen zur Kernenergie, W. Raskop und Dr. V. List zu Ablauf und Folgen des Unfalls im Kernkraftwerk Fukushima, Dr. V. List auch zu den Aussagen über die Wirkung radioaktiver Strahlung, Dr. K. Gompper zu Fragen der nuklearen Entsorgung, Prof. Dr. R. Maschuw zum Kapitel Kernfusion und Dr. A. Gutsch für den Bereich Mobilität. J. Oesterlink (EnBW) danke ich für wichtige Hinweise zu den Themen Energiehandel und Kohle. Für die fachnahe kritische Durchsicht des gesamten Manuskripts danke ich meinem Freund Dr. H.-F. Wagner, der mir auch viele Bilder zur Verfügung gestellt hat, und für die fachferne Korrektur-Lesung meiner Tochter Dr. J. Popp. Beiden verdanke ich wichtige Anregungen zur Korrektheit und Verständlichkeit der Aussagen. Schließlich muss noch Frau Ulrike Fuchs vom Wiley-Verlag erwähnt werden, der ich die Anregung verdanke, dieses Buch zu schreiben.

Und nun folgen Sie mir bitte in die Welt der Energie, die in Deutschland in den letzten Jahrzehnten so viele Kontroversen ausgelöst und so vielen Menschen Sorgen bereitet hat, und entdecken Sie die Faszination dieses Themas und seine Bedeutung für unser Leben.

Karlsruhe, den 07. April 2013   *Prof. Dr. Manfred Popp*

1
Prolog

Im Prolog geht es um das Grundsätzliche und das Besondere: Welche Bedeutung hat Energie für den Menschen? Was ist Energie und in welchen Formen tritt sie auf? Welche Besonderheiten kennzeichnen den Energiesektor?

1.1 Energie als Teil der Geschichte der Menschheit

Nur wenn man sich ins Bewusstsein ruft, wie die Menschheit lebte, bevor das Feuer zu ihrem Begleiter wurde, und wie niedrig ihr Lebensstandard sein musste, solange sie für die meisten Arbeiten auf ihre eigene Muskelkraft angewiesen war, kann man die Bedeutung einer sicheren und wirtschaftlichen Energieversorgung in unserer heutigen Zeit ermessen.

1.1.1 Das Feuer

> ... musst mir meine Hütte doch lassen steh'n
> und meinen Herd, um dessen Glut du mich beneidest ...
>
> (J. W. v. Goethe: Prometheus)

Wodurch unterscheidet sich der Mensch vom Tier? Nicht durch den aufrechten Gang, der lässt auch die befrackten Pinguine so menschlich erscheinen, nicht durch den Gebrauch von Werkzeugen, denn manche Affen und Vögel können sehr erfindungsreich sein, um an schwer erreichbare Nahrung zu gelangen, auch nicht generell durch die Nutzung externer Energie, diese beherrschen etwa auch Vögel, die sich vom Wind kraftsparend in große Höhen tragen lassen. Aber vor dem Feuer haben alle Tiere Angst, allein der Mensch hat es sich dienstbar gemacht. Das Feuer steht nicht am Anfang der Menschheitsgeschichte, die vor 3 Mio. Jahren in Afrika beginnt. Der Mensch musste erst eine gewisse Entwicklungsstufe erreicht haben, bis er das *Feuer* nutzen und kontrollieren konnte. In der Natur kommt Feuer selten vor: Man konnte es nur unter großer Gefahr bei Vulkanausbrüchen und durch Blitzschlag ausgelösten Bränden gewinnen. Bis der Mensch gelernt hatte durch Reiben von Holz, mühsam genug, feines brennbares Material zu entzünden, war das Hüten des Feuers eine wichtige und verantwortungsvolle Aufgabe. Wahrscheinlich begann die Nutzung des Feuers vor etwa 1 Mio. Jahren; die bisher ältesten archäologischen Beweise für eine systematische Nutzung des Feuers sind in einer 790 000 Jahre alten Siedlung des *Homo erectus* in Israel gefunden worden [1].

Das Feuer hielt wilde Tiere von den Lagern des Menschen fern. Seine Wärme ermöglichte ihm, sich auch in weniger günstigen Klimazonen anzusiedeln und damit größere Teile der Erde in Besitz zu nehmen. Welche neuen Möglichkeiten eröffneten sich den Menschen, als sie ihre Tätigkeiten nicht mehr mit dem Erlöschen des Tageslichtes einstellen mussten? Hat sich im Kreis um das Feuer eine höhere Sprache entwickelt, weil man Erlebnisse aus der Vergangenheit heraufbeschwor, Hoffnungen und Sorgen für die Zukunft miteinander teilte und die ersten Geschichten erfand? Auch die ältesten künstlerischen Darstellungen der Menschen aus der späten Steinzeit, die *Höhlenmalereien* (Abb. 1.1), können nur im Fackelschein entstanden und betrachtet worden sein.

Kontrolle und Erhalt des Feuers förderten auch die Ausbildung sozialer, arbeitsteiliger Strukturen. Da die zunehmende Größe des Gehirns einen wachsenden Anteil am Grundumsatz des *Homo erectus* und des *Homo sapiens* beanspruchte, kam es mehr und mehr auf eine energiereiche Ernährung an. Durch Kochen und Backen wurde die Zerteilung und Verdauung der *Nahrung* aus pflanzlichen und tierischen Kohlehydraten sehr erleichtert, so dass sich Kiefer und Verdauungsapparat verkleinerten. Für Aufbewahrung und Zubereitung der Nahrung schuf sich der Mensch mit Hilfe des Feuers, beginnend vor 20 000 Jahren, Gefäße aus Keramik; aus Ton gebrannte Öllämpchen waren über Jahrtausende die wichtigste nächtliche Lichtquelle. Für die Archäologen sind Spuren dieser ersten im Feuer geschaffenen Materialien die wichtigste Informationsquelle zur Datierung von Funden.

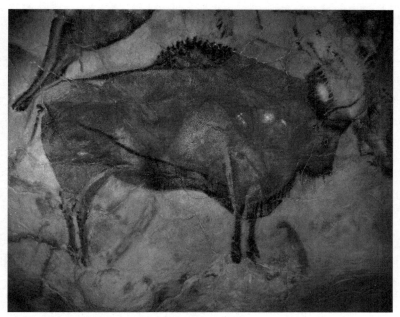

Abb. 1.1 Höhlenmalerei in Altamira (Spanien).

Das Feuer half den inzwischen weit über die Erde verteilten Menschen, die Kälteperiode des Pleistozän mit ihren zahlreichen, nur von kurzen Warmphasen unterbrochenen Eiszeiten (Abb. 2.6) zu überstehen, bis vor rund 10 000 Jahren unsere heutige *Warmzeit* und damit auch eine weit dynamischere Entwicklung der Menschheit begann.

Die Bedeutung des Feuers für die Entwicklung des *Homo sapiens* ist kaum zu überschätzen. In der griechischen Sage bestraften die Götter *Prometheus*, weil er den Menschen das Feuer gebracht und sie damit den Göttern ähnlich gemacht habe.

Aber das Feuer konfrontierte den Menschen zum ersten Mal auch mit dem Problem, das mit jedem Energieverbrauch verbunden ist: der Nachbarschaft von Segen und Fluch. Denn das Feuer konnte auch die Behausungen zerstören, erntereife Felder vernichten, Menschen bei Wald- und Steppenbränden oder bei dem Versuch, das Feuer bei Gewittern und Vulkanausbrüchen zu erlangen, den Tod bringen. Wie jeder Fortschritt in der Geschichte der Menschheit war sicher auch die Einführung des Feuers von Rückschlägen begleitet, vielleicht auch schon von Auseinandersetzungen über das Für und Wider der Nutzung dieser neuen Errungenschaft. Wahrscheinlich hat es lange gedauert, bis das Feuer zum selbstverständlichen Begleiter der Menschheit wurde. Danach blieb das Holzfeuer lange die einzige Energiequelle der Menschheit, ergänzt um Bienenwachs und pflanzliches Öl für Lichtquellen.

Das Feuer hat die Entwicklung des Menschen gefördert, seine Verbreitung auf der Erde ermöglicht und seine Lebensbedingungen erweitert, aber dadurch war das Schicksal der Menschheit dann auch untrennbar mit der Nutzung des Feuers verbunden. Zum ersten Mal erfuhren die Menschen damit, dass die durch die Energietechnik erweiterten Lebensmöglichkeiten und Freiheiten neue Abhängigkeiten entstehen lassen, die kaum wieder rückgängig gemacht werden können. Was für ein Ausmaß im weiteren Gang der Geschichte diese Abhängigkeit bis heute angenommen hat, zeigt Exkurs 1 »Was bei einem Blackout geschieht«.

Erst im 9. Jahrtausend v. Chr. begann der Mensch, die Kraft domestizierter Tiere zu nutzen, zuerst die des Rindes als Tragtier.[1] Fünftausend weitere Jahre dauerte es, bis der Mensch im Jungneolithikum erstmals die wegen ihrer Kraft und Geduld besonders geeigneten Ochsen für das Ziehen von Karren und Pflügen einsetzte. Später kamen andere Nutztiere dazu, darunter auch das Pferd, das bis vor 150 Jahren als schnellstes Verkehrsmittel diente. Genauso lange war der Mensch jedoch für die meisten Arbeiten auf die Kraft seiner eigenen Muskeln angewiesen.

Das Feuer wurde zum entscheidenden Hilfsmittel des Menschen bei der Entwicklung von Materialien und Werkzeugen, die zu höheren Lebensformen führten: 2200 v. Chr. begann die *Bronzezeit*, als die Menschen lernten, im Feuer aus Erzen Kupfer und Zinn für die Herstellung von Bronze zu gewinnen, ab 1200 v. Chr. schloss sich die *Eisenzeit* an. Diese Epochen werden deshalb nach diesen neuen Rohstoffen benannt, weil sie gesellschaftliche Umwälzungen auslösten, da nun Ressourcen und Know-how größere Bedeutung erlangten und dadurch soziale Unterschiede zunahmen. Die Römer setzten später das Feuer auch ein, um Ziegelsteine und Mörtel zu brennen, die eine elegantere und rationellere Bauweise ermöglichten (Abb. 1.2). Ihre Produktion nahm bereits halbindustrielle Züge an, und spätestens da-

1) http://de.wikipedia.org/wiki/Geschichte_des_Transportwesens_im_Altertum, (11.02.2013).

Abb. 1.2 Römisches Mauerwerk mit Kanälen der Warmluftheizung aus Thermen in Ostia Antica.

mit begann ein weiteres Konfliktthema der Energieverwendung, die Beeinträchtigung der Umwelt, denn der große Holzbedarf der Römer führte zum Raubbau an den Wäldern des Apennin, der, als das römische Reich unterging, praktisch abgeholzt war.

1.1.2 Erneuerbare Energien

Welche anderen Energiequellen hat sich der Mensch erschlossen? Wie hat er die erneuerbaren Energien genutzt, die ja seit jeher verfügbar waren?

Natürlich wird der Mensch von Anfang an die Sonne genutzt haben, um Wäsche und Tierfelle zu trocknen oder Fleisch und Fisch haltbar zu machen. Aber das war nur eine weitere Wärmequelle neben dem Feuer.

Lange, sehr lange fehlte, abgesehen von Arbeitstieren und der eigenen Muskelkraft des Menschen, eine Kraftquelle zum Antrieb von Getreidemühlen oder Wasserpumpen, von Fahrzeugen oder Schiffen. Bei der Erschließung der immer schon verfügbaren erneuerbaren Energien für diese Zwecke zeigt sich ein eigenartiges Bild, das nicht mit den Erfahrungen korrespondiert, die wir heute bei Innovationsprozessen machen. Heute reift eine neue Technik rasch in großen Schritten bis sie anwendungsreif ist, danach müssen immer kleinere Entwicklungsfortschritte mit immer größerem Aufwand errungen werden. Die Nutzung der Wind- und Wasserkraft durch den Menschen entwickelte sich dagegen ganz anders. Sie begann vor weniger als 10 000 Jahren, blieb lange in rudimentären Stadien und erreichte ihre Blüte erst in der Mitte des letzten Jahrtausends, bis sie gegen dessen Ende vom Einsatz der fossilen Energien weitgehend abgelöst wurde [2].

Der älteste Beleg für die Nutzung des Windes ist die Abbildung eines *Segelschiffes* auf einer 7000 Jahre alten ägyptischen Totenurne. Der meist stromaufwärts wehende Wind war ideal für den Antrieb der Nilschiffe gegen die Strömung, die die Reise in der Gegenrichtung erleichterte. In der Antike hatten sich zunächst die Phönizier, dann auch die Griechen mit Segelschiffen bereits den ganzen Mittelmeerraum erschlossen und erste Expeditionen zu ferneren Küsten unternommen. Aber ihre Schiffe, vor allem die Kriegsschiffe, wurden hauptsächlich von Ruderern angetrieben. Die Segelschiffe der Antike waren weitgehend auf Rückenwind angewiesen, bei Seitenwind musste man Kompromisse mit dem geplanten Kurs eingehen, bei Gegenwind kreuzen. Wegen des bis heute im Mittelmeerraum vorherrschenden Nordwestwindes konnte in der Antike eine Fahrt von Sizilien an die afrikanische Küste in 9–20 Tagen bewältigt werden, die Rückfahrt dauerte aber 45–60 Tage [2, S. 193]. Die Launen des Windes werden in einer der bedeutendsten Dichtungen der Antike, der von Homer in Verse gegossene Sage von den Irrfahrten des Odysseus, dafür verantwortlich gemacht, dass Odysseus, um nach dem trojanischen Krieg in seine nahe Heimat Ithaka zurückzukehren, mit seinem von Homer exakt beschriebenen Segelschiff [2, S. 162] jahrelang im ganzen Mittelmeer unterwegs war.

Die weitere Entwicklung führte zu Segelschiffen, die immer härter am Wind zu segeln vermochten, so dass sie weniger abhängig von der Windrichtung navigieren konnten. Um 1000 n. Chr. gab es die ersten wirklich leistungsfähigen Segelschiffe in Form der sicheren Dschunken in China und der sehr schnellen Boote der Wikinger. Aber erst im 15. Jahrhundert baute man Segelschiffe, die groß und leistungsfähig genug waren, um damit die Weltmeere zu erkunden, neue Kontinen-

Abb. 1.3 Treidler-Denkmal in Eberbach.

te wie Amerika und Australien zu entdecken oder den Seeweg nach Indien und anderen asiatischen Ländern zu finden. Danach wuchsen die Segelschiffe weiter und wurden zu einem zuverlässigen Transportmedium, das die großen Reichtümer aus den Kolonien nach Europa brachte.

Auch die Binnengewässer waren wichtig für den Transport schwerer Güter. Im Schwarzwald ließ man Baumstämme sogar von Bächen, die angestaut wurden, in einem Wasserschwall zu Tal transportieren, von wo sie, zu großen Flößen zusammengestellt, den Rhein hinunter bis nach Holland gebracht wurden, um zum Bau von Fachwerkhäusern und Schiffen zu dienen. Flussschiffe mussten stromaufwärts getreidelt, das heißt auf eigens angelegten Uferstraßen von Tieren oder Menschen an Tauen geschleppt werden (Abb. 1.3). Einem wahrscheinlich nach der Natur am Oberrhein gemalten Bild von Hans Purrmann aus dem Jahre 1901, das Männer beim Treideln eines Flusskahnes zeigt, kann man entnehmen, dass der äußerst mühsame Antrieb von Schiffen durch Menschen noch bis zum Anfang des letzten Jahrhunderts andauerte [3].

Abb. 1.4 Holland-Windmühle in Vlissingen, im Hintergrund ihre 10-fach stärkeren Nachfolger.

Die Nutzung der Windenergie an Land wird erstmals in Byzanz um 1750 v. Chr. erwähnt, begann aber auch zeitgleich in Persien und China. Genutzt wurde die *Windenergie* zum Mahlen von Getreide und zum Pumpen von Wasser. Getreidemühlen breiteten sich danach über die ganze Welt aus. Ähnlich wie die Segelschiffe erreichten Windmühlen ihre Blüte Anfang des 16. Jahrhunderts, vor allem in Holland, wo sie in großer Zahl für die Entwässerung im Dienst der Landgewinnung eingesetzt wurden. Eine *Holland-Windmühle* (Abb. 1.4) konnte die Leistung eines heutigen kleineren Autos (30 kW) erreichen.

Windmühlen waren über lange Zeit ein Begleiter der Menschheit, so vertraut, dass Cervantes seinen Don Quichotte durch den Kampf gegen Windmühlenflügel zum skurrilen Symbol zwecklosen Widerstands machen konnte. Anfang des 20. Jahrhunderts wurden die Windmühlen dann durch den Siegeszug der elektrischen Energie bis auf einige Museumsstücke abgelöst, doch zum Ende dieses Jahrhunderts erlebte die Windenergie ihre Renaissance, nun für die Stromerzeugung in weit größeren Einheiten von einigen Tausend kW.

Abb. 1.5 Wassermühle bei Lüneburg.

Die Geschichte der *Wasserkraft* begann wahrscheinlich vor 7000 Jahren in China; ab 3500 v. Chr. wurden Wasserräder in Ägypten, Mesopotamien und Indien für die Bewässerung von Feldern eingesetzt. In der klassischen Antike wurde die Wasserkraft bereits in vielfältiger Weise genutzt, stets aber nur als kinetische Energie des fließenden Wassers. Wieder erst im 15. Jahrhundert begann man, die potenzielle Energie des Wassers zu nutzen, also Staudämme zu bauen oder Wasser aus Flussläufen oberhalb von Mühlen in einem Kanal abzuzweigen, um es von oben auf ein Mühlrad mit Gefäßen zu leiten, so dass es nun vom Gewicht des Wassers angetrieben wurde (Abb. 1.5). Damit erreichte die Wasserkraft in den folgenden Jahrhunderten große Bedeutung, vor allem für Getreidemühlen, Sägewerke und Hammerschmieden. Mit dem Bau von Staudämmen entstand jedoch, wie immer bei der Ansammlung großer Mengen von Energie, auch ein neuer Risikofaktor: Beim Versagen des Staudamms drohten verheerende Überschwemmungen. Anders als die Windenergie kam die Wasserkraft nie aus der Mode. Zwar wurde sie als dezentraler Antrieb von Maschinen durch elektrische Energie abgelöst, stellt aber bis heute die effizienteste Quelle für deren zentrale Erzeugung dar.

Für alle anderen Arbeiten war nur die Kraft von Menschen oder Tieren verfügbar. In der Landwirtschaft zogen Rinder die Ackergeräte und Transportkarren, aber säen, mähen und dreschen mussten die Menschen. Für den Transport von Gütern wurden, wo man es sich leisten konnte, Maultiere und Esel eingesetzt, oft genug aber mussten Menschen die Lasten auf ihrem Rücken tragen [2, S. 10–19]. Mussten? Noch heute ist in vielen Entwicklungsländern die menschliche Arbeit so billig, dass sich die Verhältnisse kaum geändert haben.

Reisen konnten die meisten Menschen nur zu Fuß, etwa um in anderen Regionen ihr Handwerk zu lernen, wie es lange üblich war. Die Oberschicht reiste in Pferdekutschen, die auf den schlechten Straßen aber lange Zeit kaum schneller als Wanderer waren. Das schnellste Verkehrsmittel war Jahrtausende lang das Reitpferd. Erst gegen Ende des 18. Jahrhunderts ließen die Straßen Reisegeschwindigkeiten der Kutschfahrzeuge von durchschnittlich 10 km/h zu, an einem Tag konnte man bestenfalls 100 km, meist deutlich weniger zurücklegen. *Goethes Italienreise* (1786–1788) von Karlsbad nach Neapel war unterteilt in 30 Tages-Etappen.

Die Wasserpumpen und die Mühlen, mit denen in der Antike Mehl gemahlen wurde (Abb. 1.6), auch die Kräne, die beim Bau der Basiliken, Arenen, Thermen und mehrstöckigen Wohnhäuser der Römer dienten, wurden überwiegend von Tieren oder Menschen an Drehgestellen oder in Laufkäfigen angetrieben. Auch für den Bau der Dome der Romanik und Gotik, sogar noch der Bahnhöfe im 19. Jahrhundert, war man auf die tierische und vor allem die menschliche Muskelkraft angewiesen [2, S. 101–117].

Der Hunger nach menschlicher Arbeitskraft führte früh zur Ausbildung der Sklaverei. Stämme unterwarfen andere Stämme, Völker benachbarte Völker, um über möglichst viele Sklaven zu verfügen. Auch die Kriege der Römer dienten nicht nur der Ausweitung ihres Imperiums, sondern der Gewinnung immer neuer Sklaven, ohne die das bemerkenswert angenehme Leben der Römer nicht möglich gewesen wäre. Den traurigen Höhepunkt erreichte die Sklaverei schließlich bei der Erschließung Nordamerikas. Erst die Aufklärung läutete mit dem wachsenden Bewusstsein für die Würde des Menschen ihr Ende ein. Aber danach und auch in Europa, das nach den Römern ohne Sklaven aus fremden Ländern auskam, mussten viele Menschen hart arbeiten, um kaum mehr als den nackten Lebensunterhalt zu verdienen: Knechte und Mägde in der Landwirtschaft, Gesellen, Lehrlinge und Gehilfen in den Handwerksbetrieben, Bedienstete bei den Händlern und im aufstrebenden Bürgertum erhielten als Lohn kaum

Abb. 1.6 Galerie sogenannter pompejanischer Getreidemühlen in Ostia Antica. Bei der vorderen Mühle kann man den Querschnitt des doppelt konischen oberen Mahlsteins, bei der dahinter stehenden Mühle die Löcher zur Aufnahme eines Gestänges erkennen. Der geringe Abstand der Mühlen lässt eher einen Antrieb durch Sklaven als durch Tiere vermuten.

mehr als Kost und Logis. Eine bessere Entlohnung ließ die begrenzte Produktivität eines auf menschlicher Arbeitskraft basierenden Wirtschaftssystem auch nicht zu. Der Mensch kann als Dauerbelastung eine Leistung von ca. 80 W erbringen, die Arbeit eines ganzen Tages entspricht damit nicht einmal einer Kilowattstunde, für die wir heute ca. 28 ct bezahlen. Entsprechend niedrig waren die Löhne für Menschen, bei denen nur ihre physische Kraft und nicht auch ihre Intelligenz genutzt wurde – und sie sind es in Entwicklungsländern unter diesen Bedingungen auch heute noch. Um den Vergleich mit der Geschichte bis vor kaum mehr als 100 Jahren herzustellen, kann man unseren heutigen Energiebedarf auch in die Arbeitsleistung virtueller »Energie-Sklaven« umrechnen [4, S. 29]. Der Strombedarf eines Durchschnittshaushalts von ca. 11 kWh würde pro Tag im Durchschnitt 14 Sklaven beschäftigen. Es schadet nichts, sich bewusst zu machen, dass während des abendlichen Fernsehens zwei Sklaven auf einem Trimm-Dich-Rad mit Dynamo strampeln müssten, allein um den Strom für den Fernseher zu generieren.

Da das Stichwort »Krieg« gefallen ist, muss auch die unfriedliche Seite der Energietechnik erwähnt werden. Zu aller Zeit haben die Menschen neue Errungenschaften, oft genug zuerst, für kriegerische Zwecke eingesetzt. Für die Entwicklung neuer Materialien war meist der Bedarf für Waffen und Rüstungen maßgeblich. Der Erfindungsreichtum der Menschen führte schon in der Antike zu mechanischen Kampfmaschinen und Feuergeschossen; er erreichte im 20. Jahrhundert ein Potenzial, dessen Einsatz unseren Planeten unbewohnbar machen würde. Aber es gibt auch Ausnahmen: Als im 11. Jahrhundert n. Chr. das *Schwarzpulver* erfunden wurde, ein erster chemischer Energiespeicher, wurde es in Europa sofort zur Entwicklung von Schusswaffen benutzt. Die gleichzeitige Erfindung in China und Japan blieb dagegen weitgehend rituellen Zwecken und festlichen Ereignissen vorbehalten. Als sich die Briten im 19. Jahrhundert mit Gewalt Zugang zum chinesischen Markt verschafften, hatten die Chinesen ihrem Kanonenfeuer nichts Vergleichbares entgegenzusetzen [5]. In diesem Buch folgen wir dem Beispiel der Chinesen und konzentrieren uns auf die zivile Nutzung der Energie.

1.1.3 Kohle

Die Chinesen waren es auch, die als Erste Kohle als Wärmequelle nutzten, wie man aus den Berichten *Marco Polos* weiß. Anfang des 18. Jahrhunderts begann man in England, aus Mangel an Holz, auf

Abb. 1.7 Dampfmaschine von 1815.

Kohle als Brennstoff überzugehen, die infolge ihres Aschegehaltes und der schlechten Verbrennung in den offenen Kaminen für den berüchtigten Londoner Nebel verantwortlich war, der wiederum das passende Ambiente für die neue Gattung der Kriminalromane bildete.

Die Kohle wurde aber erst durch die *Dampfmaschine* zum wichtigsten Energieträger der entwickelten Welt. Aus ersten noch sehr ineffizienten Vorläufern hatte 1769 James Watt eine Dampfmaschine (Abb. 1.7) für den Antrieb von rotierenden Achsen entwickelt. Diese Erfindung hat die Welt in vielfacher Hinsicht verändert. Plötzlich stand mechanische Energie für Antriebe aller Art zur Verfügung, eine leistungsfähige und von den Launen der Natur unabhängige Kraftquelle, die für das Pumpen von Wasser, für den Betrieb industrieller Anlagen, für die Förderung der Kohle in Bergwerken, und für den Antrieb von Lokomotiven und Schiffen eingesetzt wurde. Zum ersten Mal konnte man aus Wärme, dem Endprodukt aller Energieumwandlungsprozesse, wieder höherwertige, direkt in Kraft umsetzbare

Energie gewinnen (vergl. Abschnitt 1.2). Damit begannen gleich mehrere neue Zeitalter: die Ära der Nutzung fossiler Energiequellen, die Großtechnik und die industrielle Revolution.

Der Übergang von Holz zu Kohle war nicht nur wegen des nun viel größeren Brennstoffangebotes vorteilhaft, entscheidend war auch die höhere Leistungsdichte der Kohle (Abb. 4.21). Dadurch erhöhte sich die Leistung der Dampfmaschine und verminderte sich der Raumbedarf für den Brennstoff, was vor allem für Lokomotiven und Schiffe wichtig, aber auch für stationäre Betriebe nützlich war. Die Nutzung der Kohle breitete sich auch unabhängig von der Dampfmaschine weiter aus, so für die Hausheizung, aber auch für die Gasversorgung. Ab Mitte des 19. Jahrhunderts entstanden in allen Städten *Kokereien*, die aus Kohle Koks und Stadtgas sowie vielfältige Nebenprodukte mit großer Bedeutung für industrielle Anwendungen herstellten. Der Koks wurde vor allem zur Stahlherstellung benötigt, dem damals wichtigsten Industriezweig, aber auch für die Heizung. Für die Versorgung der Betriebe und Haushalte mit Stadtgas, einer Mischung aus Wasserstoff, Methan und dem giftigen Kohlenmonoxid, wurden Leitungen bis zu den Endverbrauchern verlegt, das erste System einer leitungsgebundenen Energieversorgung. Einige der als Puffer zwischen Kokerei und Verbraucher errichteten Gasspeicher, die Gasometer, sind bis heute erhalten geblieben. Außerdem erhellten Gaslampen nun die nächtlichen Straßen. In den Haushalten konnte man endlich kochen oder baden, ohne Stunden zuvor ein Feuer zu entzünden. Das Gaslicht ersetzte die dort bisher genutzten Kerzen und Petroleumlampen. Aber, kein Segen ohne Fluch, es kam auch zu Bränden, Explosionen und Vergiftungen.

Mit der Dampfmaschine begann das Zeitalter der Großtechnik. Die Dampfmaschine war besonders geeignet für Fabriken oder den Antrieb großer Schiffe, während sie sich weder als Motor von Kutschen oder Flusskähnen, noch zum Antrieb kleinerer stationärer Maschinen durchsetzen konnte. Als erstes Opfer wurden die Segelschiffe von Dampfschiffen verdrängt, die endlich den Menschheitstraum erfüllten, unabhängig von Stärke und Richtung des Windes mit gleicher Geschwindigkeit das Ziel ansteuern zu können. Weder ihre Schönheit noch ihr Nimbus aus der Zeit der Eroberung neuer Kontinente konnte die einst so stolzen Segler retten. Das Gemälde von William Turner »The Fighting Temeraire tugged to her last Berth to be broken up« aus dem Jahr 1838, auf dem Titelblatt dieses Buches, zeigt wie ein wahrhaft feuriges Dampfschiff ein riesiges, leichenblasses Segelschiff zum Abwracken abschleppt, die damals berühmte »Fighting Temeraire«, die an zweiter Position an der Schlacht von Trafalgar teilgenommen hatte. Turners Bild ist eine schmerzlich-schöne Allegorie des Sieges des technischen Fortschritts über Tradition und Nostalgie in dieser bisher größten Energiewende der Menschheit.

Das Beispiel der Segelschiffe zeigt erstmals eine weitere Gemeinsamkeit vieler technischer Wandel in der Energietechnik: Die alte Technologie wird nie ganz verdrängt. Zwar sind Segelschiffe zum Transport von Gütern fast ganz verschwunden, nur innerhalb der indonesischen Inseln oder in einigen afrikanischen Ländern scheint die Zeit stehen geblieben zu sein, aber für Freizeit und Sport sind weiterhin Millionen von Segelschiffen auf den Meeren und Binnengewässern unterwegs.

Auch bei der Dampfmaschine waren die Vorteile nicht ohne Risiken und Schäden für die Umwelt zu haben. Jahrzehntelang kam es immer wieder zu *Kesselexplosionen*, die unter den vielen in der Nähe Arbeitenden zahlreiche Opfer forderten. Es dauerte lange, bis ausreichende Standards für die Wandstärken und Herstellungsprozesse der Kessel entwickelt waren. Die Dampfmaschine rief auch, zuerst in Preußen, die staatliche Gewerbeaufsicht auf den Plan, die die Sicherheit überwachte und durch ausreichend hohe Schornsteine für einen Schutz der Umgebung sorgte. Freilich bewahrten diese nicht vor den Schadstoffen, die von entfernteren Anlagen ausgingen. Ein wirksamer Schutz vor den Emissionen der Kohlekraftwerke begann erst in den siebziger Jahren des 20. Jahrhunderts.

Auf dem Land konnten sich die *Windmühlen*, vor allem aber die Wasserkraft länger behaupten. 1895 waren im Deutschen Kaiserreich fast 60 000 Dampfmaschinen aber immer noch über 18 000 Windmühlen und mehr als 50 000 Wassermühlen in Betrieb.[2]

Der Zwang zu großen Einheiten führte bei der Einführung der Dampfmaschine zu neuen Strukturen. Mehrere Flusskähne wurden, zu langen Konvois verbunden, von einem Schlepper gezogen. Da Ähnliches auf den holprigen Landstraßen und bei den engen Ortsdurchfahrten auf dem Land mit Kutschen nicht möglich war, wurde die *Eisenbahn* ausgebaut, deren Schienen die vielen von der Loko-

---

2) http://de.wikipedia.org/wiki/Windmühle, (11.02.2013).

Abb. 1.8 Lokomotive der Preußischen Staatseisenbahnen ab 1882.

motive (Abb. 1.8) gezogenen Wagen in der Spur hielten. Auch in Deutschland, das durch seine – damals – reichen Kohlevorkommen im Zuge dieser Entwicklung zu einer der führenden Industrienationen wurde, erlebte die Eisenbahn eine rasante Entwicklung. Erstmals konnte man sich ohne Muskelkraft an Land fortbewegen – und das sehr viel schneller als mit der Pferdekutsche. 50 Jahre nach dem Bau der ersten deutschen Bahnlinie zwischen Nürnberg und Fürth im Jahre 1835 waren in Deutschland fast 40 000 km Gleisanlagen in Betrieb, im Durchschnitt wurden also jedes Jahr 800 km Gleisanlagen gebaut.[3] Die Eisenbahn wurde zum entscheidenden Wirtschaftsfaktor; wo sie nicht hinreichte, mussten Betriebe geschlossen werden. Die dadurch arbeitslos Gewordenen strömten in die entstehenden industriellen Ballungsräume oder wanderten aus.

In der Industrie führte der Einsatz der Dampfmaschine zu Konzentrationsprozessen; es entstanden große Einheiten, die einen unstillbaren Bedarf an menschlicher Arbeitskraft entwickelten. Erneut veränderten sich durch eine neue Energietechnik die sozialen Strukturen: Zwischen der Führungsschicht, die die Technik kontrollierte,

---

3) http://de.wikipedia.org/wiki/Geschichte_der_Eisenbahn_in_Deutschland, (11.02.2013).

und den Arbeitern entstand eine wachsende Kluft, aus der sich Sozialismus und Kommunismus entwickelten und mit ihnen Konflikte, die erst mit dem Ende des letzten Jahrhunderts ihre Auflösung finden sollten.

1.1.4 Elektrische Energie

Erste *Elektromotoren* gab es seit 1835, aber erst nach der Erfindung des *Generators* durch Werner von Siemens im Jahr 1866 konnte man auch in ausreichendem Umfang elektrische Energie zu ihrem Betrieb erzeugen. Die elektrische Energie hat nach und nach unzählige Bereiche der Kraftanwendung erreicht; sie vor allem ist es, die den Menschen von schwerer körperlicher Arbeit befreit hat. Heute ist unser Leben ohne den Elektromotor überhaupt nicht mehr vorstellbar, obwohl das den Wenigsten so bewusst ist. Wie viele Elektromotoren befinden sich in einem normalen Haushalt? Nein, nicht zehn oder zwanzig, wie häufig vermutet wird: Tatsächlich stecken in einem normalen Haushalt, in Küche und Bad, in Haushaltsgeräten und Spielzeug, in Unterhaltungselektronik und Computern, in Werkzeugen und Gartengeräten meist über 50 Elektromotoren, in einem Auto weitere zwanzig.

Weiter erhöhte sich die Attraktivität der elektrischen Energie durch die Erfindung der *Glühlampe*, bei der Edison 1880 der Durchbruch gelang (Abb. 1.9). Es ist erstaunlich, dass eine so ineffektive Maschi-

Abb. 1.9 Edisons Glühlampen.

ne – die Glühlampe setzt nur 5 % der verbrauchten Energie in sichtbares Licht um – die Welt veränderte und sich über mehr als hundert Jahre behauptete. Zum ersten Mal gab es Licht ohne offenes Feuer! Und Licht scheint den Menschen besonders wertvoll zu sein, fast alle schalten beim Verlassen eines Raumes das Licht aus, denken aber nicht daran, die viel mehr Energie verbrauchende Heizung zu drosseln.

Für die Erzeugung des elektrischen Stromes standen seit Ende des 19. Jahrhunderts mit der Dampfmaschine und der Wasserkraft zwei leistungsfähige Technologien zur Verfügung, die im Prinzip bis heute genutzt werden (Abschnitt 5.1.1). Der Strombedarf stieg in Deutschland seit 1900 bis in die letzten Jahre stetig an, nur nach der schweren Wirtschaftskrise der zwanziger Jahre, nach dem Zweiten Weltkrieg, während der ersten Energiekrise, nach der Wiedervereinigung und in der jüngsten Finanzkrise war er jeweils für einige Jahre rückläufig (Abb. 6.7). Ihren unvergleichlichen Siegeszug trat die elektrische Energie an, weil sie in äußerst vielseitiger Weise genutzt und am besten von allen Energieträgern gesteuert werden kann. Sie hat nicht nur die industrielle Produktion erleichtert, sondern auch den privaten Haushalt revolutioniert. Zahlreiche Haushaltsgeräte übernehmen heute die Aufgaben, für die Menschen früher selbst hart arbeiten oder Dienstboten beschäftigen mussten. Dank der elektrisch angetriebenen Geräte erreichte nun die Produktivität eines Arbeiters ein Vielfaches gegenüber dem Einsatz seiner Muskelkraft.

Als Heinrich Hertz 1888 in Karlsruhe die *elektromagnetischen Wellen* entdeckte, öffnete er die Tür zu ungeahnten neuen Möglichkeiten der technischen Kommunikation auf der Basis elektrischer Energie. Mit der Revolution der Informations- und Kommunikationstechnologien der letzten Jahrzehnte hat die Bedeutung der elektrischen Energie für uns noch mehr zugenommen und wieder neue soziale Strukturen entstehen lassen. Leider muss man hinzufügen, dass der Segen der elektrischen Energie auf der Welt ungleich verteilt ist (Abb. 1.10): Auch heute haben noch 1,3 Mrd. Menschen auf der Erde keinen Zugang zu elektrischer Energie [6, S. 469].

Heute spielt in der entwickelten Welt die Kraft des Menschen im Arbeitsprozess und im Haushalt kaum noch eine Rolle. Die physischen Anforderungen sind so gering geworden, dass die Menschen ihre Muskeln in Fitnessstudios künstlich päppeln müssen. Durch den Einsatz immer komplexerer Maschinen stellt die berufliche Ar-

Abb. 1.10 Alle Teile der Erde bei Nacht.

beit immer höhere intellektuelle Anforderungen; der Facharbeiter ist manchmal schwerer zu ersetzen als der Manager. Aktuell steht das Schulsystem in Deutschland in der Kritik, weil ein Teil der Absolventen nicht die gestiegenen Voraussetzungen für eine Ausbildung zum Facharbeiter erfüllt, mit dem Ergebnis, dass ein großer Bedarf an Fachkräften nicht gedeckt werden kann. Niedriglöhne kommen nur noch in Berufen vor, in denen die menschliche Arbeitskraft, wie im Gaststättengewerbe oder in der immer noch traditionell arbeitenden Baubranche, wenig von technischen Lösungen unterstützt wird. Grundsätzlich hat die Technisierung der Arbeitswelt mit höheren geistigen und geringeren physischen Anforderungen die soziale Stellung des Arbeitnehmers grundlegend verändert. Nicht umsonst war die »Elektrifizierung« eine Forderung der sozialen und sozialistischen Bewegungen in der ersten Hälfte des 20. Jahrhunderts; Lenin hat sogar Kommunismus als »Sowjetmacht plus Elektrifizierung des ganzen Landes« definiert [7]. Die durch die elektrische Energie möglichen Innovationen haben entscheidend dazu beigetragen, dass sich zum Ende des letzten Jahrhunderts fast alle kommunistischen Machtstrukturen auflösten, weil es das Proletariat nicht mehr gab, zu dessen Verteidigung sie angeblich errichtet worden waren.

1.1.5 Erdöl und Erdgas

Durchbrüche für den *Verbrennungsmotor* kamen 1876 durch Nicolaus August Otto und 1892 durch Rudolf Diesel, mit deren Hilfe Karl Benz das erste Auto baute (Abb. 1.11). Otto- und Dieselmotor erwiesen sich bis heute als die idealen Antriebe für den Individualverkehr, da die Motoren genau in der jeweils erforderlichen Größe gebaut werden konnten und Dieselöl und Benzin als äußerst effiziente Energiespeicher große Reichweiten ermöglichen. Nach dem Zweiten Weltkrieg entwickelte sich das Auto vom Luxusgegenstand zum Massenverkehrsmittel. Heute besitzt statistisch gesehen jeder zweite Deutsche ein Auto, Kinder und ältere Menschen, die noch nicht oder nicht mehr selbst fahren können, eingeschlossen. Der Güterverkehr wird überwiegend von 2,5 Mio. Lastkraftwagen bewältigt. Flussschiffe fahren nun ohne Schlepper individuell mit Dieselmotoren. Nur bei der Eisenbahn gibt es merkwürdigerweise immer noch Züge mit Lokomotiven, obwohl diese längst nicht mehr von Dampfmaschinen, sondern von Elektro- oder Dieselmotoren angetrieben werden.

In der so unglaublich innovativen zweiten Hälfte des 19. Jahrhunderts – technisch gesehen, die Politik war in überkommenen Traditionen erstarrt, was sich bald rächen sollte – begann der Mensch auch,

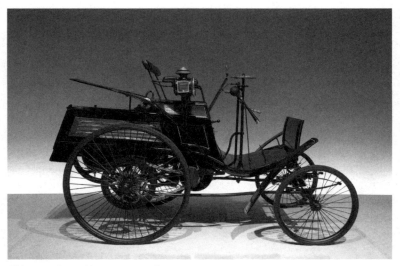

Abb. 1.11 Benz-Motorwagen 1894.

den alten Traum vom Fliegen zu verwirklichen. Eigentlich hatten das schon die Brüder Montgolfier getan, als sie 1783 den Heißluftballon erfanden, wozu keine neuen Erfindungen nötig gewesen waren; das, was man dazu brauchte, hatten auch schon die Ägypter. Aber diese *Montgolfieren* (Abb. 1.12) waren eher Attraktionen für Feste, keine Verkehrsmittel. Später griff Graf Zeppelin die Idee wieder auf, mit Maschinen, die leichter als Luft sind zu fliegen, ersetzte aber die durch Feuer erwärmte Luft durch leichtes Gas. Leider musste er Wasserstoff nehmen, weil Helium zu knapp und teuer war. Er baute riesige *Luftschiffe*, die mit Motoren steuerbar waren und äußerst luxuriöse Reisebedingungen boten. Selbst ein Klavier war an Bord. Die kurze Ära der Zeppeline endete dramatisch mit der Katastrophe von Lakehurst, als das Luftschiff LZ 129 »Hindenburg« 1937 bei der Landung aus immer noch ungeklärten Gründen verbrannte. Natürlich hätte man die

Abb. 1.12 Montgolfiere.

Brandgefahr vermeiden können, wenn man von Wasserstoff zu Helium übergegangen wäre, aber inzwischen waren die Flugzeuge besser und schneller als diese Dinosaurier der Lüfte, nur deren Komfort haben sie bis heute nicht erreicht. Bereits Leonardo da Vinci hatte Flugapparate ersonnen, die schwerer sind als Luft, doch selbst ihm war kein Erfolg vergönnt. Erst G. Weißkopf und die Brüder Wright haben mit den ersten Motorflügen die Tür zum Zeitalter der *Luftfahrt* geöffnet. Da man rasch feststellte, dass Flugzeuge auch als Jäger und Bomber zu gebrauchen waren, sorgte die kriegerische erste Hälfte des 20. Jahrhunderts für einen rasanten Fortschritt der Flugzeugtechnik. Ab Mitte des letzten Jahrhunderts ging man von Kolbenmotoren zu Turbinen über, und das Flugzeug wurde für viele Menschen zu einem wichtigen Transportmittel. Nun konnte man in der Zeit einer Postkutschen-Etappe zu einem anderen Kontinent gelangen. Seit wenigen Jahren gibt es mit dem Airbus 380 wieder ein Fluggerät, das an die Maße des Zeppelins erinnert. Es befördert über 500 Passagiere, nicht nur dreißig, wie der Zeppelin, aber ein Klavier sucht man in ihm vergeblich.

Ermöglicht wurde diese Revolution der menschlichen Mobilität durch das Erdöl, das ab 1960 die Kohle als wichtigsten Energieträger auf den zweiten Platz verwies. Bei ähnlicher Energiedichte haben die Erdölprodukte Benzin, Dieselöl oder Kerosin den Vorteil, in flüssiger Form, zudem drucklos, transportiert und gelagert werden zu können. Kein anderer Energiespeicher ist so leistungsfähig, so sicher, so schnell zu füllen, so flexibel in der Form wie ein Tank für Mineralölprodukte. Die Auffächerung des Erdöls in *Raffinerien*, in denen die zahlreichen verschiedenen Komponenten, aus denen sich das Erdöl zusammensetzt, nach ihren unterschiedlichen Siedepunkten getrennt werden, erschloss dem Erdöl viele unterschiedliche Anwendungen, auch außerhalb des Verkehrssektors. In den sechziger Jahren des 20. Jahrhunderts löste das Heizöl die Kohle- und Koksheizungen der Häuser ab, weil man nicht mehr zum Schaufeln in den Keller musste; nun genügte ein kleiner Griff an den Thermostaten in der Wohnung, um für behagliche Wärme zu sorgen. In vielen Ländern wurden Erdölprodukte zur Stromerzeugung eingesetzt; noch heute ist in schlecht erschlossenen Regionen der Welt der Dieselgenerator nur schwer durch andere Technologien zu verdrängen.

Das Erdöl ermöglicht auch die Herstellung von Kunststoffen, Medikamenten und Kosmetika, für die es bis heute die wichtigste Rohstoffquelle ist. So groß die Vielfalt und die Menge der Kunststoffe ist, die uns im Haushalt und in der Kleidung, im Auto und im Flugzeug umgeben, so bescheiden erscheint der Anteil von 6 % am Erdölverbrauch, der für die Herstellung all dieser Stoffe ausreicht – eine Tatsache, die uns die gewaltige Dimension des Energiehungers der Welt verdeutlicht.

Aber auch das Erdöl hat seine Schattenseiten. Da es im mobilen Bereich kaum zu ersetzen ist, bildet es heute das größte Sorgenkind der Klimapolitik (Kapitel 2). Zu Problemen führt auch die ungleiche Verteilung der Ressourcen über die Welt (Abschnitt 3.2.2). Die mit Abstand größten und auch am preisgünstigsten zu fördernden Ölreserven birgt die Arabische Halbinsel. Die entstandene Abhängigkeit von dieser Region wurde der Welt 1973 und 1979 durch künstlich geschaffene Verknappungen und Verteuerungen der Öllieferungen plastisch vor Augen geführt. Diese Energiekrisen haben tiefe Spuren hinterlassen, weil sie zeigten, wie sehr die Welt inzwischen von diesem Energieträger abhängig geworden war und wie sorglos sie seine Verfügbarkeit für selbstverständlich gehalten hatte. Die künstliche Verknappung deutete man auch als Vorboten einer in absehbarer Zeit unvermeidlichen physischen Erschöpfung der Erdölvorräte, die allerdings nach heutigen Erkenntnissen noch einige Zeit auf sich warten lassen wird (Abschnitt 3.2.2). Die damals weltweit propagierte Politik »Weg vom Öl« war allerdings wenig erfolgreich, noch mindestens weitere 20 Jahre wird das Erdöl der wichtigste Energieträger der Welt bleiben. Weiterhin wird der Ölpreis das Preisniveau anderer Energieträger, insbesondere des Erdgases, und damit auch die Chancen von Alternativen beeinflussen, die während Hochpreis-Phasen stets Auftrieb erhalten, in Zeiten billigen Öls aber schon bald wieder vernachlässigt werden.

Die Rolle des Erdöls wäre aber noch wesentlich größer, wenn es nicht in den letzten 40 Jahren Konkurrenz durch das Erdgas erhalten hätte. Das hauptsächlich aus Methan bestehende Erdgas kann leicht von Verunreinigungen befreit werden und setzt bei der Verbrennung deshalb kaum Schadstoffe frei. Es kommt in vielen Regionen der Welt vor, in Europa vor allem in der Nordsee vor Norwegen, den Niederlanden und Großbritannien – vorübergehend, muss man sagen, denn die Vorkommen gehen in Großbritannien jetzt schon und in Norwegen bald zur Neige. Aber die Erdgasvorräte sind weltweit größer und gleichmäßiger verteilt als die des Erdöls und bei hohen Energiepreisen auch durch neue Abbaumethoden erweiterbar, so dass man weltweit die kommenden Jahre als goldene Jahre für das Erdgas ansieht (Abschnitt 3.3.3). Für stationäre Anwendungen, Stromerzeugung und Raumheizung, hat das Erdgas das Erdöl weitgehend verdrängt.

1.1.6 Kernenergie

Für den Fortschritt in der Energietechnik war die von zwei Weltkriegen gebeutelte erste Hälfte des 20. Jahrhunderts weitgehend verloren, sieht man von kriegsbedingten Entwicklungen wie der Kohleverflüssigung und -vergasung ab, die jedoch in Friedenszeiten keine große Rolle mehr spielt. Aus dieser Zeit stammt aber ein großer Entwicklungssprung, der sich erst in der zweiten Hälfte des Jahrhunderts auswirkte: die Anwendung der 1938 in Deutschland von Lise Meitner und Otto Hahn entdeckten Kernspaltung (Abb. 1.13).

Der Fluch dieser neuen Energiequelle manifestierte sich schnell. Angefacht von dem bald nach der Entdeckung ausgebrochenen Zweiten Weltkrieg wurde sie zuerst für die Entwicklung einer Waffe benutzt, die mit ihrem Zerstörungspotenzial alle bisherigen um Größenordnungen übertraf. Das Kriegsende im Mai 1945 ersparte Deutschland die Erfahrung, die Japan im August 1945 mit den Atombombenabwürfen auf Hiroshima und Nagasaki machen musste. Die dort sichtbar gewordene furchtbare Zerstörungskraft hat bislang einen weiteren Einsatz in kriegerischen Auseinandersetzungen vermeiden helfen, obwohl (oder weil) daraus in den Folgejahren ein gewaltiges Arsenal von noch weit stärkeren Waffen entwickelt wurde, dessen Einsatz unseren Planeten unbewohnbar machen würde. Nicht nur die USA, die das Wettrennen um die Atomwaffe gewannen, auch die anderen siegreichen Kriegsparteien in Europa, Frankreich, Großbritannien und die UdSSR haben diese Atombombe entwickelt, Deutschland glücklicherweise nicht.

Nach dem Ende des Krieges verschrieben sich weltweit die besten Wissenschaftler und Techniker der Aufgabe, nun auch den Segen dieser Entdeckung zur Geltung zu bringen. In den fünfziger und sechziger Jahren des 20. Jahrhunderts wurde die Kerntechnik weltweit als Zukunftstechnologie schlechthin angesehen, denn in dieser Technik kulminierte die bisherige Entwicklung der Energietechnik: Aus geringen Mengen zu nichts anderem geeigneter Rohstoffe werden nahezu unerschöpfliche Mengen an Wärme und elektrischer Energie

Abb. 1.13 Nachbau des Experiments, mit dem Otto Hahn und Lise Meitner die Kernspaltung entdeckten.

gewonnen, nie zuvor haben Menschen aus so kleinen Volumina so gewaltige Mengen an Energie freigesetzt und so hohe Leistungsdichten erreicht. Wenige Anlagen mit geringem Landbedarf reichen zur Versorgung eines Landes aus, sie verursachen im normalen Betrieb keine Umweltschäden und beeinflussen anders als die fossilen Energien das Klima nicht (Abb. 1.14).

Aber auch unabhängig von der Gefahr der Atomwaffen erreicht der alte Konflikt zwischen Segen und Fluch bei der Kernenergie eine neue Dimension. Beim Betrieb der Kernkraftwerke entstehen große Mengen an radioaktiven Abfällen, deren Freisetzung außergewöhnlich große Schäden verursachen würde. Die Kernenergie ist deshalb eine sehr komplexe Technologie, die allerhöchste Anforderungen an die Sicherheitsvorkehrungen stellt. Zwar zeigen alle Untersuchungen, dass das resultierende Risiko gering ist, doch wird dieses Risiko

Abb. 1.14 Kernkraftwerk und Kohlekraftwerk Borssele (Niederlande), umgeben von Windenergieanlagen.

hier aus dem Produkt zweier extrem unterschiedlich großer Zahlen errechnet, einem sehr hohen Schadenspotenzial und einer sehr kleinen Wahrscheinlichkeit des Eintretens dieses Schadens. Dieses so definierte Risiko war für die Techniker Ansporn zur Schaffung einer außergewöhnlich hohen Sicherheitskultur, für viele andere Menschen aber der entscheidende Grund, diese Technologie abzulehnen.

Das anfangs, vor allem in den siebziger Jahren des vergangenen Jahrhunderts weltweit starke Wachstum der Kernenergie hat sich abgeflacht. Seit 20 Jahren ist die Zahl der etwa 440 in der Welt betriebenen Kernkraftwerke nur noch langsam gestiegen, allerdings zeichnete sich eine neue Wachstumsphase in einigen Regionen der Welt ab. Nach dem Unfall in dem japanischen Atomkraftwerk Fukushima (Exkurs 3»Was in Fukushima geschah«) sind diese Pläne in einigen Ländern geändert worden. Deutschland hat sich 2011 entschieden, seine Kernkraftwerke bis 2022 stillzulegen und stattdessen seine Versorgung mit elektrischer Energie auf erneuerbare Energien umzustellen.

Das sind zwei Entscheidungen auf einmal. Der Verzicht auf Kernenergie ist für ein reiches Industrieland mit wirtschaftlichen Opfern verbunden, aber verkraftbar; er erschwert und verteuert jedoch den Schutz vor einer Klimaveränderung (Abschnitt 2.2). Aber kann eines der führenden Industrieländer der Welt, wenn auch mit neuen Methoden, wieder zurückkehren zu den Zuständen vor der Industrialisierung, als der Mensch sich noch halbwegs im Gleichgewicht mit der Natur befand? Die Entwicklung der Energietechnik, die im ersten Abschnitt dieses Kapitels an uns vorbeigezogen ist, war geprägt von dem Ziel, die Launen der Natur zu überwinden und sich mit der begrenzten Energiedichte der erneuerbaren Energien nicht abzufinden. Wenn wir in Deutschland künftig über 80 % der elektrischen Energie aus Wind und Sonne gewinnen wollen, und das ist das Ziel bis 2050, dann unterwerfen wir uns aber unvermeidlich wieder den Regeln der Natur, denn an eine wirksame Speicherung zum Ausgleich der schwankenden Verfügbarkeit dieser Energiequellen ist nicht zu denken. Vieles kann durch moderne Technologien erleichtert werden, aber von der Zeit, in der wir jederzeit unbegrenzte Mengen an Energie abrufen konnten, müssen wir dann Abschied nehmen. Denn ohne »Demand Management«, wie das heute heißt, also ohne Beschränkungen oder Steuerung des Bedarfs, kann eine auf erneuerbare Energien gestützte Energieversorgung nicht funktionieren. Wir brechen damit auf zu einem Großexperiment, bei dem uns bisher kein anders Land der Erde übertrifft, und wir müssen bei den vielen Schritten, die zur Annäherung an dieses Ziel notwendig sind, sorgfältig darauf achten, nicht die Errungenschaften aufs Spiel zu setzen, die uns die bisherige Entwicklung der Energietechnik gebracht hat.

1.2 Ein bisschen Physik muss sein

$E = mc^2$

(Albert Einstein)

Energie ist die fundamentale Grundgröße der Physik. Nach Einsteins berühmter Äquivalenzgleichung ist Materie bzw. Masse (m) nichts anderes als kondensierte Energie (E). Da die Proportionalitätskonstante, das Quadrat der Lichtgeschwindigkeit (c), eine sehr große Zahl ist, kann man aus wenig Materie sehr viel Energie freisetzen. Energie ist die Fähigkeit, Arbeit zu verrichten.

1.2.1 Formen der Energie

Energie tritt in verschiedenen Formen auf. Wir kennen z. B.

- die kinetische Energie bewegter Körper,
- die potenzielle Energie eines Körpers in einem Kraftfeld, z. B. dem Schwerefeld der Erde,
- die Energie elektrischer Ströme, elektromagnetischer Strahlung und Felder
- die chemische Bindungsenergie und
- die nukleare Bindungsenergie.

Verschiedene dieser Energieformen lassen sich ineinander umformen. Bei einer Schaukel sieht man die permanente Umwandlung von potenzieller Energie, die ihr Maximum beim Scheitelpunkt der Schwingung erreicht, und kinetischer Energie, die am tiefsten Punkt der Schaukel am größten ist. Dass die Schaukel ohne Antrieb mit der Zeit zum Stillstand kommt, liegt an der Reibung in der Aufhängung und am Luftwiderstand; beide verwandeln die kinetische Energie langsam in Wärme. Wärme ist die ungeordnete kinetische Energie der Moleküle, die in festen Körpern Schwingungen vollführen und sich in Flüssigkeiten und Gasen frei bewegen. Wärme ist der Endzustand aller Energieumwandlungsprozesse.

Die physikalische Einheit der Energie ist 1 Wattsekunde (Ws), man nennt sie auch 1 Joule (J). Zufällig liegt diese Größe ziemlich genau in der Mitte der allerdings gigantischen Spanne der Energiemengen, die man in einem Buch wie diesem betrachten muss. Sie liegt fast 20 Größenordnungen (also multipliziert mit einer 1 mit 20 Nullen) über den Energien, die bei chemischen Umwandlungen einzelner Moleküle oder einzelner photovoltaischer Prozesse frei werden, und wieder rund 20 Größenordnungen unter der Energiemenge, die die Welt pro Jahr benötigt. Leider können wir sie in diesem Buch nicht einheitlich verwenden, weil sich für die einzelnen Energieträger unterschiedliche Größen eingebürgert haben. In Berichten über Erdöl werden die Mengen in Barrel angegeben, gemeint ist das alte Blechfass, das 156 l Öl enthält, während man bei Kohle in Tonnen Steinkohleeinheiten (tSKE) rechnet. Wärmemengen werden immer noch gern mit Kalorien (cal) gemessen, der Menge, mit der man 1 g Wasser um 1 °C, genaugenommen von 14 auf 15 °C erwärmen kann. Und Strom wird in Kilowattstunden (kWh) eingeteilt, elektrische Leistungen in Watt (W)

Tab. 1.1 Energieeinheiten und Umrechnungsfaktoren.

Energie		J	cal	eV	kWh	KgSKE
Joule	J	1	0,24	$0,62 \times 10^{19}$	$2,78 \times 10^{-7}$	$3,41 \times 10^{-8}$
Kalorie	cal	4,19	1	$2,63 \times 10^{19}$	$1,16 \times 10^{-6}$	$1,42 \times 10^{-7}$
Elektronvolt	eV	$1,60 \times 10^{-19}$	$3,83 \times 10^{-20}$	1	$4,45 \times 10^{-26}$	$5,47 \times 10^{-27}$
Kilowattstunde	kWh	$3,60 \times 10^6$	$0,86 \times 10^6$	$2,25 \times 10^{25}$	1	0,12
Terrawattjahr	TWa	$3,16 \times 10^{19}$	$0,75 \times 10^{19}$	$1,97 \times 10^{38}$	$8,77 \times 10^{12}$	$1,08 \times 10^{12}$
Kg Steinkohle	kgSKE	$2,93 \times 10^7$	$7,0 \times 10^6$	$1,83 \times 10^{26}$	8,14	1
t Öläquivalent	tOE	$4,19 x 10^{10}$	$1,0 \times 10^{10}$	$2,61 \times 10^{29}$	$1,16 \times 10^4$	$1,43 \times 10^3$

Tab. 1.2 Größenordnungen der Energieformen.

Peta	Tera	Giga	Mega	Kilo	–	Milli	Mikro	Nano
P	T	G	M	k		m	µ	n
10^{15}	10^{12}	10^9	10^6	10^3		10^{-3}	10^{-6}	10^{-9}

bzw. kW. Auch die Leistung von Automotoren wird heute in kW angegeben, aber immer noch gerne in die guten alten Pferdestärken (PS) umgerechnet, weil man damit eine um den Faktor 1,36 größere, also imposantere Zahl erhält. Ach ja: Leistung ist Arbeit (also Energie) pro Zeit, und das nicht nur in der Physik!

Zur Umrechnung innerhalb der verschiedenen Energieeinheiten kann man die folgende Tab. 1.1 oder *Umrechner* im Internet benutzen.

Die bei den Umrechnungen benutzten Größenordnungen gibt Tab. 1.2 wieder.

Energie kann Kraftwirkungen verursachen. Dabei gibt es vier verschiedene Wechselwirkungen. Zwei davon sind uns gut vertraut, auch weil wir sie in bestimmten Formen unmittelbar wahrnehmen können: die Gravitation und die elektromagnetische Wechselwirkung.

1.2.2 Gravitation

Die Gravitation kennen wir als die Kraft, mit der uns die Erde anzieht und die allen Dingen ihr Gewicht verleiht. Wir wissen, dass sie die Bewegungen der Planeten um die Sonne und des Mondes um die Erde regelt. Wenn wir Wasser aus einem Staudamm auf eine Turbine leiten, dann nutzen wir die potenzielle Energie des Wassers im Gravitationsfeld der Erde, die die Sonnenwärme durch Verdunstung des Oberflächenwassers und Transport in große Höhen in der Atmosphäre mit anschließendem Regen geliefert hat. Trotz ihrer großen Bedeutung ist die Gravitation die schwächste aller Wechselwirkungen, die die Physik kennt.

Auch die Nutzung von Gezeitenenergie ist mit der Gravitation, diesmal mit der Anziehungskraft des Mondes und der Sonne verbunden. Zunächst sieht man rasch ein, dass sich auf der dem Mond zugewandten Seite wegen der Anziehungskraft des Mondes ein Wellenberg bildet, aber warum geschieht das in fast gleicher Höhe auch auf der gegenüberliegenden Seite der Erde? Dazu muss man das Gesamtsystem Erde-Mond betrachten, das sich um seinen Schwerpunkt dreht, der wegen der geringen Masse des Mondes innerhalb der Erde, aber vom Mond aus gesehen weit vor ihrem Mittelpunkt liegt. Auf der dem Mond zugewandten Seite übersteigt die Mondanziehung die von der Rotation erzeugte Fliehkraft, die das Wasser auf die entgegengesetzte Seite der Erde drückt, auf der dem Mond abgewandten Seite ist es genau umgekehrt [8, S. 197]. Die Sonne erzeugt einen etwa halb so großen Tidenhub. Je nachdem, ob sich die beiden Effekte verstärken oder kompensieren, spricht man von Springflut oder Nippflut.

Auf dem offenen Meer beträgt der Tidenunterschied nur rund 1 m; erst in Küstennähe können sich durch die Topographie höhere Werte einstellen. Sehr hohe Tidenunterschiede von 10–12 m, wie sie an verschiedenen Stellen der Welt vorkommen und sich dann auch für eine Nutzung als Energiequelle eignen, entstehen durch Resonanz, wenn die Schwingungsfrequenz des Wassers in einer Bucht mit der des Tidenhubs übereinstimmt [8, S. 179 ff.]. Die Gezeitenenergie steht zwar auch nicht bedarfsgerecht zur Verfügung, aber anders als andere erneuerbare Energien schwankt sie genau vorhersehbar im Rhythmus von 12 h und 25 min. Erneuerbar ist die Gezeitenenergie, wenn man es genau nimmt, nicht. Denn die Reibungsverluste der Gezeitenströme, wozu auch ein Gezeitenkraftwerk beitragen würde, gehen zu Lasten der Rotationsenergie der Erde: Der Erdentag verlängert sich jedes Jahr um 16 µs. Der Mond dagegen wird beschleunigt und entfernt sich jedes Jahr um 4 cm von der Erde.

Von allen Energieformen ist die Gravitation den Menschen am besten vertraut, weil die meiste Arbeit, die Menschen mit ihrer Muskelkraft leisten, gegen die Gravitationskraft gerichtet ist. Allerdings ist einfaches Gehen oder das Tragen eines Koffers auf gleicher Höhe physikalisch gesehen keine Arbeit, weil sich die Position im Schwerefeld der Erde nicht verändert. Dass wir trotzdem dabei ins Schwitzen kommen können, liegt an den Kontraktionen, die unsere Muskeln auch dann ausführen, wenn sie etwas auf der gleichen Höhe halten. Beim Radfahren merkt man aber, dass die anfängliche Beschleunigung mehr Energie kostet als die Fortbewegung in der Ebene, wo nur der Luftwiderstand und die Rollreibung der Reifen und Radnaben ausgeglichen werden müssen. Und der Sattel erspart es uns, mit Muskelkraft ständig unser Gewicht gegen die Schwerkraft der Erde auf gleicher Höhe zu halten. Das Fahrrad ist deshalb eine geniale Erfindung, übrigens aus der Not geboren; denn Freiherr von Drais suchte in Karlsruhe nach einem Fortbewegungsmittel als Ersatz für Pferde, die während der Hungersnot um 1820 rar geworden waren, weil es an Futter mangelte. Auslöser dieser Hungersnot war eine Klimaverschlechterung infolge des Ausbruchs des Vulkans Tambora im Jahre 1815, dessen Aschepartikel die Sonne abschatteten. Sie sorgten noch lange für ein intensives Abendrot, wie es William Turner seinem, auf dem Titel dieses Buches wiedergegebenem Gemälde im Jahre 1838 als Götterdämmerungskulisse, aber doch realistisch eingefügt hat.

1.2.3 Elektromagnetische Energie

Die elektromagnetische Energie kommt in verschiedenen Formen vor, als elektrischer Strom, der z. B. einen Elektromotor antreibt, oder als Energie elektromagnetischer Wellen, die sich über die Erde ausbreiten und dabei Energie und Informationen transportieren.

Alle Energien, die wir auf der Erde nutzen, mit Ausnahme der nuklearen, der Geothermie und der Gezeiten, verdanken wir der elektromagnetischen Strahlung der Sonne. Besonders wichtig ist davon der kleine Ausschnitt des sichtbaren *Lichts* mit Wellenlängen von etwa einem halben Mikrometer, in dem das Maximum der Sonnenstrahlung bei der von unserem Auge als Grün wahrgenommenen Wellenlänge liegt. Das ist auch der Grund dafür, dass Pflanzen überwiegend grüne Blätter oder Nadeln haben; die Evolution hat sie für die Aufnahme der maximalen Sonnenstrahlung bei der Energieumwandlung durch Photosynthese optimiert.

Max Planck hat entdeckt, dass das vermeintlich kontinuierliche Licht, also die elektromagnetische Strahlung, aus Lichtquanten besteht. Diese *Photonen* haben entsprechend ihrer Wellenlänge bzw. »Farbe« eine genau definierte Energie von einigen Elektronenvolt (eV). Alle Körper senden elektromagnetische Strahlung aus, auch wenn wir das nur in einem sehr kleinen Ausschnitt der Wellenlängen sehen können. Fühlen können wir aber die Wärmestrahlung eines Heizkörpers, die wesentlich längere Wellenlängen hat als das Licht (Abschnitt 1.2.8).

Die Photosynthese [9] ist der wichtigste Prozess für das Leben auf der Erde, und zwar in doppelter Weise: Er verwandelt das Verbrennungsprodukt CO_2 wieder in Sauerstoff zurück und erlaubt das Wachstum der Pflanzen, die die Grundlage der gesamten Ernährung aller Lebewesen bilden. Dieser so elementar wichtige Prozess ist aus technischer Sicht merkwürdig unvollkommen. Aufgabe der Photosynthese ist die Herstellung von Kohlehydraten zum Aufbau der Biomasse der Pflanzen aus dem in der Luft enthaltenen CO_2 und Wasser (H_2O). Sie schafft das durch Spaltung des Wassermoleküls in Wasserstoff, den sie zur Reduktion des CO_2 benutzt, und in Sauerstoff, den sie selbstlos an die Umgebungsluft abgibt. Im Wassermolekül sind die beiden Wasserstoffatome mit dem Sauerstoffatom relativ fest verbunden; auch wer im Chemieunterricht selten aufgepasst hat, erinnert sich an die Knallgasreaktion, mit der sich Wasserstoff und Sauerstoff, als Gase vermischt, effektvoll verbinden. Um die Bindungsenergie von 5,7 eV rein thermisch wieder aufzubrechen, muss man Wasser auf über 2500 °C erhitzen. Wie schafft es ein zartes Blatt einer Pflanze, das Wassermolekül mit Hilfe des sichtbaren Lichts aufzubrechen, dessen Photonen knapp die Hälfte der Bindungsenergie des Wassers »mitbringen«, nämlich 2 eV (rotes Licht) bis 3,2 eV (violettes Licht)? In einem sehr komplexen Prozess werden in den sogenannten »Lichtreaktionen« Zwischenprodukte gebildet (NADPH und ATP), wozu insgesamt neun der freigesetzten Elektronen benötigt werden. Von der auf diese Weise eingesammelten Energie von 27,8 eV (bei violettem Licht) bzw. 15,8 eV (bei rotem Licht) enthalten diese Produkte aber nur noch jeweils die benötigten 5,8 eV; der Wirkungsgrad dieses ersten Prozessschrittes beträgt also nur 20–37 %. In den nachfolgenden »Dunkelreaktionen« werden diese Stoffe in einem katalytischen Prozess mit einem Enzym weiterverarbeitet, wobei das Enzym merkwürdigerweise nicht zwischen CO_2 und O_2 unterscheiden kann. Man stelle sich einen technischen Prozess vor, bei dem im entscheidenden Verfahrensschritt nicht zwischen Ausgangsmaterial und Produkt unterschieden werden kann – die Natur geht seltsame Wege. Dadurch verursachte störende Nebenprodukte und der Eigenbedarf der Pflanze an Energie für Atmung und Biosynthese führen dazu, dass sich der Wirkungsgrad weiter auf schließlich nur noch rund 1% erniedrigt. Auf diesem technisch unvollkommenen Prozess, der jedem Chemie-Verfahrensingenieur die Haare zu Berge stehen lässt, beruht alles Leben auf der Erde; offensichtlich war dieses Ergebnis der Evolution ausreichend gut. Er reicht ja auch aus, den Sauerstoffgehalt der Atmosphäre stabil zu halten. Auch hat er es ermöglicht, dass sich aus Resten von Pflanzen unter Luftabschluss über Jahrmillionen große Mengen an fossilen Energiequellen, an Kohle, Erdöl und Erdgas gebildet haben, in denen ein Teil der Sonnenenergie aus früheren Zeiten gespeichert ist. Die Tatsache aber, dass nur 1% der Lichtenergie, die auf eine vollständig bepflanzte Fläche fällt, überhaupt in Biomasse umgewandelt werden kann – in der Praxis sind es meist weniger als 0,2% – ist das prinzipielle Problem, mit dem jeder Versuch behaftet ist, durch »Energiepflanzen« einen Teil unseres Energiebedarfs zu decken (Abschnitt 4.2.4).

Photovoltaische Zellen können sichtbares Licht direkt in elektrischen Strom verwandeln. Um diesen Prozess zu verstehen, muss man wissen, dass die Physiker schon vor etwa 100 Jahren zu ihrer Überraschung feststellen mussten, dass das eindeutig aus elektromagnetischen Wellen bestehende Licht auch die Eigenschaft von Teilchen haben kann. Umgekehrt kann man nachweisen, dass auch Elementarteilchen, Atome, sogar große Moleküle Welleneigenschaft haben können. Das kann man sich eigentlich nicht vorstellen, aber darauf nimmt die Natur leider keine Rücksicht. Ein Lichtquant mit der Energie des sichtbaren und ultravioletten Lichts kann ein Elektron aus der Hülle eines Atoms sozusagen herausschießen. Passiert das in einem elektrisch leitenden oder isolierenden Material, so findet sich so ein Elektron bald wieder brav bei einem auf diese Weise »ionisierten«, also durch Verlust eines Elektrons positiv geladenen Atom ein. In einem *Halbleiter*, wie z. B. entsprechend behandeltem Silizium, findet das Elektron aber nicht mehr zurück, es wird in eine andere Schicht katapultiert, sozusagen in eine andere Etage, aus

Abb. 1.15 Photovoltaische Kollektoren auf dem Turm einer Kirche in Berlin-Buch.

welcher der Rückweg versperrt ist. So kann in geeigneten Materialien durch die Bestrahlung mit Sonnenlicht eine dauerhafte Trennung von Ladungsträgern erreicht und damit eine Stromquelle realisiert werden. Während bei thermischen Umwandlungsverfahren die Sonnenwärme in Dampf verwandelt wird, der über eine Turbine einen Generator antreibt, kommt die elegante Photovoltaik ohne bewegliche Teile aus. Ihr Wirkungsgrad ist aber leider viel schlechter, denn selbst die besten Zellen schaffen selten mehr als 20 % des Lichts in Strom zu verwandeln, bei den meisten kommerziellen Produkten liegt der Wirkungsgrad unter 15 %. Dennoch sind sie zur Ikone des Aufbruchs in eine nachhaltige Energiezukunft geworden (Abb. 1.15).

Oberhalb des sichtbaren Lichtes, bei Wellenlängen von einigen Mikrometern, liegt die Infrarotstrahlung, die Wärmeenergie überträgt. Die Infrarotstrahlung sorgt in Verbindung mit dem Treibhauseffekt der Atmosphäre (siehe Abschnitt 2.2) dafür, dass auf dem größten

Teil unseres Planeten Wasser flüssig und damit Leben möglich ist. Noch längerwellige Strahlung mit Wellenlängen im cm-Bereich kann man zur Energieübertragung nutzen, weil diese Strahlung bei der Wahl der geeigneten Wellenlänge Resonanzschwingungen in Molekülen anregen kann, die zu einer Erwärmung des Materials führen. So funktionieren die Mikrowellenherde, aber auch die millionenfach stärkeren Gyrotrons, mit denen das Plasma eines Fusionsreaktors auf Betriebstemperatur vorgeheizt werden soll. Noch größere Wellenlängen im Bereich von Metern nutzen wir zur Übertragung von Informationen für Fernsehen, Radio, Internet und Mobiltelefonie.

Die elektromagnetische Wechselwirkung ist aber auch für die gesamte Chemie verantwortlich, denn es sind die Elektronen der Atomhüllen, welche die chemischen Bindungen eingehen. Wie stark diese Kraft im Verhältnis zur Gravitation ist, soll ein Gedankenexperiment verdeutlichen: Wir stellen uns einen Klumpen Kohle von 1 kg Masse vor. Würde er uns aus einem Meter Höhe auf den Fuß fallen, wäre das eine unangenehm intensive Kollision. Bei diesem Fall würden 10 J an potenzieller Energie zunächst in kinetische und, nach dem Aufprall, in Wärme umgewandelt. Im Gegensatz zum Aufprall spürt man die Wärmeentwicklung nicht, sie liegt bei einem Tausendstel °C. Verbrennt man aber den Kohleklumpen, so setzt dies 30 Mio. J als Wärme frei: Die elektromagnetische Kraft ist millionenfach stärker als die Schwerkraft der Erde. An diesem Vergleich von kinetischer Bewegungsenergie des Kohleklumpens und seinem chemisch nutzbaren Energieinhalt sieht man unmittelbar, welch große Energiemengen in chemischer Form gebunden werden können. Hier liegt der Grund dafür, dass heute ein Auto mit einer Tankfüllung bis zu 1000 km zurücklegen kann, eine bislang konkurrenzlos leistungsfähige Form der Energiespeicherung. Man kann die chemische Bindungsenergie auch als potenzielle Energie verstehen. Je stärker Atome in einem Molekül gebunden sind, desto niedriger ist das Energieniveau. Bei der Verbrennung des Kohlebrockens setzt die Verbindung von einem Kohlenstoff- und zwei Sauerstoffatomen Energie in Höhe von 4 eV frei. Die gleiche Energie muss man aufwenden, wenn man die Atome wieder trennen will.

»Elektromagnetisch« heißt diese Kraft, weil sich ihre beiden Erscheinungsformen, Elektrizität und Magnetismus gegenseitig bedingen und hervorbringen. Durch eine Änderung eines elektrischen Stroms, auch durch eine Richtungsänderung z. B. in einer kreisförmigen Spule, wird ein Magnetfeld erzeugt, umgekehrt induziert ein sich änderndes Magnetfeld in einem elektrischen Leiter einen Strom. Für unser Stromnetz nutzen wir sogenannten Wechselstrom, dessen Spannung 50-mal pro Sekunde sinusförmig zwischen plus und minus 220 V schwankt. Der davon erzeugte Strom in einem Leiter wird deshalb 100-mal in der Sekunde ein- und ausgeschaltet. Bei einer Glühbirne kann man das nicht sehen, weil der Glühfaden thermisch zu träge ist, aber bei einer Gasentladung, z. B. in einer sogenannten »Neonröhre«, kann man das Flackern wahrnehmen, wenn man die Lampe fixiert und dabei den Kopf schüttelt. In vielen Geräten, z. B. im Elektroherd, spielt dieses Flackern des Stromes keine Rolle, in anderen vor allem bei Elektromotoren, nutzt man diesen Effekt bewusst aus. Der wesentliche Vorteil des Wechselstroms liegt aber darin, dass man seine Spannung durch Transformatoren leicht ändern kann. Ein *Transformator* besteht aus zwei Spulen mit unterschiedlich vielen Windungen, die um einen gemeinsamen Eisenkern gewickelt sind. Fließt durch die eine Spule ein Wechselstrom, so erzeugt dieser in dem Eisenkern ein wechselndes Magnetfeld, das in der anderen Spule wieder einen Wechselstrom erzeugt. Entsprechend dem Verhältnis der Windungszahlen kann man sich an der zweiten Spule eine höhere oder niedrigere Spannung abholen. Da die elektrische Leistung durch das Produkt von Spannung und Stromstärke bestimmt wird, korrespondieren hohe Spannungen mit geringen Stromstärken und umgekehrt.

Eine der wichtigsten elektromagnetischen Maschinen ist der *Elektromotor* (Abb. 1.16), der für zahlreiche Funktionen zu einem unentbehrlichen Begleiter der Menschen geworden ist. Er besteht aus einem Stator und einem Rotor. Im fest stehenden Stator wird in einem ringförmigen Eisen durch Strom ein Magnetfeld erzeugt. Das Gleiche geschieht über gleitende Kontakte auch im drehbaren Rotor. Der Rotor dreht sich, um die entgegengesetzten magnetischen Pole von Stator und Rotor einander so nahe wie möglich zu bringen. Die Spule des Rotors besteht aber aus mehreren Segmenten, die durch die Schleifkontakte nacheinander mit Strom versorgt werden, bevor der Pol des Rotors sein Ziel erreicht hat. So dreht er sich immer weiter, wie ein Hund einer an einem Strick vor ihm hergezogenen Wurst folgt. Natürlich ist die Technik inzwischen ungeheuer verfeinert, viele verschiedene Motortypen sind für unterschiedliche Anwendungen optimiert worden. Der Elektromotor ist eine der effizi-

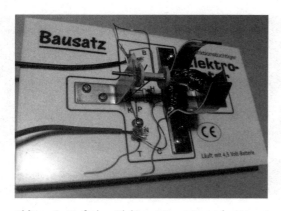

Abb. 1.16 Einfacher Elektromotor; man erkennt unten die Windung des Stators, der in den runden Blechen ein Magnetfeld erzeugt, sowie den Rotor mit zwei Segmenten, die über Schleifkontakte abwechselnd mit Strom durchflossen werden.

entesten Maschinen überhaupt, sein Wirkungsgrad liegt über 90 %, die allerbesten Motoren erreichen 97 %. Anders als bei Benzin- und Dieselmotoren, die ihr höchstes Drehmoment bei einigen Tausend Umdrehungen pro Minute erreichen, entwickelt der Elektromotor seine größte Kraft aus dem Stillstand heraus. Mit einem Elektroauto kann man an der Ampel deshalb auch PS-starke Sportwagen ziemlich alt aussehen lassen. Dafür muss man im Winter entweder frieren oder durch Heizung mit der Batterie eine deutliche Verringerung der Reichweite in Kauf nehmen, weil der so extrem effiziente Motor praktisch keine Abwärme erzeugt. Beim *Generator* (Abb. 1.17) wird das Prinzip umgekehrt: Der Rotor wird im Kraftwerk durch die Turbine, im Auto vom Motor über einen Keilriemen (Lichtmaschine), beim Fahrrad-»Dynamo« durch Reifenkontakt oder bei einer Dynamo-Taschenlampe von Hand angetrieben und erzeugt elektrischen Strom.

Für die Regelung des Transports von elektrischem Strom gibt es Leiter, in denen der Strom fließt, z. B. Kupfer und andere Metalle, und Isolatoren, die der Strom nicht überwinden kann, z. B. Porzellan, die dann als Träger elektrischer Leitungen benötigt werden. Dazwischen gibt es noch sogenannte *Halbleiter*, die in verschiedenen Schichten des Materials beide Funktionen vereinen; sie haben sich in miniaturisierter Form als die idealen Schaltelemente für die Informations- und

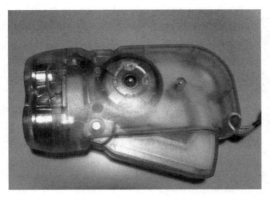

Abb. 1.17 Einfache Generator-Taschenlampe; über ein Zahnrad wird der ringförmige Rotor in Bewegung gesetzt, der im Inneren des Stators Strom erzeugt.

Kommunikationstechnik erwiesen. Auch in einem Leiter muss der Strom einen *Widerstand* überwinden, der in Ohm gemessen wird. Er führt zur Erwärmung des Materials, was man für technische Anwendungen z. B. in Elektroheizungen oder Kochplatten nutzen kann; für die Energieübertragung sind die dadurch auftretenden Verluste aber unerwünscht. Reduzieren lassen sich die Verluste, wenn man das für die elektrische Leistung maßgebliche Produkt von Spannung und Stromstärke variiert; je höher die Spannung, desto geringer muss die Stromstärke bezogen auf die gleiche Leistung sein. Verluste durch den Ohm'schen Widerstand sind proportional zum Quadrat der Stromstärke und unabhängig von der Spannung. Deshalb kann man durch *Hochspannungsleitungen* besonders verlustfrei Strom transportieren. Bei Wechselstromübertragung sind die Ohm'schen Verluste geringer als bei Gleichstrom, dafür entsteht durch Kapazität und Induktivität des Leiters ein zusätzlicher »Blindwiderstand«. Heute werden Fernleitungen mit Wechselstrom bei maximal 380 000 V betrieben. Der Wunsch, zu noch höheren Spannungen überzugehen, um die Leitungsverluste zu vermeiden, findet seine Grenze durch die Gefahr von Überschlägen auf die Erde bei feuchter Luft, was man nur durch wesentlich aufwändigere Mastkonstruktionen vermeiden könnte. Für große Leistungsübertragungen hat sich in den letzten Jahren die *Hochspannungs-Gleichstrom-Übertragung* durchgesetzt, bei der Gleichstrom bei ca. 1 Mio. V in einem Kabel im Ergebnis deutlich verlustfreier transportiert werden kann. Fast ganz lassen sich die Ohm'schen Verluste bei sehr niedrigen Temperaturen vermeiden. Den als *Supraleitung* bekannten Effekt kann man sich analog zu einer Autobahn vorstellen, auf der die Elektronen in einer sehr geordneten Leiterstruktur ungehindert verkehren können. Fast alle Leiter werden nahe dem absoluten Nullpunkt ($-273\,°C$) supraleitend, einige Materialien schaffen es auch bereits bei der Temperatur von flüssigem Stickstoff ($-196\,°C$).

1.2.4 Kernenergie

Die Physiker kennen noch zwei weitere Kräfte – oder wie sie sagen – »Wechselwirkungen«, die sie, etwas phantasielos, die starke und die schwache Wechselwirkung getauft haben.

Die schwache Wechselwirkung ist für die Energietechnik nicht zu gebrauchen. Wir können sie aber nicht unerwähnt lassen, da sie für den radioaktiven Zerfall und damit für die problematische Nebenwirkung der Kernenergie verantwortlich ist. Umso wichtiger ist die starke Wechselwirkung, weil sie es ist, die »die Welt im Innersten zusammenhält«. Sie sorgt dafür, dass die aus neutralen Neutronen und positiv geladenen Protonen bestehenden Kerne der Atome trotz der gegenseitigen elektromagnetischen Abstoßung der Protonen zusammengehalten werden. Damit sie das leisten kann, ist die starke Wechselwirkung wiederum millionenfach stärker als die elektromagnetische, aber sie hat nur eine extrem kurze Reichweite. Die Elektronen, die den Kern umkreisen wie die Planeten unsere Sonne, spüren nichts mehr von ihr.

1.2.4.1 Kernspaltung

Um die Wirkung der starken Wechselwirkung auf den Aufbau der Atomkerne zu verstehen, benutzen Physiker gern das Bild einer Elefantenherde [8, S. 224 ff.], deren Zusammenhalt umso besser ist, je mehr Elefanten sich mit ihren Rüsseln berühren können. Die Elefanten sind Symbol der besonderen Stärke der Kraft, der Rüssel das ihrer begrenzten Reichweite. Die Elefantenherde besteht aus streitbaren Bullen, die möglichst großen Abstand halten (den Protonen) und friedlichen Kühen (den Neutronen). Wie auch immer es bei einer echten Herde sein mag, bei unserer berühren sich die meisten

Rüssel, wenn die Herde etwa 40–80 Tiere zählt, darunter etwa gleich viele Bullen und Kühe. Im periodischen System der Elemente liegt diese Zone größter Stabilität etwa zwischen Kalium und Brom. Das ist der Grund, warum man bei der Fusion kleiner und bei der Spaltung großer Kerne – Pardon! Herden – Energie gewinnen kann. In der Sonne gibt es ein kompliziertes Spiel von unterschiedlich kleinen Gruppierungen, bei dem am Ende – hier hinkt unser Herden-Beispiel leider – aus vier Bullen (Protonen = Wasserstoffkernen) eine Miniherde aus je zwei Bullen und zwei Kühen (Helium) entsteht. Dabei wird eine Energie von 26 Mio. eV (MeV) freigesetzt. Auf der Erde lässt sich dies so nicht nachmachen, weil in der Sonne wegen ihrer Masse durch Gravitation eine viel größere Dichte herrscht. Deshalb versucht man, das gleiche Endprodukt aus der Verbindung von einem Elefantenpärchen (Deuterium = schwerer Wasserstoff) und einem Trio (Tritium) zu realisieren. Dabei wird immerhin auch eine Energie von 17,6 MeV gewonnen. Außerdem bleibt eine Elefantenkuh übrig, die sich irgendwelchen Herden in der Umgebung anschließt, die daraufhin in große Erregung geraten (die Neutronen aktivieren das Material, aus dem der Fusionsreaktor besteht). Oberhalb der Zahl von 80–100 Tieren nimmt die Bindungsenergie in den Herden langsam ab, sie sind nur zusammenzuhalten, wenn ihnen mehr Kühe als Bullen angehören.

Atomkern-Herden mit gleich vielen Bullen und unterschiedlich vielen Kühen nennt man Isotope. Die Zahl der Bullen bestimmt den Namen, chemisch sind Isotope nicht unterscheidbar; die Zahl hinter dem chemischen Symbol kennzeichnet die Herdengröße. Die größte Herde, die (noch) auf der Erde vorkommt, Uran (U) hat 92 Bullen. Früher, näher am Urknall, gab es noch größere, aber die sind längst zerfallen; im Zoo (Labor) kann man sie in winzigen Mengen für kurze Zeit wieder züchten. Die Stabilität ist nicht allein von der Zahl der Tiere abhängig, sondern von der Art der Untergruppierungen: So ist eine Herde von 92 Bullen mit 146 Kühen (U238) stabiler als mit nur 143 Kühen (U235). Schlendert nämlich zu dieser Herde mit 235 Tieren eine weitere Kuh dazu, man kann sich ja eine besonders attraktive vorstellen, so entzweit sich die Herde; sie zerfällt in zwei mittelgroße neue Herden (Abb. 1.18). In diesen Herden finden aber nicht alle Kühe eine Heimat, weil kleinere mit weniger Überschuss an Kühen auskommen, es bleiben also einige Kühe als Einzelgängerinnen übrig, die wieder andere Herden zur Spaltung bringen können (das ist die

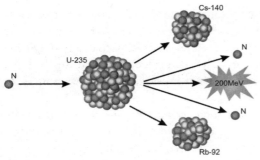

Abb. 1.18 Spaltung des U235-Kerns in zwei Spaltprodukte.

Kettenreaktion). Diese Kühe kann ein Dompteur übrigens beeinflussen und damit die Kettenreaktion steuern. Außerdem herrscht in den neuen Herden natürlich große Aufregung; es kann lange dauern, bis sich die Erregung gelegt hat (die Spaltprodukte sind radioaktiv). Eine der Einzelgänger-Kühe kann sich auch der stabilen Herde mit 238 Kühen anschließen; die spaltet sich dann nicht, sondern nimmt die Kuh auf, wandelt sie aber dabei in einen Bullen um. Hier hinkt unser Vergleich wieder. Die neue Herde mit 93 Bullen und 146 Kühen (Pu239) reagiert auf die nächste eintreffende Kuh erneut durch Spaltung und Freisetzung überzähliger Kühe. Auch hier sollte die Kuh »schlendern«, sie kann viel besser in die Herde eindringen, wenn sie nicht zu schnell ist (die Neutronen müssen moderiert werden, sie haben dann normale Geschwindigkeiten, wie bei der Wärmebewegung; deshalb spricht man von »thermischen« Reaktoren).

Eine Ausnahme bildet die Herde mit 92 Bullen und 146 Kühen (U238), sie kann nur von einer Kuh gesprengt werden, die vorher mächtig Anlauf genommen hat (deshalb spricht man dann von »schnellen« Reaktoren). Auch in einigermaßen reinem U235 oder Plutonium 239 (Pu239) schaffen es die schnellen Kühe, eine Kettenreaktion auszulösen, wenn die Masse groß genug ist. Diese »kritische Masse« beträgt für fast reines U235 (bei einer Anreicherung dieses Isotops auf 94 %) 51 kg, für reines Pu239 15 kg. Wird eine solche Menge erreicht oder überschritten – und das ist in einigen Fällen in nuklearen Versuchsanlagen vorgekommen – dann zerlegt sich die Masse unter Aussendung radioaktiver Strahlung mittels einer Leistungsexkursion, die das Labor zerstören und Umstehenden eine starke Strahlendosis zufügen kann. Aber das ist noch keine »Atomexplosion«. Für den Bau einer Atombombe ist es wichtig, dass die Masse nicht sofort auseinanderfliegt, sondern trotz der Wärmeentwicklung so lange zusammenbleibt, bis die Kettenreaktion einen möglichst großen Teil des Materials erfasst hat. Leider kann man im Internet genau nachlesen, was man machen muss, um eine Atombombe zu bauen.

Natürlich ist es wesentlich einfacher, eine Bombe zu bauen, die einmal explodieren soll, als einen Reaktor, der 40 Jahre lang zuverlässig Strom erzeugt. Der Engpass ist immer der Zugang zu hochangereichertem $U235$ oder reinem $Pu239$, beides ist so schwer herzustellen, dass es für terroristische Gruppen unmöglich sein dürfte, eine Atombombe zu bauen, es sei denn, sie hätten Zugang zu militärischem Material. Für Staaten ist es natürlich kein Problem, entweder eine Anreicherungsanlage zur Herstellung von $U235$ oder eine Wiederaufarbeitungsanlage zu Abtrennung von $Pu239$ zu errichten. Dass dies bisher nur wenige getan haben, liegt an dem *Vertrag zur Nichtverbreitung von Atomwaffen* (NVV), dem 190 Staaten beigetreten sind. In diesem Vertrag haben sich die 1968 bestehenden Kernwaffenstaaten, die USA, Russland, Großbritannien, Frankreich und China, zur nuklearen Abrüstung verpflichtet, während der Rest der Welt auf Atomwaffen verzichtet, dafür aber das Recht hat, die Kernenergie für friedliche Zwecke zu nutzen. Diese »Nicht-Kernwaffenstaaten« unterwerfen sich der Überwachung durch die Internationale Atomenergie-Organisation (*IAEO*) in Wien, eine Organisation der UNO-Familie, die mit Hilfe der sogenannten *Spaltstoff-Flusskontrolle* die missbräuchliche Verwendung von Anlagen und Materialen feststellen kann. Obwohl damit die Rechte und Pflichten zwischen Habenden und Nichthabenden ziemlich unausgewogen und obwohl die Kernwaffenstaaten ihrer Verpflichtung zur nuklearen Abrüstung kaum nachgekommen sind, war der Vertrag bisher ziemlich erfolgreich, denn seit 1968 sind nur Indien und Pakistan, Nordkorea und wahrscheinlich Israel als neue Kernwaffenbesitzer dazu gekommen.

Mit den heute in der Natur vorkommenden Materialien kann man keine sich selbst erhaltende Kettenreaktion erreichen – nicht mehr. Aber vor 2 Mrd. Jahren, als der Anteil des $U235$ noch bei 3 % lag (die Halbwertszeit beträgt 700 Mio. Jahre) gab es im heutigen Gabun insgesamt 17 »*natürliche Reaktoren*«. Immer wenn es regnete und Wasser als Moderator in die natürliche Uranlagerstätte eindrang, fing der Reaktor an, Wärme zu erzeugen, bis das Wasser verdampfte; dann ging er wieder aus, um von Neuem zu beginnen, wenn wieder Wasser nachgelaufen war. Über 500 000 Jahre waren diese Naturreaktoren in Betrieb. Heute muss man das U235 künstlich auf mindestens 3–5 % anreichern, wenn man einen Reaktor mit normalem Wasser als Moderator betreiben möchte. Die Trennung von U235 und U238 ist schwierig, weil die Massendifferenz so klein ist. Zunächst hat man ein Diffusionsverfahren entwickelt, das den Effekt ausnutzt, dass das kleinere Isotop etwas leichter durch eine Membran wandert als das schwere. Aber es bedarf schon mehr als tausend Durchgänge, die einen enormen Energieverbrauch verursachen, um das U235 auf einen Anteil von 3 % zu steigern. Heute setzt man überwiegend *Gasultrazentrifugen* ein, in denen gasförmiges Uran-Hexafluorid mit sehr hohen Geschwindigkeiten rotiert; durch die Zentrifugalkraft reichert sich das schwere Isotop außen und das leichtere innen an. Diese Technik wurde im Rahmen eines trilateralen Abkommens, das auch die Geheimhaltung der Technologie regelt, zwischen Deutschland, Großbritannien und den Niederlanden seit 1970 von dem trinationalen Konsortium URENCO entwickelt. Nach dem Bau von Anreicherungsanlagen in Gronau (Deutschland), Capenhurst (Großbritannien) und Almelo (Niederlande) wurde diese Entwicklung bald so erfolgreich, dass die URENCO Deutschland die erhaltenen staatlichen Forschungsmittel ab 1987 voll zurückzahlen konnte, ein extrem seltenes Ereignis in der deutschen Forschungspolitik.

Große öffentliche Aufmerksamkeit erlangte die Zentrifugentechnologie in Zusammenhang mit dem Atomprogramm des Iran. Die dortige Eigenentwicklung, die wahrscheinlich auf Spionageerkenntnissen aus einem früheren Stand der Technik aufbaut, ist sicher weit weniger effektiv als die der URENCO, aber immer noch ausreichend, um größere Mengen angereichertes Uran zu produzieren. Nach dem NVV hat der Iran grundsätzlich durchaus das Recht, Anreicherungsanlagen zur Versorgung seiner Kernkraftwerke und Forschungsreaktoren zu errichten und zu betreiben. Dass dabei nicht nur eine normale Anreicherung auf maximal 5 %, sondern auf bis zu 20 % geplant ist – angeblich, um damit einige Forschungsreaktoren zu versorgen, weckt jedoch international Verdacht. Eine Anreicherung von 5 % oder 20 % ist nicht so fern von einer Hochanreicherung auf 95 %, wie man meinen könnte: Da die ersten Schritte der Anreicherung von den natürlichen 0,7 % U235 aufwärts die aufwändigsten sind, ist bei 3 % schon ein Drittel und sind bei 20 % mehr als zwei Drittel der Anreicherungsarbeit auf 95 % geleistet. Bedenken weckt auch, dass sich für den bisher geringen Bedarf des Iran an beiden Anreicherungsgraden eine eigene Anreicherungskapazität eigentlich wirtschaftlich nicht lohnt und vor allem, dass der Iran seinen Verpflichtungen zur Kontrolle der Anlagen durch die IAEO nicht ausreichend nachkommt.

Während des Betriebs reichern sich in den Brennstäben, die das angereicherte Uran enthalten, nach und nach Spaltprodukte an, hinzu kommen Plutonium und Trans-Plutonium-Elemente, die durch Neutroneneinfang entstehen. Wenn das U_{235} weitgehend verbraucht ist, müssen die Brennelemente ausgetauscht werden. Man kann sie einer *Wiederaufarbeitung* unterziehen und dabei die weiter nutzbaren Brennstoffe, das restliche Uran und das entstandene Plutonium abtrennen und für neue Brennelemente bereitstellen. Die radioaktiven Spaltprodukte werden dann in Glaskörpern eingeschmolzen, damit sie während der späteren Endlagerung möglichst resistent gegen Auslaugung sind. Wenn man auf die Wiederaufarbeitung verzichtet, muss man die abgebrannten Brennelemente, die ja für den Reaktorbetrieb und nicht für die *Endlagerung* optimiert sind, aufwändig konditionieren und in geeigneten Behältern einlagern; dies wird als direkte Endlagerung bezeichnet (Abschnitt 3.4.2).

Die nukleare Energie ist wiederum zehn bis hundert Mio. Mal stärker als die elektromagnetische, weshalb man aus geringen Mengen sehr viel Energie gewinnen kann. Bei einer Kernspaltung werden etwa 200 MeV freigesetzt, bei vollständiger Spaltung von 1 g natürlichen Urans entstehen 180 kWh [8, S. 227]; demnach reichen 15 g Uran, um eine Durchschnittsfamilie ein Jahr mit Strom zu versorgen.

Während der Fusionsprozess noch erforscht wird (Abschnitt 3.4.6), ist die Kernspaltung in den letzten 40 Jahren eine wichtige Energiequelle für viele Länder der Welt geworden (siehe Abschnitt 3.4.3). Die Kehrseite der so ergiebigen Technik ist das Entstehen großer Mengen an radioaktiven Stoffen, die für Mensch und Umwelt eine große Gefahr darstellen, wenn sie nicht zuverlässig eingeschlossen werden.

1.2.4.2 **Radioaktivität**

Es gibt verschiedene Formen radioaktiver Strahlung. Die aus Kernumwandlungen stammenden Strahlen werden mit den ersten drei

Buchstaben des griechischen Alphabets (Alpha, Beta und Gamma) bezeichnet. Diese von Stoffen ausgehende Radioaktivität ist kein Dauerzustand, die Strahlung nimmt mit der Zeit exponentiell ab, also anfangs rasch und dann immer langsamer. Die Zeit, in der jeweils die Hälfte der Strahlenquelle zerfallen ist, die sogenannte Halbwertszeit, ist von Isotop zu Isotop sehr unterschiedlich. Dass wir heute noch natürliche Strahlungsquellen auf der Erde haben, liegt an der extrem langen Halbwertszeit von Kalium 40 (K40), U238 und Thorium 233 (Th233). Aber je weiter man in die Erdgeschichte zurückgeht, umso mehr radioaktive Stoffe gab es, auch die in Kernkraftwerken entstehenden Spaltprodukte hat es früher auf der Erde gegeben; ein unbestreitbarer Grund, weshalb es zwischen natürlicher und technisch bedingter Radioaktivität keinen Unterschied gibt.

Alphastrahlen bestehen aus energiereichen Heliumkernen. Man kann sie mit einem Blatt Papier abschirmen. Wenn Alpha-Strahler durch Einatmen, Ingestion oder über Verletzungen in den Körper eines Menschen gelangen, können sie Krebs auslösen. Betastrahlen sind energiereiche Elektronen; auch sie können normalerweise nicht in den Körper eindringen, aber bei höheren Dosen Verbrennungen der Haut verursachen. Gammastrahlen sind elektromagnetische Strahlen wie das Licht, aber wegen ihrer niedrigen Wellenlängen sehr viel »härter«. Der weichere Bereich der Gammastrahlen ist mit Röntgenstrahlen identisch. Wie Röntgenstrahlen können sie den Körper durchdringen und Schäden an Molekülen in den Zellen herbeiführen. In der Natur kommen diese Strahlen im Erdgestein und in der Nahrungskette vor. Die wichtigsten Quellen sind K40, U238 und Th233. Den größten Beitrag zur natürlichen Strahlenbelastung des Menschen aus dem Untergrund liefert der Alphastrahler Radon, ein Zerfallsprodukt des U238. Radon ist ein Edelgas, geht also keine chemischen Bindungen ein und ist deshalb leicht flüchtig. Es steigt in Konzentrationen, die je nach den geologischen Bedingungen stark variieren können, aus dem Boden auf und kann sich etwa in Kellerräumen sammeln, erreicht seine höchsten Konzentrationen aber in Bergwerken (Abschnitt 3.1).

Eine wichtige Quelle natürlicher Radioaktivität auf der Erde ist die kosmische *Höhenstrahlung*. Aus dem Weltraum treffen hochenergetische Protonen oder Atomkerne, am häufigsten Eisen-Kerne, auf die Erde; die Energien können dabei im Extremfall so groß sein, dass ein einziger winziger Atomkern mit der Energie eines scharf geschlagenen Tennisballs ankommt. In der Atmosphäre lösen diese Strahlen einen Schauer von tausenden von Teilchen und Strahlungsquanten aus, die wie ein Gießkannenstrahl auf die Erdoberfläche prasseln.

In der Kerntechnik haben wir es hauptsächlich mit der Gammastrahlung der Spaltprodukte zu tun, gegen die beim Betrieb der Reaktoren und bei der Handhabung und Lagerung abgebrannter Brennelemente entsprechende Schutzmaßnahmen erforderlich sind. Alphastrahlen kommen aus den sogenannten Trans-Uran-Elementen (sehr große, nicht stabile Elefantenherden), die bei Verzicht auf Wiederaufarbeitung auch in ein Endlager gelangen. Radioaktiv wird auch das Material eines Reaktors, das unmittelbar der Neutronenstrahlung ausgesetzt ist, weil darin durch Neutroneneinfang radioaktive Isotope entstehen. Deshalb muss man abgebrannte Brennelemente stark abschirmen und die Bearbeitung von Brennelementen, aber auch die Demontage des aktivierten Reaktorkerns fernhantiert ausführen.

Radioaktivität misst man in Becquerel (Bq): 1 Bq bedeutet einen Zerfall pro Sekunde. Früher hat man Radioaktivität lange in Curie (Ci) angegeben; 1 Ci ist die Strahlung, die 1 g Radium aussendet, das entspricht $3{,}7 \times 10^{10}$ Bq. Der Wechsel der Maßeinheit hat gravierende psychologische Konsequenzen: Eine Aktivität, die früher in Mikrocurie (µCi) angegeben wurde, muss nun in Megabecquerel (MBq)ausgedrückt werden. Um die Wirkung der Radioaktivität auf den Menschen zu bemessen, muss man zunächst berücksichtigen, welcher Teil der Strahlung vom Körper absorbiert wird. Diese Größe misst man als Energieverlust der Strahlung pro Kilogramm. Die Maßeinheit dafür ist ein Gray (Gy); 1 Gy entspricht der Energieaufnahme von 1 J/kg durch den Körper. Darüber hinaus muss man aber auch die biologische Wirksamkeit der Strahlung berücksichtigen und dabei die verschiedenen Wirkungsmechanismen der unterschiedlichen radioaktiven Strahlungen zu einem »Qualitätsfaktor« (QF) zusammenfassen, mit dem die in Gy gemessene Dosis multipliziert werden muss. Als Maß für die Strahlendosis wird heute Sievert (Sv) verwendet; $1\,\text{Sv} = 1\,\text{Gy} \times \text{QF}$.

Die Wirkung der radioaktiven Strahlung auf biologische Systeme beruht auf der Zerstörung von Molekülen, dabei können Schäden an der DNS auftreten oder Radikale freigesetzt werden, die die Zelle schädigen. Eine Dosis-Wirkungs-Relation kennt man nur von den Fällen, in denen Menschen sehr hohen Strahlendosen ausgesetzt waren. Den höchsten Strahlendosen über das ganze Arbeitsleben sind

Bergarbeiter in Uranminen ausgesetzt. Deren Belastung wurde zwischen den Jahren um 1920 und 1970 noch übertroffen von den Arbeitern, die durch den Auftrag radioaktiver Stoffe selbstleuchtende Uhrenzifferblätter herstellten und dabei den Pinsel häufig mit der Zunge anfeuchteten. Heute ist die Verwendung radioaktiver Stoffe in Uhren verboten. Die Wirkung einmaliger hoher Dosen kennt man von den Atombombenabwürfen auf Hiroshima und Nagasaki und von dem Reaktorunfall in *Tschernobyl*. Aber auch in der Medizin, bei der Diagnose mit Röntgenstrahlen oder der Strahlentherapie von Krebs werden sehr hohe Dosen verabreicht. Aus Tschernobyl weiß man, dass ab 7 Sv die Strahlung innerhalb von Wochen zum Tod führt. Bei Dosen zwischen 3 und 5 Sv gilt das für die Hälfte der Opfer. Schon bei so hohen Dosen beginnt also der Bereich, in dem man die Wirkung medizinisch nicht kausal, sondern nur als statistische Wahrscheinlichkeit angeben kann. Die möglichen Folgen geringerer Strahlungsdosen kann man durch Extrapolation der Wirkung hoher Dosen errechnen. Dabei ist umstritten, wie weit man diese Extrapolation zu niedrigen Dosen treiben kann. Denn es ist durchaus plausibel, dass Körperzellen Strahlung unbeschadet überstehen könnten, wenn sie genügend Zeit für den Reparaturmechanismus haben; erst wenn bei höheren Dosen eine Zelle vor Abschluss der Reparatur erneut getroffen wird, würde es demnach gefährlich für den Bestand der Zelle. Sicherheitshalber unterstellt man in der Kerntechnik aber, dass es keinen Schwellenwert für radioaktive Strahlung gibt; auch kleine Dosen werden deshalb bei der Strahlenbelastung berücksichtigt.

Die Menschheit ist ständig einer natürlichen radioaktiven Belastung ausgesetzt: Sie beträgt in Deutschland im Durchschnitt 2,1 Millisievert (mSv), wozu die geologische Belastung 0,6 mSv, die Nahrungskette 0,1 mSv und die kosmische Strahlung auf Meereshöhe 0,3 mSv beiträgt; in 1500 m Höhe beträgt die Letztere aber bereits das Doppelte [8, S. 241]. Die natürliche Belastung variiert deshalb sowohl in Abhängigkeit von der Art des Untergrunds wie auch mit der Höhe des Wohnorts über dem Meeresspiegel. In Deutschland kann sie um mehr als einen Faktor zwei schwanken. Ein Beitrag von 0,3 mSv kommt aus dem natürlichen K40, das sich in unserem eigenen Körper befindet; mit ihm bestrahlen wir auch ein wenig unsere Umgebung. Der Beitrag, den das aus dem Untergrund ausströmende Radon liefert, liegt im Mittel bei 1–1,5 mSv, kann aber auch mehr als 100 mSv betragen.

Unterstellt man eine lineare Dosis-Wirkungs-Beziehung, die grob vereinfacht das Krebsrisiko pro Sievert um 10 % ansteigen lässt, so würden in Deutschland jährlich 20 000 Menschen an der natürlichen Strahlenbelastung sterben, darunter in Freiburg doppelt so viele wie in Bremen. Solche Unterschiede sind innerhalb der normalen Sterblichkeitsrate nicht festzustellen. Denn insgesamt sterben in Deutschland im Durchschnitt pro 1000 Einwohner elf Menschen pro Jahr, wobei die *Sterblichkeitsrate* regional großen Schwankungen unterliegt. So starben in den Jahren 2006–2008 jährlich pro 10 000 Einwohner in Baden Württemberg rund 10,6, in Mecklenburg-Vorpommern aber etwa 13 Menschen, wobei der Unterschied hauptsächlich auf verschiedene Altersstrukturen und Wanderungsbewegungen zurückzuführen ist. Aufgrund der demographischen Entwicklung erkrankt in Deutschland jeder Zweite an *Krebs*, der wiederum bei der Hälfte, d. h. genau bei 25,5 %, zum Tode führt.[4] Epidemiologisch könnte man also nur große Veränderungen der Sterblichkeitsrate einer besonderen Belastung zuordnen. So ist selbst im Fall des bisher schlimmsten Nuklearunfalls in Tschernobyl jenseits der 50 Toten des unmittelbar im Reaktorbereich eingesetzten Personals nur eine regionale Steigerung von Schilddrüsenkrebserkrankungen festgestellt worden. Die statistisch mögliche Zahl von mehreren Tausend zusätzlichen *Krebserkrankungen* ist in der Sterblichkeits- oder der Krebsrate statistisch zumindest bisher nicht nachzuweisen. Für Deutschland ergibt sich rechnerisch durch die radioaktive Belastung aus dem Reaktorunfall in Tschernobyl eine um 0,01 % erhöhte *Krebsrate*.

Aus der Energietechnik kommt der relativ größte Beitrag zur radioaktiven Belastung überraschenderweise aus den Kohlekraftwerken, die etwa 1 % beitragen, die Kernkraftwerke liefern im Normalbetrieb nur die Hälfte davon. Den höchsten Beitrag, der jedoch von Fall zu Fall stark schwanken kann, liefert die Medizin, entweder bei der Diagnose (Röntgenaufnahmen) oder der Therapie (Schilddrüsenkrebs, Angiographie). Hier sind Dosisleistungen bis zu 25 mSv normal, bei besonderen Therapien kann auch ein Vielfaches davon eingesetzt werden. Im Durchschnitt verdoppelt die Medizin die natürliche Strahlenbelastung.

---

4) www.krebsinformationsdienst.de/grundlagen/krebsstatistiken.php, (25.02.2013).

1.2.5 Die Erhaltung der Energie

Wie auch immer Energie auftritt, als mechanische, chemische oder nukleare, als kinetische oder potenzielle Energie: In einem geschlossenen System bleibt die Summe aller Energien immer konstant. Dieser Energieerhaltungssatz ist eines der wichtigsten Gesetze der Physik. Deswegen verziehen Physiker schmerzhaft das Gesicht, wenn Politiker von Energie»erzeugung« sprechen, man kann Energie immer nur von einer in eine andere Form umwandeln. Salopp kann man diesen 1. Energiesatz auch mit »Von nichts kommt nichts« übersetzen. Abgesehen von atomaren und nuklearen Quantenprozessen sind Umwandlungen von einer Energieform in eine andere immer mit Verlusten verbunden, bei der mechanischen Energie geht immer ein Teil der geordneten kinetischen Bewegungsenergie (»Exergie«) in ungeordnete (»Anergie«) über, es entsteht Wärme. Dieser 2. Energiesatz lautet vereinfacht »Änderung kostet«. Die Summe von Anergie und Exergie bleibt konstant. Mit der Zeit geht alle Energie im Wärme über.

Es lohnt sich, über diese beiden Energiesätze noch etwas nachzudenken. Sie erscheinen wie die zwei Seiten einer Medaille: Dem Versprechen des ersten Energiesatzes, dass nichts verloren gehe, setzt der zweite sein trotzigen »Aber« entgegen, dass nämlich bei jedem Umgang mit Energie, ob Umwandlung oder Anwendung, Transport oder Speicherung, stets ein Teil in Wärme verwandelt werde und dass die Rückverwandlung von Wärme in mechanische Energie (Abschnitt 1.2.6) nie vollständig gelinge. Man kann die beiden Grundsätze auch als den ewigen Kampf der Prinzipien Ordnung und Unordnung deuten. Denn aus der geordneten, gleichförmigen Wanderung der Atome und Moleküle bei der mechanischen und der Elektronen bei der elektromagnetischen Energie wird bei der Umwandlung in Wärme die chaotische Brown'sche Molekularbewegung, die mit steigender Temperatur immer heftiger wird. Ordnung aufrechtzuerhalten, ist in allen Systemen mit Mühen verbunden. Tatsächlich kündet die Geschichte der Energietechnik über weite Strecken vom Kampf der Ingenieure, sich gegen den zweiten Hauptsatz der Thermodynamik zu behaupten und das Verhältnis von Ordnung zu Chaos immer weiter zu verbessern. Aus diesem Grund muss man Verständnis dafür haben, wenn Energietechniker sich mit den erneuerbaren Energien manchmal schwer tun. Denn deren niedrige Wirkungsgrade, sowie die vermehrten Transport- und Speichervorgänge, zu denen ihre zeitliche und räumliche Verteilung zwingt, bedeuten in diesem historischen Kampf einen Rückschritt, auch wenn ihm andere Vorteile gegenüberstehen. Die Bemühungen der Ingenieure um die Verteidigung der Ordnung stoßen wegen der beiden Energiesätze aber prinzipiell an Grenzen: Die ideale Maschine ist unmöglich. Dass Energie in geschlossenen Systemen erhalten bleibt, bedeutet zugleich, dass Energie nicht vermehrbar ist. Bewegung jeder Art ist mit Reibung verbunden, die geordnete Energie in Wärme verwandelt. Deshalb ist ein Perpetuum mobile grundsätzlich nicht realisierbar. Immer wieder versuchen Erfinder, diesen Grundsatz zu überlisten, aber es ist müßig, den manchmal gut versteckten, aber immer vorhandenen Haken an der Sache zu suchen: Ein Perpetuum mobile kann es nicht geben.

1.2.6 Thermodynamik

Um von Wärme (Anergie) wieder zu mechanischer Energie (Exergie) zu gelangen, nutzt man die Ausdehnung, die mit der Erwärmung von Gasen verbunden ist. Die Sonne macht uns das vor, wenn sie durch Verdunstung des Oberflächenwassers auf der Erde Wasserdampf erzeugt und erwärmt, der wegen der geringeren Dichte im Verhältnis zur Luft in große Höhen aufsteigt, also potenzielle Energie gewinnt. In geschlossenen Systemen führt diese Ausdehnung der Gase zu einem Druckanstieg.

In der *Dampfmaschine* wird in einem Kessel Wasser erhitzt und auf hohe Temperaturen und auf hohen Druck gebracht. Dieser Dampf wird auf einen Zylinder oder eine Turbine geleitet, wo er einen Kolben oder Turbinenschaufeln in Bewegung setzt und sich dabei entspannt; schließlich wird er in einem Kondensator mit Hilfe von Kühlwasser wieder in flüssiges Wasser zurückverwandelt. Entscheidend für den Effekt des Ganzen, für den Wirkungsgrad, ist dabei die Temperaturdifferenz zwischen den Temperaturen des Dampfes am Eingang der Turbine (T_1) und an ihrem Ende (T_2). Der Wirkungsgrad ergibt sich, wenn man die Differenz $T_1 - T_2$ durch T_1 teilt. Allerdings muss man dabei in Kelvin- und nicht in Celsius-Graden rechnen; die Kelvin-Skala beginnt beim absoluten Nullpunkt, der in der Celsius-Skala $-273°$ entspricht. Da T_2, also die kalte Seite des thermodynamischen Kreisprozesses, immer weit über diesem Nullpunkt liegt, kann immer nur ein Teil der Wärme in mechanische Energie umgewandelt werden. Ein Teil der investierten Energie wird also wieder in Anergie verwandelt. Damit sind wir wieder beim zweiten Hauptsatz der Thermodynamik: Bei irreversiblen Energieumwandlungen wird ein Teil der Exergie in Anergie verwandelt.

Da man in einem Kraftwerk natürlich einen möglichst hohen Wirkungsgrad erreichen möchte, um möglichst viel elektrische Energie zu erhalten und möglichst wenig Schadstoffe und CO_2 zu emittieren, streben die Ingenieure seit Langem nach einer möglichst großen Temperaturdifferenz. Am Ende einer modernen Turbine, dort wo die größten Schaufeln platziert sind, herrschen im besten Fall noch knapp 30 °C, also rund 300 °K. Diese Temperatur kann praktisch nicht weiter abgesenkt werden, denn sie wird durch das als Kühlmedium genutzte Meer- oder Flusswasser bestimmt. Wenn allerdings ein Kühlturm eingesetzt werden muss, um dem Ökosystem des Flusses nicht zu viel Wärme zuzumuten, dann muss man auch ein höheres T_2, also eine Verminderung des Wirkungsgrades akzeptieren. Die Temperatur am Eingang der Turbine ist durch deren Materialeigenschaften begrenzt. Heute strömt bei modernen Anlagen ca. 600 °C, also 873 °K heißer Dampf mit bis zu 300 bar Überdruck in die Turbine, deren Schaufeln dann rot glühend werden. Um höhere Wirkungsgrade zu erzielen, strebt man noch höhere Eingangstemperaturen an, die eine große Herausforderung für die Materialforschung darstellen. Leider werden die großen Anstrengungen um eine Steigerung der Wirkungsgrade konterkariert durch die erneuerbaren Energien, die durch ihre stark schwankende Verfügbarkeit in Deutschland bereits beim heutigen Stand alle fossil beheizten Kraftwerke zu häufigen Lastwechseln zwingen. Außerhalb des Optimums der Auslegung eines Kraftwerks fällt nämlich der Wirkungsgrad deutlich ab, es erzeugt dann weniger elektrische Energie aus der gleichen Menge Kohle und emittiert deshalb mehr Kohlendioxid pro Kilowattstunde. Bezieht man also die Systemauswirkungen ein, so führt der Einsatz erneuerbarer Energien deshalb nicht, wie meist unterstellt, zu Nullemission bei Schadstoffen und CO_2.

Automotoren und Flugtriebwerke sind thermodynamische Maschinen mit einem offenen Kreislauf. Zwar liegt hier die Verbrennungstemperatur im Zylinder sehr hoch, bei 2500 °C, so dass sich bei einer Temperatur von 80 °C am Auspuff ein theoretischer Carnot-Wirkungsgrad von über 80 % ergibt, unter realen Bedingungen erreichen Ottomotoren maximal 45 %, Dieselmotoren bis zu 50 %. Flugzeugturbinen haben Wirkungsgrade von 40 %.

1.2.7 Aggregatzustände

Bei Umwandlungsprozessen spielen oft auch die Aggregatzustände der Materie eine Rolle, weil die Moleküle in festen Stoffen fester als in flüssigen und in diesen wiederum fester als in gasförmigen gebunden sind. Für das Schmelzen von Wasser von 0 °C muss man pro Gramm 80 Kalorien (cal), für das Verdampfen sogar 539 cal aufwenden. Das bedeutet, dass das Schmelzen von Eis genauso viel Energie erfordert wie Leitungswasser zum Kochen zu bringen, das Verdampfen sogar die sechsfache Energie. Dadurch erklärt sich, warum Eiswürfel in einem Glas nicht sofort schmelzen; die Schmelzwärme entzieht dem Drink viel mehr Energie, als es die Kühlwirkung der Temperaturdifferenz von Eis und Drink vermag. Schnee hält bei kühlen Temperaturen starker Sonneneinstrahlung lange stand, weil er durch die Verdunstung der obersten Schicht sehr effektiv gekühlt wird. Durch das Verdampfen eines Kühlmittels entzieht ein Kälteaggregat dem Inneren des Kühl- oder Gefrierschranks die Wärme und gibt die beim Kondensieren wieder freiwerdende Wärme über Kühlrippen an die Umgebung ab. Bei der *Wärmepumpe* wird dieser Prozess umgekehrt, sie kann deshalb auch kälteren Medien noch Wärme entziehen, die sie auf der »warmen« Seite als Kondensationswärme abgibt. Auf diese Weise kann sie in Bezug auf die Energie, die zur Kompression und zum Transport des Kühlmittels aufgewendet werden muss, unter günstigen Umständen das Fünffache an Wärme abgeben (Abschnitt 4.2.5.1). Den Wechsel von Aggregatzuständen kann man auch zur Speicherung von Energie einsetzen, so eignen sich z. B. spezielle Salze als Tag-Nacht-Speicher für thermische Solarkraftwerke (Abschnitt 4.2.3.3).

1.2.8 Wärmeübertragung

Sieht man von dem Trick mit der Wärmepumpe ab, so fließt Wärme immer vom wärmeren zum kälteren Medium. Dafür gibt es drei Mechanismen: die direkte Wärmeleitung durch den Kontakt von Medien unterschiedlicher Temperatur, die Konvektion, bei der ein Transportmedium (z. B. Luft oder Wasser) Wärme aufnimmt und an anderem Ort an ein kälteres Medium abgibt, und die Wärmestrahlung, die wir schon als Infrarotstrahlung kennen. Wärmestrahlung senden alle Körper aus, auch kalte; was man als Ausstrahlung von Kälte empfindet, ist nur die negative Bilanz der Wärmestrahlung. Unsere Wahrnehmung von Wärme und Kälte ist keineswegs objektiv. Der Mensch verfügt über keinen Temperatursensor. Was er empfindet, ist Zufuhr oder Entzug von Wärme. Bei feuchter Luft, die eine größere Wärmekapazität hat als trockene, ist dieser Austausch intensiver, deshalb schwitzen und frieren wir in feuchtem Klima schon bei Temperaturen, die wir in trockenem Klima noch als angenehm empfinden. Als Warmblüter muss der Mensch seine Körpertemperatur innerhalb einer verhältnismäßig engen Spanne konstant halten. Kühlen kann er sich durch die Verdunstungswärme des Schweißes, erwärmen durch die Arbeit seiner Muskeln, die im Ruhezustand durch die Aktivität des Herzens, der Lunge und der anderen Organe rund 50 W beträgt, dauerhaft auf 80 W und kurzzeitig auf ein Mehrfaches dieses Wertes steigen kann, oder auch durch die Umgebungswärme in Natur oder Wohnräumen. Dabei spielt die Strahlungswärme für unser Wohlbefinden eine besondere Rolle. Man kann sich auch in Räumen mit 15 °C wohl fühlen, wenn durch stärkere Wärmestrahlung eine höhere Temperatur simuliert wird. Wärme ist für unser Wohlbefinden sehr wichtig. Zurzeit wenden wir in den Haushalten in Deutschland, bedingt durch unsere klimatischen Bedingungen, den weitaus größten Teil der verfügbaren Energie für die Raumheizung auf. In Zukunft kann man die hier beschriebenen Besonderheiten unseres Wärmehaushalts und unseres Wärmeempfindens für effektivere Heizsysteme nutzen (Abschnitt 5.4.2).

1.3 Der Energiesektor und seine Besonderheiten

In vierzig Jahren fängt das Leben neu an.

(Leicht verfremdeter Titel eines Liedes von Udo Jürgens)

Schon der Blick auf die Geschichte der Energieversorgung hat deutlich gemacht, dass mit dem zunehmenden Einsatz von Energie verschiedene Konsequenzen für unser Leben verbunden sind. Sie sollen in den Kapiteln zu den einzelnen Energieträgern detailliert behandelt werden. Aber es gibt Gemeinsamkeiten bei allen Energieträgern:

1.3.1 Energieeinsatz führt zu Abhängigkeiten

Wir gewöhnen uns rasch an jede neue Form der Energiedienstleistung, wie Licht, Wärme oder auch neue Kommunikationsformen, und können schon bald nicht mehr darauf verzichten. So ist der Gewinn an Mobilität durch den öffentlichen und individuellen Verkehr längst Voraussetzung für unsere immer ausdifferenziertere Arbeitswelt geworden, in der viele Menschen täglich oder als Wochenendpendler weite Wege zur Arbeit zurücklegen müssen. Wenn durch Steigerung der Benzin- und Dieselpreise diese Balance gestört wird und der Gewinn durch die höherwertige aber entferntere Arbeitsstelle schwindet, dann zeigt sich, wie abhängig wir inzwischen von einer Versorgung mit Treibstoffen zu wirtschaftlichen Bedingungen geworden sind.

Noch ausgeprägter ist die Abhängigkeit bei den leitungsgebundenen Energien Gas, Fernwärme und Strom, bei denen der Verbraucher, anders als früher bei Holz und Kohle, nicht mehr über eigene Vorräte verfügt. Wie groß diese Abhängigkeit beim Strom geworden ist, zeigt Exkurs 1 »Was bei einem Blackout passiert«. Aber auch bei Gas und Fernwärme sind wir auf die jederzeitige Verfügbarkeit angewiesen, eine dezentrale Speicherung ist nicht möglich. Bei Treibstoffen ist die private Lagerung einfacher, hier reicht die Speicherkapazität im Auto für bis zu 1000 km und bei der häuslichen Ölheizung für mehrere Monate.

Die Versorgungssicherheit ist eine wichtige Aufgabe der Energieversorgungsunternehmen und des Staates, vor allem da Deutschland einen großen Teil der Energie einführen muss, rund 97 % des Rohöls bzw. von Raffinerieprodukten, 75 % des Erdgases, künftig auch Strom in wachsendem Umfang. Bei Öl und Gas ist die Situation durch die Abhängigkeit von großen, nicht immer politisch stabilen Regionen geprägt. Beim Gas dominiert Russland als nicht ganz berechenbarer Versorger, während unser Öl 2012 aus insgesamt 33 *Lieferländern* kam (Abschnitt 3.2.3), am meisten wiederum aus der Russischen Föderation, gefolgt von Großbritannien und Norwegen, nur 23 % wurden aus *OPEC*-Mitgliedsländern importiert. 1973 und 1979 hatten die in der OPEC zusammengeschlossenen ölexportierenden Staaten durch bewusste Verknappung des Angebots ihre Macht demonstriert und zwei Energiekrisen mit erheblichen nachteiligen Folgen für die Weltwirtschaft ausgelöst. Als Reaktion darauf haben die westlichen Staaten die *Internationale Energie-Agentur* (Abschnitt 2.1) gegründet und in deren Rahmen ein System der Bevorratung von Öl und Gas aufgebaut. Heute verfügt Deutschland über private und staatliche Vorräte für 90 Tage beim Öl und 60 Tage beim Erdgas. Dieses System macht uns weniger krisenanfällig und gibt uns genügend Zeit, beim Ausfall einzelner Lieferanten zu anderen zu wechseln.

Bei der elektrischen Energie ist eine Vorratshaltung in nennenswertem Umfang nicht möglich. Strom muss in derselben Sekunde erzeugt werden, in der der Bedarf entsteht, und er muss in engen Grenzen die Frequenz von 50 Hz einhalten. Innerhalb des in Europa bestehenden Verbundnetzes ist Strom ein europäisches Wirtschaftsgut. Ob wir Strom importieren oder ausführen, entscheidet sich an der Leipziger Strombörse ausschließlich nach den Preisen. Daraus ergibt sich ein lebhafter, aber mengenmäßig begrenzter Austausch (Abb. 6.12). Deutschland war seit Einführung der Börse Nettoexporteur und blieb dies im ersten Jahr nach der Energiewende auch noch, allerdings ist die finanzielle Stromhandelsbilanz negativ geworden, weil wir teure Spitzenlast nun nicht mehr aus-, sondern einführen. Für die Zukunft muss mit weiter steigenden Stromimporten gerechnet werden (Abschnitt 6.3.1) Der europäische Stromhandel hat wirtschaftliche Vorteile, ist aber nicht völlig krisensicher, weil es in einzelnen Ländern z. B. aus klimatischen Gründen Verknappungen geben kann, so dass bestimmte Angebote zeitweilig nicht zur Verfügung stehen können. Wir brauchen also eine ausreichende Reservekapazität. Sehr problematisch wäre es aber, wenn wir uns systematisch von großen Stromlieferungen aus Ländern außerhalb der EU abhängig machten (Abschnitt 4.2.3.3). So attraktiv der Gedanke ist, Sonnenenergie höchster Intensität in der nordafrikanischen Wüste zu »ernten«, wo wenige Prozent der Fläche der Sahara für die Stromversorgung der ganzen Welt ausreichen würden, so risikoreich wäre eine größere Abhängigkeit aus einer instabilen Region über lange, verletzbare Versorgungswege.

1.3.2 Kein Segen ohne Fluch

Der Energieeinsatz hat uns von schwerer körperlicher Arbeit befreit, ein effektives Wirtschaften mit hohem Lebensstandard ermöglicht und uns mobil gemacht. Doch sind diese Vorteile immer, wenn auch nicht im gleichen Maße, mit Nachteilen und Risiken verbunden.

Auch wenn wir den absichtlich zerstörerischen Einsatz von Energie durch Waffen außer Acht lassen, so geht grundsätzlich von gespeicherter Energie immer ein Risiko aus, sei es die potenzielle Energie eines Staudammes, der brechen und gewaltige Wassermassen ins Tal entlassen kann, sei es die Explosionsgefahr von chemischen Energieträgern. Auch bei der Gewinnung der Energiequellen lauern Gefahren, vor allem im Kohlebergbau oder bei der Öl- und Gasgewinnung. Die Energieumwandlung war, vor allem bei der Kohle, stets von erheblichen Umweltproblemen begleitet, die man erst nach und nach in den Griff bekommen hat. Heute sind alle Kraftwerke umweltverträglich, aber aus fossilen Energiequellen entsteht in ihnen unvermeidbar das klimaschädliche Verbrennungsprodukt CO_2 (Kapitel 2), das heute die größte Sorge der Energiepolitik bildet. Die Kernkraft hat im Normalbetrieb, mit Ausnahme des Uranabbaus, keine nennenswerten Umweltauswirkungen, birgt aber große Gefahren durch das radioaktive Inventar der Reaktoren und der Abfälle. Die erneuerbaren Energien sind prinzipiell umweltverträglich, können bei massiertem Auftreten aber auch Landschaften und Städte beeinträchtigen und Schäden an Ökosystemen verursachen.

Neben der Versorgungssicherheit und der Wirtschaftlichkeit ist die Umweltverträglichkeit und Sicherheit der einzelnen Energiequellen für ihre heutige und künftige Rolle maßgeblich. Jede zukunftsfähige Energiepolitik muss sich diesen drei Zielen gleichrangig verpflichtet fühlen. Sie haben große Bedeutung für die Zukunftschancen der einzelnen Energietechnologien und werden deshalb in den Kapiteln 3 und 4 eingehender behandelt. Dem besonderen Problem des Klimaschutzes ist Kapitel 2 gewidmet.

1.3.3 Energie als Wirtschaftsfaktor

»Die Sonne schickt keine Rechnung« lautet ein Slogan der Solar-Lobby. Das tun aber Kohle, Öl, Gas und Uran, wenn man sie der Erde abringt, auch nicht. Um die Energien freizusetzen ist jedoch meist, und zunehmend, ein hoher Aufwand erforderlich, den die dabei tätigen Unternehmen nicht selbstlos erbringen: Mit Energie kann sehr viel Geld verdient werden. Dabei sorgt die internationale Konkurrenz dafür, dass wir immer die am leichtesten zu gewinnenden Ressourcen dieser Erde zuerst verbrauchen; niemand kommt auf den Gedanken, einen Teil davon für kommende Generationen zu schonen. Schon jetzt ist ein großer Teil der Ressourcen verbraucht: In Deutschland ist die abbauwürdige Steinkohle längst erschöpft und weltweit gehen die leicht sprudelnden Öl- und Gasquellen ihrem Ende entgegen. Zur Gewinnung von Öl und Gas müssen immer aufwändigere, und wie sich gezeigt hat, auch immer risikoreichere Technologien eingesetzt werden. Bei den seit einigen Jahren wieder hohen Öl- und Gaspreisen lohnen sich diese Verfahren; die abbaubaren Vorräte haben sich dadurch wieder erheblich vergrößert. Erst recht lohnen sich die noch leicht erschließbaren Ressourcen, wie z. B. in Saudi-Arabien, wo einem Ölpreis von zurzeit 80–100 $ pro Barrel Produktionskosten von ca. 5 $ pro Barrel gegenüberstehen.

Innerhalb der Europäischen Gemeinschaft ist Energie ein frei handelbares Gut. Im Jahr 2000 wurde auch der Strommarkt liberalisiert. Die zusammengewachsenen Stromnetze der Mitgliedsländer erlauben einen angemessenen Austausch. Waren früher Versorgungsunternehmen für eine bestimmte Region zuständig, so kann nun der Kunde wählen, bei wem er seinen Strom kauft, denn Verteilung und Erzeugung sind nicht mehr in einer Hand. Aus den großen Unternehmen der Stromwirtschaft sind dadurch aber gewinnorientierte Kapitalgesellschaften geworden, die ihr Geld international dort investieren, wo es die größte Rendite verspricht. In deutlichem Kontrast dazu verteidigen die europäischen Mitgliedsländer die Energiepolitik noch immer als nationale Domäne.

Die offenbar maßgebliche Überzeugung im europäischen Binnenmarkt, dass der Wettbewerb alles am besten regele, greift nicht für die Verteilnetze, denn davon gibt es naturgemäß nur eines. Deshalb gibt es hier auch wieder eine staatliche Kontrolle der Gebühren, die der Netzbetreiber erheben darf; in Deutschland regelt das die *Bundesnetzagentur*. In diesem System ist der dringend erforderliche Ausbau des Netzes (Abschnitt 5.1.4) bisher nur unzureichend vorangekommen, wozu lokale Widerstände und lange Planungs- und Genehmigungsverfahren beigetragen haben.

Auch bei den Preisen, die der Verbraucher für bestimmte Energieträger bezahlen muss, unterscheidet sich die Energiewelt vom Rest der Wirtschaft. Denn die Energiepreise haben mit den Kosten besonders wenig zu tun. Die Staaten greifen kräftig in das Preisgefüge ein, und zwar in beide Richtungen; sie besteuern die einen und subventionieren die anderen Energieträger, mit dem Ergebnis, dass der Verbraucher kein Gefühl für den echten ökonomischen Wert der

Energie entwickeln kann. So besteht in Deutschland die Rechnung an der Tankstelle zu 60 % aus Steuern, nämlich aus der *Mineralölsteuer* und der danach, also auch auf die Mineralölsteuer, erhobenen Mehrwertsteuer. Zu dem deutschen Strompreis von zurzeit etwa 28 ct tragen die Erzeugung im Kraftwerk und die Verteilung über das Netz nur rund zur Hälfte bei. Fast genauso hoch sind die staatlichen Abgaben: Konzessionsabgaben an Gemeinden, weiter die 1998 eingeführte Ökosteuer, ein zusätzliches Netzentgelt und seit 2000 die Umlage nach dem Gesetz zur Förderung der erneuerbaren Energien (*EEG*) (Abschnitt 5.1.3). Die Förderung der deutschen Steinkohle, die etwa das Dreifache des Preises für Importkohle kostet, wurde bis jetzt mit hohen Subventionen aufrechterhalten. Auch andere Mitgliedsländer der IEA subventionieren die Förderung von heimischen fossilen Energien, um die Importabhängigkeit zu vermindern; die IEA schätzt das Volumen dieser Subventionen in der westlichen Welt auf 45–75 Mrd. $ pro Jahr [6, S. 511]. Mit 300–400 Mrd. $ pro Jahr sind die Subventionen jedoch noch wesentlich größer, mit denen die ölexportierenden Staaten, allen voran Iran und Saudi-Arabien, ihre Bevölkerung an den Importerlösen teilhaben lassen oder die Armut bekämpfen [6, S. 512–522]. Auch wenn beide Ziele, die Senkung der Importabhängigkeit bei den IEA-Staaten und die Weitergabe von Gewinnen an die Armen durch die ölexportierenden Staaten nachvollziehbar sind, so haben sie doch beide zur Konsequenz, den Beitrag der fossilen Energien zur Bedarfsdeckung zu stabilisieren. Sie konterkarieren damit die Bemühungen um den Klimaschutz (Abschnitt 2.3).

1.3.4 Zeitkonstante: 40 Jahre

Den rasanten Fortschritt, der unsere Handys und Computer in wenigen Jahren veralten lässt, kennt die Energietechnik nicht. Hier muss man in der Größenordnung eines halben Menschenlebens denken lernen. 40 Jahre ist die normale Lebensdauer eines Kraftwerks oder anderer Einrichtungen der Energieinfrastruktur. Auch passive Systeme der Energieeinsparung, wie Isolationen oder Fenster, sollten spätestens nach etwa 40 Jahren erneuert werden. Deshalb müssen Weichenstellungen und Investitionen im Energiesektor besonders verantwortungsbewusst und besonnen entschieden werden – ein krasser Gegensatz zu den oft hektischen Reaktionen vieler Politiker. Ein Beispiel für diesen Gegensatz: In den achtziger Jahren des vorigen Jahrhunderts wurde unter dem Eindruck des scheinbar dramatischen *Waldsterbens* eine rasche Entschwefelung und Entstickung der Abgase der bestehenden Kohlekraftwerke durchgesetzt. Etwa 2 Mrd. € wurden in die bestehenden Kraftwerke investiert, die daraufhin natürlich weit länger als vorher geplant in Betrieb blieben, um diese Investitionen amortisieren zu können. Nachhaltiger wäre es gewesen, sich mehr Zeit zu lassen und die bestehenden Kohlekraftwerke nach und nach durch neue zu ersetzen; dann hätte man die Rückhaltemaßnahmen von vorneherein, also viel effizienter, einplanen und zudem noch einen viel höheren Wirkungsgrad bei der Stromerzeugung erreichen können. Aber das war angesichts der Hysterie um das Waldsterben nicht vermittelbar. Später stellte sich dann heraus, dass der Begriff »Waldsterben« übertrieben war und die Ursachen für die beobachteten Schäden viel komplexer waren: Neben dem »sauren Regen«, den die Emissionen aus den Kohlekraftwerken verursachten, spielten auch Ozon und Schwermetalle, vor allem das Fehlen des durch frühere Umweltschutzmaßnahmen eliminierten basischen Staubes, aber auch Mängel der Forstwirtschaft (Monokulturen) eine Rolle.

40 Jahre ist aber auch die Größenordnung, in der sich Energiepolitik wandelt. Das erste Energieprogramm der Bundesregierung wurde in der Energiekrise 1973 formuliert, es liegt nun 40 Jahre zurück. Seine Weichenstellungen, vor allem zum Ausbau der Kernenergie, sind politisch erst durch Energiekonzept und Energiewende der Jahre 2010/11 endgültig aufgehoben und durch neue Perspektiven für 2050 ersetzt wurden, also für die nächsten 40 Jahre. Vor 40 Jahren waren alle Parteien des deutschen Bundestages noch Anhänger der Kernkraft, erst 2011 herrschte wieder Einigkeit, jetzt gegen die Kernenergie und für die erneuerbaren Energien. Wie wird das Bild um 2050, in weiteren 40 Jahren, aussehen?

Die Zeitspanne von 40 Jahren wird uns in diesem Buch in unterschiedlichen Bereichen immer wieder begegnen.

Exkurs 1   Was bei einem längeren Blackout geschieht

Wie sehr Energie, vor allem elektrische Energie, heute zur unverzichtbaren Lebensgrundlage des modernen Menschen geworden ist, kann man sich bewusst machen, wenn man untersucht, was bei einem

überregionalen Zusammenbruch der Stromversorgung über mehrere Tage geschieht. Eine Studie [10] mit vielen Beteiligten unter Federführung des Büros für Technikfolgenabschätzung des deutschen Bundestages, das vom KIT betrieben wird, kam zu folgenden Ergebnissen:
1. Information und Kommunikation brechen fast vollständig zusammen. Als Erstes fällt das Festnetztelefon aus und mit ihm auch die meisten Internet- und Mailanschlüsse. Mobiltelefone können einige Tage durchhalten, das nutzt aber nichts, weil die Basisstationen nach kurzer Zeit ausfallen. Fernseher funktionieren nicht mehr, allein über batteriebetriebene Radios oder durch Notausgaben von Zeitungen kann man noch Informationen erhalten.
2. Der gesamte Schienenverkehr bricht sofort zusammen. Zahlreiche Reisende müssen aus U-Bahnen, aus Tunneln, von Brücken oder aus auf freier Strecke liegen gebliebenen Zügen geborgen werden. In den Städten fällt die Verkehrsregelung aus, die Straßen werden verstopft durch Unfallfahrzeuge, danach zunehmend durch Autos mit leeren Tanks. Auf den Autobahnen merkt man zunächst nichts vom Blackout bis mehr und mehr Fahrzeuge aus Spritmangel liegen bleiben, denn die Tankstellen funktionieren nur noch eingeschränkt. Flughäfen können noch für einige Tage einen begrenzten Start- und Landebetrieb aufrechterhalten, aber der Zu- und Abgang der Passagiere wird immer schwieriger.
3. Förderung, Aufbereitung und Verteilung von Wasser sind nach kurzer Zeit stark eingeschränkt, und das Verteilsystem funktioniert nur noch bei natürlichem oder künstlichem Gefälle. Es steht kein Wasser mehr für Trinken, Kochen und Hygiene zur Verfügung. Die Toiletten verstopfen, und die Gefahr der Ausbreitung von Krankheiten nimmt zu. Gleichzeitig wächst das Risiko von Bränden, weil z. B. in Industrieanlagen die Kühlung ausfällt oder in den Haushalten versucht wird, ohne Strom zu kochen. Andererseits ist aber auch die Brandbekämpfung stark beeinträchtigt.
4. Die komplexe Versorgungskette mit Lebensmitteln von der Rohstoffproduktion bis zu den Fertigerzeugnissen wird unterbrochen. Die bedarfsgerechte Versorgung der Bevölkerung wird zum Problem, von dessen erfolgreicher Bewältigung nicht nur das Überleben zahlreicher Menschen, sondern auch die Aufrechterhaltung der öffentlichen Ordnung abhängt. Dramatisch wirkt sich der Blackout in der Massentierhaltung aus: Schweine und Geflügel überleben oft schon die ersten Stunden nicht.

5. Das dezentral und hoch arbeitsteilig organisierte Gesundheitswesen kann den Folgen eines Stromausfalls nur kurz widerstehen. Krankenhäuser können nur noch einen eingeschränkten Betrieb unterhalten, Dialysezentren, Alten- und Pflegeheime müssen geräumt werden. Arztpraxen und Apotheken müssen schließen. Arzneimittel werden rasch knapp. Dramatisch werden Engpässe bei Insulin, Blutprodukten und Dialyseflüssigkeiten. Rettungsdienste können nur noch begrenzt für Transport und Evakuierungseinsätze eingesetzt werden, weil sie durch vielseitige Anfragen überfordert und selbst von Treibstoffmangel und Ausfall der Kommunikation betroffen sind.
6. Bankfilialen bleiben für Kunden geschlossen, weil nur noch der banken- und börseninterne Datenaustausch aufrechterhalten werden kann; auch Geldautomaten funktionieren nicht mehr, so dass die Bevölkerung bald keine Bezahlmöglichkeiten mehr hat.

Alles zusammen führt zu Unsicherheit in der Bevölkerung, die verschiedene Auswirkungen haben kann, vermehrte Bereitschaft zur gegenseitigen Hilfe ebenso wie Plünderungen und andere Ausschreitungen.

Wegen der hohen Stromintensität der deutschen Wirtschaft verursacht jede ausgefallene kWh Kosten von 8–16 €. Bei einem deutschlandweiten Stromausfall im Winter entsteht damit in einer Stunde ein wirtschaftlicher Schaden von 0,6–1,3 Mrd. €, pro Tag also ein Verlust von 20–30 Mrd. €.

2
Weltenergiebedarf und Klimaschutz

2.1 Der Energiebedarf der Welt

Der Energiehunger der Menschheit ist gewaltig und wächst weiter. Nachdem sich die Menschheit über Jahrtausende auf das Holzfeuer und bescheidene Beiträge aus Sonnen-, Wind- und Wasserkraft beschränkt hatte, begann sie sich weitere Energiequellen dienstbar zu machen: zunächst im 18. Jahrhundert die Kohle, dann ab Beginn des 20. Jahrhunderts das Mineralöl, das in der zweiten Jahrhunderthälfte zur wichtigsten Energiequelle avancierte. Vor 50 Jahren kamen Erdgas und Kernenergie hinzu. 2010 deckten diese Energieträger einen Energiebedarf der Welt von über 12 Mrd. t Öläquivalent (MtOe), also etwa 17 Mrd. t Steinkohleeinheiten (tSKE). Seit Mitte des letzten Jahrhunderts wächst der Energiebedarf der Welt fast linear um ca. 230 Mio. tSKE pro Jahr. Wie Abb. 2.1 zeigt, ist dieser Aufwärtstrend nur selten und jeweils nur kurz unterbrochen worden: während des Ersten Weltkrieges und der Weltwirtschaftskrise in den zwanziger Jahren des letzten Jahrhunderts sowie nach dem Zweiten Weltkrieg. 1973 und 1979 haben die beiden Energiekrisen ihre Spuren in der Verbrauchskurve des Öls hinterlassen.

Wie geht es weiter? Soll sich dieses Wachstum unbegrenzt fortsetzen? Die vertrauenswürdigsten Prognosen liefert die *Internationale Energie Agentur (IEA)*. Die IEA wurde 1974 als Reaktion auf die erste Energiekrise gegründet, um den Mitgliedsstaaten zu größerer Versorgungssicherheit und mehr Transparenz an den Märkten zu verhelfen. Ihr gehören nahezu alle europäischen Staaten sowie Australien, Japan, Kanada, Südkorea, Neuseeland und die USA an, also fast die gesamte wirtschaftlich entwickelte Welt. Bei den jährlichen »World

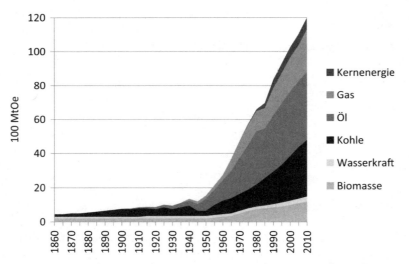

Abb. 2.1 Energieverbrauch der Welt seit 150 Jahren in 100 Mio. t Öläquivalent (MtOe) [11], [6, S. 74].

Energy Outlooks« wirken zahlreiche Experten aus vielen Mitgliedsländern mit. Hier gibt es weder Parteilichkeit für einzelne Regionen noch Marktinteressen für spezielle Energieträger. Deshalb sind diese Prognosen denen einzelner Ölkonzerne oder anderer Gruppierungen vorzuziehen.

Die Vorhersage der weiteren Entwicklung des Weltenergieverbrauchs ist eine äußerst schwierige und komplexe Aufgabe; viele unterschiedliche Faktoren müssen dabei berücksichtigt und bewertet werden. Beim World Energy Outlook 2012 der IEA [12, S. 36 ff.] sind dies vor allem

- das Wirtschaftswachstum: Die IEA rechnet hier nach Abwägung aller treibenden und retardierenden Faktoren mit einem durchschnittlichen Wachstum von 3,5 % zwischen 2009 und 2035. Dieses Wachstum wird im Wesentlichen außerhalb der IEA-Länder, in China, Indien und anderen Schwellenländern erwartet, deren Anteil am weltweiten Bruttoinlandsprodukt dabei von 44 % in 2010 auf 61 % in 2035 ansteigen wird. Dabei wird aber ein langsamer Rückgang der Wachstumsraten, in China von über 8 % auf 4,3 % und in Indien von 7,7 % auf 5,8 %, unterstellt.

- das Wachstum der Weltbevölkerung wird sich nach den Projektionen der UNO mit durchschnittlich 0,9 % pro Jahr fortsetzen. Im Vergleich zu den 6,8 Mrd. des Jahres 2009 werden 2035 demnach 8,6 Mrd. Menschen auf der Erde leben. Es wird aber erwartet, dass die jährliche Bevölkerungszunahme von 1,1 % nach 2020 auf 0,8 % zurückgehen wird.
- die Höhe der Energiepreise, die allerdings sehr viel schwerer vorherzusagen sind. Denn es gibt unterschiedliche Trends bei den verschiedenen Primärenergien, von denen jedoch kurzfristige Abweichungen auftreten können. Die IEA rechnet deshalb in ihren Szenarien mit Preisniveaus in einer Höhe, die ausreichende Anreize für die Investitionen bietet, die für die künftige Bedarfsdeckung erforderlich sind. Wegen des wachsenden Bedarfs an Erdöl wird auch mit weiter wachsenden Ölpreisen gerechnet; eine Ausnahme bildet das Szenario »Klimaschutz«, in dem der Ölanteil rückläufig wäre.
- der Preis der CO_2-Emissionen: Den Maßstab setzen hier die Europäische Union und Neuseeland, die den Emissionshandel als Erste eingeführt haben. Hier, ebenso in Australien, soll der Preis von heute um 7 $ bis 2020 auf 30 $ und bis 2035 auf 45 $ pro Tonne CO_2 steigen. Auf etwas niedrigerem Niveau folgen Korea ab 2015 und China ab 2020. Im Falle des »Klimaschutz«-Szenarios müsste der Preis in den IEA-Ländern allerdings auf 120 $ und in den anderen Teilen der Welt auf mindestens 95 $ pro Tonne CO_2 klettern.
- die Entwicklung der Energietechnologien, die jedoch nur sehr langsam voranschreitet. So lange auch der Vorhersagezeitraum bis 2035 erscheint, viele heutige Kraftwerke und Raffinerien, Gebäude, Eisenbahnen und Straßen werden dann noch in Betrieb sein. Nur Fahrzeuge sowie Heizungs- und Kühlsysteme dürften bis dahin erneuert sein. Effizientere Energietechnologien werden sich deshalb nur langsam durchsetzen. Dramatische Ereignisse, wie 2010 die Explosion der Bohrinsel »*Deepwater Horizon*« im Golf von Mexico oder 2011 das Reaktorunglück von Fukushima, können die Chancen einzelner Energiequellen und damit das Niveau der Energiepreise verändern.
- der wachsende Bedarf an Wasser für den Energiesektor, der zu steigenden Kosten der Energieversorgung und Schwierigkeiten bei einzelnen Projekten führen kann. Die Süßwassergewinnung aus

Meerwasser spielt in den Prognosen der IEA noch keine große Rolle. Aber Süßwasser ist heute knapper als Energie (Exkurs 2).

Im World Energy Outlook 2012 hat die IEA drei mögliche Entwicklungen durchgerechnet:

- ein Szenario »Kontinuität«, das von der Fortsetzung der bisherigen Energiepolitiken ausgeht, in diesem Szenario wird also keine zusätzliche Reaktion auf die drohende Klimaerwärmung unterstellt,
- ein Szenario »Neue Politik«, das die politischen Absichtserklärungen der einzelnen Regierungen für mehr Energieeffizienz und mehr Klimaschutz beim Wort nimmt, und
- ein Szenario »Klimaschutz«, das beschreibt, was geschehen müsste, um mit 50 %iger Wahrscheinlichkeit die Erderwärmung auf 2 °C zu begrenzen.

Wie Abb. 2.2 zeigt, sind alle drei Szenarien mit einem erheblichen weiteren Wachstum des Energieverbrauchs verbunden. Das liegt hauptsächlich an den Annahmen, dass die Weltbevölkerung um 1,7 Mrd. Menschen und die Weltwirtschaft um 3,5 % pro Jahr wächst. Diese Entwicklung ist von den Mitgliedsländern der IEA, also auch von Europa und Deutschland nahezu unabhängig. Denn 90 % der Zunahme der Weltbevölkerung, 70 % der Zunahme der Wirtschaftsleistung und 90 % des Wachstums des Energieverbrauchs entfallen auf die Nicht-IEA-Länder. An der Spitze dieser Entwicklung liegt China, das um 2035 rund 70 % mehr Energie verbrauchen wird als der bisherige Spitzenreiter, die USA, wobei der Pro-Kopf-Verbrauch in China immer noch weniger als halb so hoch wie in den USA sein wird. Noch schneller als in China wird der Energieverbrauch in Brasilien, Indien, Indonesien und im Nahen Osten wachsen.

Die drei Szenarien unterscheiden sich auch erheblich in den volkswirtschaftlichen Kosten. Zur Realisierung des Szenariums »Neue Politik« müssten weltweit 36 Billionen $ in die Energieversorgungsinfrastruktur investiert werden [6, S. 96]. (Eine Billion (englisch »Trillion«) sind 1000 Mrd. (englisch »Billion«).) Hier geht es also noch einmal um das Hundertfache der Zahlen, an die wir uns bei der Bewältigung der Schuldenkrise in den letzten Jahren gewöhnt haben. Für die Realisierung des Szenarios »Klimaschutz« kämen weitere 15 Billionen $ hinzu [6, S. 205].

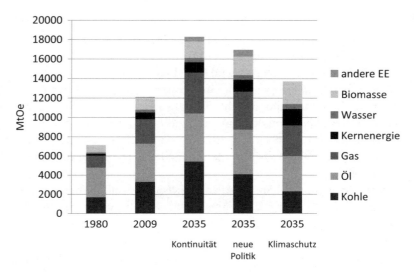

Abb. 2.2 Szenarien der IEA für die Entwicklung des Energieverbrauchs bis 2035 in MtOe [12, S. 50] (EE = erneuerbare Energien).

Wir sehen aus der Wahl der drei Szenarien, dass heute der Klimaschutz zum entscheidenden Kriterium für die Energiepolitik geworden ist – zumindest aus der Sicht der westlichen Welt. Um die drei Alternativen bewerten zu können, ist es also erforderlich, sich näher mit der Klimaproblematik zu befassen.

2.2 Folgen für das Klima auf der Erde

Bevor man sich mit den möglichen Folgen der chemischen Zusammensetzung der Atmosphäre durch die Freisetzung von CO_2 beschäftigen kann, muss man zunächst den natürlichen Treibhauseffekt verstehen, der eindeutig ein Segen für das Leben auf der Erde ist.

2.2.1 Die Strahlungsbilanz der Erde und ihrer Atmosphäre

Die Energiezufuhr in das Klimasystem der Erde wird praktisch ausschließlich von der Strahlung der Sonne bestimmt. Die aus den radioaktiven Zerfällen im Erdinneren stammende Wärme trägt nur zu 0,1 % zur Energiebilanz an der Erdoberfläche bei und kann deshalb im Folgenden vernachlässigt werden. Die Sonne strahlt entsprechend ihrer Oberflächentemperatur von 5800 °K mit einer kurzwelligen Strahlung im Bereich von 0,3–3 µm; ihre Intensität beträgt an der Oberfläche der Erdatmosphäre im Mittel 1367 Watt pro Quadratmeter (W/m^2), das ist die sogenannte Solarkonstante. Richtig konstant ist diese Strahlung allerdings nicht, sie schwankt um einige W/m^2, und zwar in verschiedenen Zyklen, von denen der markanteste kürzere, der von den Sonnenflecken verursacht wird, elf Jahre dauert. Auch längere Zyklen wurden beobachtet, aber alle gleichen sich auf längere Sicht aus.

Wie regelt nun die Sonne unser Klima? Die volle Solarkonstante würde auf der Erde nur dann überall ankommen, wenn sie eine der Sonne zugewandte Scheibe wäre. Die Projektion der Sonnenstrahlung auf die Erdkugel führt nun dazu, dass das Maximum nur erreicht wird, wenn die Sonne im Zenit steht, und die Einstrahlung zum Horizont immer stärker abnimmt, bis sie ab der Grenze zur Nacht auf null absinkt. Im Mittel über Ort und Zeit erreichen von der Sonne 342 W/m^2 (1/4 der Solarkonstante) die Erde (Abb. 2.3). Davon wird nach Durchdringen der Atmosphäre mit 157 W/m^2 nur knapp die Hälfte von der Erdoberfläche absorbiert und in Wärme umgewandelt.

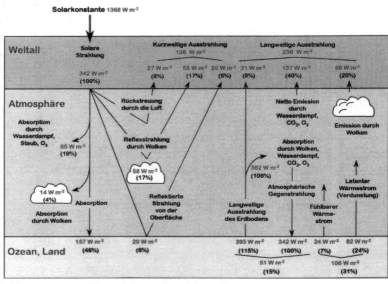

Abb. 2.3 Die Strahlungsbilanz der Erde [13].

Von den relativ längerwelligen Strahlen der Sonne werden 79 W/m² unterwegs in der Atmosphäre von Wasserdampf, Wolken und Aerosolen aufgenommen. Der Rest wird von den Wolken und, in unterschiedlicher Intensität, von der Landoberfläche, von Schnee, Ozeanen und Landflächen in den Weltraum reflektiert. Hierzu trägt auch die Streuung des Lichts an den Molekülen der Atmosphäre bei, die unserem Planeten den blauen Schimmer verleiht. Mit 106 W/m² leuchtet die Erde vor dem schwarzen Dunkel des Weltalls, wenn man sie von einer Raumstation aus beobachtet, ein *Bild unseres Planeten* (Abb. 2.4), an dem sich kein Astronaut satt sehen konnte. Diese Energie ist für die Wärmebilanz der Erde verloren.

Interessant wird die Sache nun, wenn wir uns mit der Wärmestrahlung der Erde selbst beschäftigen, denn (Abschnitt 1.2.3) jeder Kör-

Abb. 2.4 Die Erde, aufgenommen am 7.12.1972 von der Apollo-17-Mission.

per strahlt Wärme ab, je nach der Temperatur seiner Oberfläche. Bei der Erde sind das bei 287 °K (also 14 °C) an ihrer Oberfläche im Mittel 395 W/m², also viel mehr als die Energieaufnahme von der Sonne. Diese Strahlung kann aber nicht komplett an den Weltraum abgegeben werden, weil dadurch die Erde rasch abkühlen müsste. Da das Klima auf der Erde in erster Näherung konstant ist, muss die Erde genauso viel Energie abstrahlen, wie sie empfängt. Sie ist also in den unteren Schichten der Lufthülle viel wärmer als sie wäre, wenn sie ihre Atmosphäre nicht hätte. Denn für die viel längerwellige Strahlung der Erde zwischen 6 und 30 µm ist die Atmosphäre nicht durchsichtig, nur wenige Prozent, 31 W/m², entkommen direkt in den Weltraum. Der Rest, 362 W/m², wird von Wasserdampf und Wolken absorbiert, weitere 106 W/m² gelangen durch Konvektion und Verdunstung in die Atmosphäre. Zusammen mit den 79 W/m², die sie schon von der direkten Einstrahlung der Sonne für sich behalten hat, werden insgesamt 578 W/m² in der Atmosphäre zurückgehalten. Nun strahlt die Atmosphäre ihrerseits wieder diese Energie in alle Richtungen ab, wobei uns nur die vertikale Komponente interessiert, weil die Strahlung in anderen Richtungen innerhalb der Atmosphäre verbleibt. Nach oben, in den Weltraum gibt die Atmosphäre 236 W/m² ab, die dort spurlos verschwinden, aber nach unten, auf die Erdoberfläche, strahlt sie den Löwenanteil, nämlich zufällig wieder 342 W/m², als wäre sie eine zweite Sonne. Die Atmosphäre wirkt also in einfacher Modellvorstellung wie ein Treibhaus, bei dem das Glas das sichtbare Licht der Sonne durchlässt, nicht aber die Wärmerückstrahlung. Diesem Treibhauseffekt verdanken wir das angenehme Klima auf der Erde mit einem Durchschnittswert von 14 °C. Ohne ihn wären es ungemütliche −18 °C mit der Folge, dass nur auf einem kleinen Teil der Erde Wasser flüssig wäre, die entscheidende Voraussetzung für Leben. Die Temperatur der Erdoberfläche schwankt langsam im Jahresmittel um 1–2 °C nach oben und unten um diesen langfristigen Mittelwert; zurzeit leben wir bei knapp 16 °C in einer Warmphase.

Das »Glas« des atmosphärischen Treibhauses setzt sich aus verschiedenen Gasen zusammen; in der Reihenfolge ihrer Relevanz (Absorptionsfähigkeit × Konzentration) sind das Wasserdampf, CO_2, Di-Stickstoffoxid, Methan und Lachgas.

Der natürliche Wasserkreislauf und die natürlichen Stoffumsätze in der Biosphäre sind mit erheblichen Schwankungen der Treibhausgasfreisetzung verbunden. Diese änderten sich in der Erdgeschich-

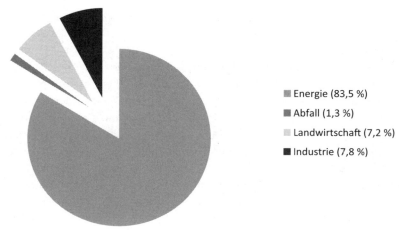

Abb. 2.5 Quellen der Treibhausgasemissionen[1].

te (Abschnitt 2.2.2), aber wenig über die letzten 150 Jahre, ganz im Gegensatz zu den vom Menschen verursachten Treibhausgasemissionen.

Die *Quellen der Treibhausgasemissionen*, die vom Menschen verursacht werden (Abb. 2.5), liegen überwiegend aber nicht ausschließlich im Energiesektor. Beiträge mit zusammen 16,5 % stammen aus der Landwirtschaft und der Landnutzung sowie der Abfallwirtschaft.

2.2.2 Veränderungen des Erdklimas in der Vergangenheit

Das Klima der Erde hat sich in der Vergangenheit häufig verändert, meist in sehr großen Zeitabschnitten. Aus der Untersuchung der Sedimente in den Ozeanen und aus Bohrkernen aus der Antarktis kennt man heute die Klimaveränderungen über einen sehr langen Zeitraum der Erdgeschichte, jedenfalls die großen Zyklen, weil sich die verschiedenen Untersuchungsmethoden bestätigen. Danach hat es über Hunderte von Millionen von Jahren einen steten *Wechsel zwischen Eiszeiten und Warmphasen* gegeben.

Die wesentliche, aber nicht die alleinige *Ursache für die Eiszeiten* sind Überlagerungen von periodisch auftretenden Veränderungen

---

1) http://www.umweltbundesamt-daten-zur-umwelt.de/umweltdaten/public/theme.do?nodeIdent=3152, (08.02.2013).

der Erdbahngeometrie: Verformungen der elliptischen Umlaufbahn der Erde um die Sonne im Laufe von 100 000 Jahren, des Neigungswinkels der Rotationsachse um die Ebene der Umlaufbahn über 40 000 Jahre und Verschiebungen der Tag-und-Nacht-Gleiche alle 21 000 Jahre. Wenn sich diese Effekte durch Überlagerung gegenseitig verstärken, kommt es zu einer deutlichen Verminderung der Sonneneinstrahlung auf die Erde, die allerdings nicht ausreicht, um allein eine Eiszeit auszulösen. Mitentscheidend sind die unterschiedliche Land-Meer-Bedeckung der Erdhalbkugel und Änderungen der Zirkulationen in der Atmosphäre und den Ozeanen. Aus den paläoklimatologischen Daten geht auch hervor, dass Warmzeiten stets mit hohen CO_2-Konzentrationen in der Atmosphäre, Kaltphasen immer mit geringen einhergingen, die Temperaturdifferenz also durch Stärkung oder Abschwächung des Treibhauseffekts vergrößert wurde. Aufgrund dieser Erklärungen rechnet man damit, dass erst in 15 000 Jahren die nächste Eiszeit auf der Erde ansteht. Als Kompensation für einen möglichen Klimawandel durch menschliche Aktivitäten käme sie also zu spät.

Wesentliche Veränderungen des Klimas in der Erdgeschichte brachten vor vielen Millionen Jahren der Wandel in der Struktur der Kontinente und die Entstehung des Lebens auf der Erde. Nach und nach wurden Teile der Vegetation unter Luftabschluss in geologische Formationen eingelagert und somit das von ihnen aus der Atmosphäre aufgenommene CO_2 dem natürlichen Kreislauf entzogen. Da der natürliche Treibhauseffekt dadurch vermindert wurde, wurde die Atmosphäre kühler, ebenso auch die Weltmeere und Landoberflächen, in denen dadurch mehr und mehr CO_2 gespeichert werden konnte. Auch heute sind sie die wichtigsten Senken für CO_2.

Wenn man die Klimaveränderungen auf der Erde über die vergangenen 10 000 Jahre betrachtet (Abb. 2.6), dann erkennt man, dass die Blütezeiten der Kultur in Ägypten, im antiken Griechenland und später in Rom und auch das Hochmittelalter in Europa offenbar durch ein warmes Klima begünstigt wurden, aber düstere Phasen wie die Jahrhunderte nach dem Zerfall des Römischen Reiches oder die Zeit um den Dreißigjährigen Krieg, die sogenannte »kleine Eiszeit«, mit kalten Phasen korrespondieren. So ganz stimmt die Analogie allerdings nicht: Die Zeit, in der Bach und Mozart, Goethe und Schiller, Dürer und Cranach ihre Meisterwerke schufen, war klimatisch nicht begünstigt. Unsere Gegenwart ist durch eine Warmzeit geprägt, und

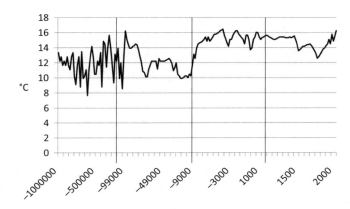

Abb. 2.6 Mittlere Temperatur während der Entwicklung der Menschheit in °C während 1 Mio. Jahre [14]. (Der Zeitmaßstab wechselt zwischen den senkrechten Strichen jeweils um einen Faktor 10, negative Jahreszahlen verweisen auf die Zeit vor Christi Geburt.).

zumindest der rasante technische Fortschritt, den wir erleben, könnte dafür sorgen, dass auch diese Zeit als eine besonders produktive in die Geschichte eingehen wird – falls wir nicht durch unkluges Verhalten beim Energiekonsum ein erstes negatives Zeichen für die Nutzung einer Warmphase für die Weiterentwicklung der Lebensbedingungen auf der Erde setzen.

In den 350 Jahren vor dem Beginn der Industrialisierung um 1850, lag der CO_2-Gehalt der Atmosphäre bei 280 ppm. Diese CO_2-Konzentration gilt heute als »Null-Linie« für den vom Menschen verursachten Anstieg der Treibhausgase.

Seit Beginn der Nutzung der Kohle machen wir die Reduktion des CO_2-Gehalts der Atmosphäre durch die Bildung und Einlagerung der fossilen Biomasse nach und nach rückgängig. Da es kaum eine langfristige Senke für CO_2 gibt, darf man in der Klimafrage nicht in Jahresraten denken, weil die Atmosphäre vergangene Emissionen nicht »vergisst«, vielmehr akkumulieren sich die Emissionen immer weiter zu einer wachsenden Konzentration der Treibhausgase. Dieser Effekt verstärkt sich selbst, weil mit steigender Temperatur die Löslichkeit von CO_2 im Wasser abnimmt. Man weiß ja, dass man warme Limonadenflaschen vorsichtiger öffnen muss als kalte. Auf dem heutigen Niveau der Emissionen spielt deshalb die Zeit eine große Rolle, da sich mit jedem Jahr, in dem Gegenmaßnahmen ausbleiben, die Treibhausgaskonzentrationen in der Atmosphäre weiter irreversibel erhöhen.

Kein Zweifel, wir sind dabei, einen signifikanten Anteil des CO_2, das über Jahrmillionen der Atmosphäre entzogen wurde, in wenigen Jahrzehnten wieder freizusetzen. 2012 betrug die CO_2-Konzentration 392 Moleküle bezogen auf 1 Mio. Moleküle in einer Volumeneinheit der Atmosphäre (ppm), in der Arktis wurden 2012 sogar erstmals 400 ppm gemessen. Man muss 800 000 Jahre zurückgehen, um so hohe CO_2-Konzentrationen wie heute in der Erdgeschichte zu finden. Niemand kann bestreiten, dass dies ein Anlass zu großer Sorge sein muss. In aller Welt erhoben Meteorologen ihre Stimme, und ein neuer Forschungszweig, die Klimaforschung, entstand. Wohl als Erster hatte bereits Ende des 19. Jahrhunderts Svante August Arrhenius, schwedischer Physiker und Nobelpreisträger für Chemie, eine Erwärmung des Erdklimas durch das CO_2 vorausgesagt [15].

1988 griffen die Vereinten Nationen (UNO) die Warnungen aus der internationalen Wissenschaft auf und gründeten das »International Panel for Climate Change« (*IPCC*). Es war wohl das erste Mal, dass die internationale Politik auf wissenschaftliche Vorhersagen reagierte, bevor sich konkrete Beweise dafür eingestellt hatten, ein großer Erfolg für die Wissenschaft. Die Atmosphärenforscher konnten sich dabei allerdings auf ihre berechtigten Warnungen vor einer Zerstörung der Ozonschicht der Atmosphäre in den achtziger Jahren des letzten Jahrhunderts berufen, die zum weltweiten Verbot der dafür ursächlichen Fluorchlorkohlenwasserstoffe geführt hatte – mit Erfolg, denn seit dem Verbot dieser Kühl- und Brandschutzmittel erholt sich die Ozonschicht, wenn auch langsamer als erhofft.

2.2.3 Die Prognosen des IPCC

Das von der UNO eingesetzte *IPCC* besteht aus drei Gruppen, in denen jeweils 10–15 Wissenschaftler aus aller Welt zusammenarbeiten. Die bekannteste Gruppe ist die erste, die sich mit den wissenschaftlichen Grundlagen des möglichen Klimawandels beschäftigt. Sie liefert nicht nur die Basis für die Arbeit der anderen beiden Gruppen, die sich mit den Folgen des Klimawandels einschließlich möglicher Anpassungsprozesse und mit Klimaschutzmaßnahmen beschäftigen, sondern auch für die Energiepolitik aller Länder der Welt. Vier Berichte hat das IPCC bisher vorgelegt, die den Einfluss des Menschen auf das Klima darstellten, den ersten 1990, auf den sich die Klimarahmenkonvention von Rio de Janeiro 1992 stützte, den zweiten 1995, auf den das 1997 in Kyoto beschlossene Protokoll Bezug nahm, zwei weitere 2001 und 2007. Ihre Aussagen wurden von Mal zu Mal konkreter und dramatischer. An einem weiteren Bericht wird gearbeitet.

Was sind nun die Aussagen des IPCC und wie kommen sie zustande? Das Klimageschehen auf der Erde lässt sich nicht einfach linear als Funktion der CO_2-Konzentration berechnen. Es ist vielmehr nötig, das komplexe System numerisch zu modellieren, um die vielen Wechselwirkungen der einzelnen Einflussgrößen zu reproduzieren. Dabei kommt eine Hierarchie von Modellen zum Einsatz, von global gemittelten Energiebilanzmodellen bis zu gekoppelten dreidimensionalen Atmosphäre-Ozean-Modellen, die auch geographisch differenzierte Aussagen über die Folgen des Klimawandels zu berechnen gestatten. Die deutschen Beiträge dazu wurden vom Max-Planck-Institut für Meteorologie in Hamburg mit Hilfe des Deutschen Klimarechenzentrums erarbeitet [16, S. 32 ff.]. Dabei werden die Prozesse in der Atmosphäre in einem dreidimensionalen Gitter mit Abständen von 200 km simuliert. Zur Erfassung mancher Effekte, etwa bei der erwarteten Zunahme von meteorologischen Extremereignissen (Unwetter, Stürme, Überflutungen), wäre ein engmaschigeres Netz wünschenswert; jedoch kommen schon bei dem jetzt gewählten Netz die Anforderungen an die Rechenleistung an eine Grenze. Mit regionalen Ausschnittmodellen des *KIT*, deren Ergebnisse in den nächsten IPCC-Bericht eingehen werden, wird jedoch bereits eine Auflösung von 10 km und besser erreicht [17]. Simuliert wird nicht nur die Zukunft, sondern auch die Vergangenheit, um zu prüfen, ob die Modelle auch die vorindustrielle Zeit und die seither eingetretenen Veränderungen richtig beschreiben.

In den IPCC-Modellen führen manche Rückkoppelungen zu einer Verstärkung des Effekts der Erwärmung durch eine steigende CO_2-Konzentration, etwa wenn sich durch den Rückgang schnee- und eisbedeckter Flächen auch die Reflexion der Erdoberfläche vermindert und dadurch mehr Sonnenenergie absorbiert wird, oder wenn durch Temperaturerhöhung der Ozeane darin gespeichertes CO_2 zusätzlich freigesetzt wird.

Die *IPCC-Szenarien* wurden, ebenso wie die der IEA über den Weltenergieverbrauch, mit drei verschiedenen Grundannahmen berechnet, die ähnlich definiert, aber nicht ganz deckungsgleich sind. Für jeden dieser Fälle gibt es eine »Familie« von Szenarien, in denen unterschiedliche Entwicklungen der Energieversorgung der Zukunft, z. B. starke Nutzung fossiler oder wachsende Nutzung erneuerbarer Energien durchgerechnet werden. Daraus werden im IPCC-Bericht hauptsächlich die folgenden drei Szenarien exemplarisch dargestellt:

- Im Szenario A2 nimmt man an, dass sich die bisherige Entwicklung unverändert fortsetzt mit der Folge, dass die jährliche Emission bezogen auf den Mittelwert aus den Jahren 1961–1990 von heute knapp 10 Mrd. t Kohlenstoff (GtC) bis zum Jahr 2100 auf 29 GtC ansteigt. Diese Entwicklung entspricht weitgehend dem Szenario »Kontinuität« der IEA. Im Jahr 2100 erreicht in diesem Fall die CO_2-Konzentration mit 830 ppm mehr als das Doppelte des heutigen Werts.
- Im zweiten Szenario A1B wird unterstellt, dass durch Klimaschutzmaßnahmen die Emission ab 2020 bei ca. 15 GtC jährlich stabil bleibt, das kommt dem IEA-Szenario »Neue Politik« nahe. Bis 2100 steigt die CO_2-Konzentration auf 700 ppm, mehr als das Doppelte des vorindustriellen Wertes.
- Im dritten Szenario B1 wird der günstigste Fall angenommen, nämlich dass die Emissionen ab 2040 wieder bis auf ein Niveau von nur noch 4 GtC in 2100 gesenkt werden können, was den CO_2-Anteil auf 550 ppm begrenzen würde. B1 kann man nicht vollständig mit dem IEA-Szenario »Klimaschutz« gleichsetzen.

Auch im günstigsten IPCC-Szenario B1 wird das Klimaschutzziel, das die Bundesregieruing zur Grundlage ihrer Politik gemacht hat, um etwa 1 °C verfehlt [16, S. 46]. Nur eine noch weitergehende Begrenzung der CO_2-Konzentration in der Atmosphäre auf 450 ppm kann – innerhalb der Fehlergrenzen der Modelle – dazu führen, dass die globale Erwärmung mit ausreichender Wahrscheinlichkeit unter 2 °C bleibt. Deshalb hat die IEA diese weitergehende Emissionsbegrenzung zum Ziel ihres Klimaschutzszenarios »450« gemacht.

Die Szenarien zeigen zunächst noch einmal das grundlegende Problem des Klimaschutzes: Auch wenn im Szenario A1B die Emissionen von Treibhausgasen zurückgehen (Abb. 2.7), steigt die Konzentration des CO_2 in der Atmosphäre (Abb. 2.8) noch weiter an, denn es werden ja weiter erhebliche Mengen in die Atmosphäre freigesetzt. Erst wenn die Emissionen, wie im Fall B1, sehr deutlich abgesenkt werden, wächst die atmosphärische Konzentration nur noch langsam weiter. Bei welcher Restemission die Konzentration konstant bleibt, ist nicht genau zu sagen. Hier spielt die weltweite Vegetation eine wichtige, von Jahr zu Jahr aber schwankende Rolle, die allerdings CO_2 nur für die Lebenszeit der Pflanzen speichern kann. Eine große Bedeutung hat die Absorption der Ozeane und der Landoberfläche, die

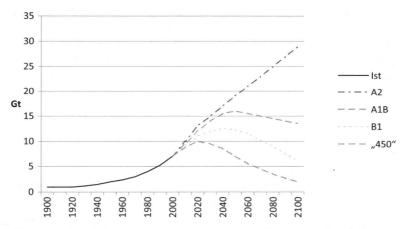

Abb. 2.7 Anstieg der CO_2-Emissionen bis 2010 und Verlauf in den IPCC-Szenarien sowie im Szenario »450« bis 2100 in Gt.

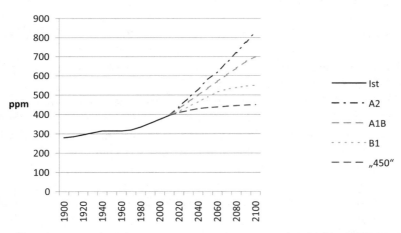

Abb. 2.8 Anstieg der CO_2-Konzentrationen bis 2010 und Verlauf in den IPCC-Szenarien sowie im Szenario »450« bis 2100 in ppm.

jedoch mit wachsender Temperatur abnimmt. Ein Rückgang der CO_2-Konzentration ist erst bei noch sehr viel niedrigeren Emissionen zu erwarten [18]. Ein Stopp der Klimaerwärmung, erst recht eine Umkehr des Prozesses ist nur zu erwarten, wenn die ganze Welt weitestgehend auf fossile Energiequellen verzichtet. So lange die Emissionen über dem Wert des Szenarios B1 liegen, lädt sich die Atmosphäre auf jeden Fall immer weiter mit CO_2 auf.

Das Ergebnis dieser Szenarien ist jeweils eine Aussage über die zu erwartende Temperatursteigerung (Abb. 2.9), die mit einer Fehlerquote von etwa 0,75 °C nach oben und unten angegeben wird: Die Aussagen sind mit gewissen Unsicherheiten behaftet. In der politischen Diskussion werden nur die Mittelwerte benutzt. Mit dieser Vereinfachung kommen die IPCC-Experten zu dem Schluss, dass die Durchschnittstemperatur auf der Erde bis zum Jahr 2100 mit hoher Wahrscheinlichkeit

- im Szenario A2 um 4,1 °C,
- im Szenario A1B um 3,7 °C und
- im optimistischen Szenario B1 laut IPCC um 2 °C, nach jüngeren Aussagen des am IPCC beteiligten Max-Planck-Instituts für Klimaforschung eher um 2,5 °C steigt [16, S. 38].

Nur im Szenario »450« bleibt die Temperaturerhöhung wahrscheinlich auf 2 °C begrenzt.

Dabei hatten die IPCC-Autoren das dritte Szenario bewusst so gewählt, dass es das Günstigste darstellt, was zur Begrenzung des Treibhauseffekts bei schnellem und entschlossenem Handeln der Weltgemeinschaft zum Zeitpunkt der Abfassung des Berichts im Jahr 2007 noch erreichbar schien. Man sieht in Abb. 2.7, dass dazu die Minderung der CO_2-Emissionen bereits 2015 einsetzen muss. Nur dann biegt die B1-Kurve in Abb. 2.8 rechtzeitig nach unten ab. Um die Klimaerwärmung auf 2 °C zu begrenzen, müsste die Minderung der CO_2-Emissionen noch früher ansetzen; dieser Zeitpunkt ist praktisch bereits verpasst. Je später eine entschlossene Klimapolitik greift, umso länger folgt die Erderwärmung dem Verlauf in den anderen Szenarien mit der Konsequenz, dass dann eine entsprechend höhere Konzentration erreicht und über lange Zeit andauern wird.

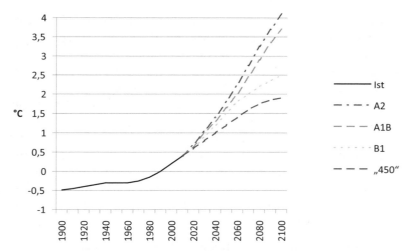

Abb. 2.9 Anstieg der mittleren globalen Temperatur bis 2100 und Verlauf in den IPCC-Szenarien sowie im Szenario »450« bis 2100 in °C.

Die Szenarien des IPCC sagen noch eine Reihe weiterer Konsequenzen voraus, die sich aus diesen möglichen Klimaveränderungen ergeben [16, S. 46]:

- Anstieg des Meeresspiegels bereits bei den beiden günstigeren Szenarien um 21–28 cm, wobei regionale Abweichungen bis zu 1 m möglich sind. Dieser Anstieg wird, anders als meist zu hören, nur zu knapp einem Viertel vom Schmelzen der Inlandeise in Grönland und der Antarktis und zu einem Drittel als Folge des Abschmelzens kleinerer Gletscher gespeist, ist aber fast zur Hälfte schlicht die Folge der volumetrischen Ausdehnung des Wassers der Ozeane durch die Erwärmung.
- Die Niederschläge nehmen in bereits feuchten Gebieten im Durchschnitt etwas zu, besonders stark in den Tropen und im winterlichen Mittel- und Nordeuropa, dafür reduzieren sie sich im Mittelmeerraum, in Australien und in Südafrika.
- Die Niederschläge werden heftiger, und die Hochwassergefahr steigt; gleichzeitig wächst die Dauer von Trockenperioden. Hitzewellen treten immer häufiger auf, so dass sich insgesamt die klimatischen Unterschiede zwischen den verschiedenen Regionen der Erde verstärken.

- Landoberflächen erwärmen sich stärker als die Ozeane; der Temperaturanstieg wirkt sich am deutlichsten in der Arktis aus, die gegen Ende dieses Jahrhunderts im Sommer eisfrei sein wird.
- Durch die Abnahme der Dichte des Ozeanwassers als Folge der Erwärmung und weitere Verdünnung durch vermehrte Niederschläge sinkt der Salzgehalt der Meeresoberfläche; dies kann die Folge haben, dass die Meeresströmungen, die Wärme aus den Tropen in die gemäßigten Zonen transportieren, abgeschwächt werden, weil das leichter gewordene Wasser im nördlichen Atlantik schlechter in die Tiefe absinkt, in der es in die Tropen zurückzirkuliert. Dieser Effekt wird aber die Erwärmung in Europa nur geringfügig kompensieren; ein Zusammenbruch des Golfstroms ist nach den Modellen des IPCC nicht zu befürchten.

Erste Folgen der Klimaerwärmung sind bereits zu beobachten. Die zweite Arbeitsgruppe des IPCC hat festgestellt, dass die Eis- und Schneedecke in den kalten Regionen der Erde zurückgeht, dass sich Pflanzen- und Tierarten in Richtung der Pole der Erde und in höhere Lagen der Berge ausbreiten und dass der Frühling immer früher beginnt. Die Arbeitsgruppe hat für die Untersuchung solcher Phänomene 29 000 Datenreihen ausgewertet, von denen über 89 % mit einer Entwicklung übereinstimmen, die man bei einer Klimaerwärmung erwarten würde [19]:

Wie belastbar sind nun die Voraussagen des IPCC? Innerhalb der internationalen Klimaforschung werden sie fast einhellig für zuverlässig und bislang nicht widerlegt eingeschätzt. Die Regierungen nahezu aller Staaten der UNO akzeptieren sie als Grundlage der UN-Klimakonferenzen; selbst die Regierungen der Staaten, die wie die USA oder China und Indien, nicht zu Verpflichtungen für den Klimaschutz bereit sind, bestreiten nicht die Zuverlässigkeit der wissenschaftlichen Arbeit des IPCC, sie führen andere Argumente ins Feld: Die USA wollen ihrer durch die Finanzkrise stark in Mitleidenschaft gezogenen Wirtschaft keine weiteren Belastungen aufbürden und die aufstrebenden Wirtschaftsgroßmächte China und Indien, ebenso auch andere Entwicklungsländer, verweisen auf die Verantwortung der Industrieländer, die für den bisherigen Anstieg des CO_2 überwiegend verantwortlich sind. Sie wehren sich gegen eine Veränderung der Spielregeln bei ihrem Eintritt in die Industrialisierung.

Von einzelnen Personen und bestimmten Interessengruppen, meist allerdings keine Klima-Fachwissenschaftler, sondern Angehörige bestenfalls verwandter Disziplinen, werden aber immer wieder Einwände gegen die Ergebnisse des IPCC erhoben. Die wichtigsten Gegenargumente und die *Antworten der Klimaforscher* [20] sind:

- »Seit Jahren wird das Klima nicht mehr wärmer«:
  Es gibt auch zurzeit keine Pause in der Erwärmung. Die Periode 2001–2009 war um 0,43 °C wärmer als der Mittelwert 1961–1990 und um 0,19 °C wärmer als die Dekade 1991–2000. Das global wärmste Jahr war zwar 1998, aber die letzten Jahre mit Ausnahme 1996 zählten alle zu den 15 wärmsten Jahren seit 1961. Ein gleichmäßiger Anstieg ist nicht zu erwarten.
- »Der CO_2-Gehalt der Atmosphäre war in früheren Erdzeitaltern höher«:
  Es hat viele Warmphasen in der Erdgeschichte gegeben, die nicht vom Menschen ausgelöst waren. Die Kohlendioxidgehalte der Atmosphäre sind Teile des großen Kohlenstoffkreislaufs der Erde. Sie sind kurzzeitig deutlich größer als das, was der Mensch durch Verbrennung fossiler Brennstoffe hinzufügt, aber die natürlichen Vorgänge heben sich im Laufe der Zeit wieder auf.
- »Schwankungen der Sonnenaktivität haben eine stärkere Wirkung auf das Klima als der Mensch«:
  Einflüsse der Sonne können die Erderwärmung nur zu etwa 18 % erklären; etwa 0,2 °C Temperaturanstieg in diesem Jahrhundert könnte durch solare Einflüsse bewirkt werden.

Im Jahr 2012 erschien ein Buch [21], in dem eine Art kleiner Eiszeit vorhergesagt wird, weil sich überlagernde Zyklen der Sonne in den nächsten 50 Jahren zu einer geringeren Sonneneinstrahlung auf die Erde führen würden. Dazu ist die Antwort auf die dritte Frage von vielen Klimaforschern wiederholt und bekräftigt worden. Auch wenn also die Theorie dieser Veröffentlichung nicht richtig ist, ihre Schlussfolgerung, dass man sich mit der Energiewende mehr Zeit lassen könne, stimmt, wie wir sehen werden, trotzdem – ein schönes Beispiel dafür, dass man auch mit falschen Argumenten zu richtigen Schlussfolgerungen kommen kann.

Ein gewisses Unbehagen bleibt dennoch gerade angesichts der großen Geschlossenheit der Argumentation des IPCC und der Gemeinschaft der Klimaforscher. Denn für die Wissenschaft liegt in der jetzt so engen Verbindung mit der Politik eine Gefahr: Der Motor des Fortschritts in der Wissenschaft ist der Zweifel, die stete Frage, ob man die Natur wirklich richtig interpretiert, ob man alle wichtigen Faktoren berücksichtigt und seine Modelle wirklichkeitsnah entwickelt hat. Wenn sich aber die Politik erst einmal ein Thema wie den Klimaschutz zu eigen gemacht hat, in Deutschland auf allen Ebenen, beginnend mit der Energie- und Umweltpolitik aller Bundesregierungen seit 20 Jahren und hinab bis zu eigenen Klimaschutzprogrammen der Kommunen, wenn Programme von Parteien und Karriereplanungen von Politikern das Thema Klimaschutz ins Zentrum gerückt haben, dann ist für Zweifel kein Raum mehr. Müssten heute auch nur einige der IPCC-Aussagen aufgrund neuer Erkenntnisse relativiert werden, wäre ein tiefgreifender Vertrauensverlust in die Wissenschaft die Folge, der lange Zeit nicht wieder gutzumachen wäre. Aber grundsätzlich müssen in der Wissenschaft Korrekturen der Ergebnisse bei weiter voranschreitender Forschung möglich sein. Deshalb lösen die Beteuerungen und Durchhalteparolen mancher Protagonisten der Klimaforschung, insbesondere des neuen Zweigs der Klimafolgenforschung, ebenso Unbehagen aus, wie ein durchgesickerter Versuch, die Reihen der IPCC-Forscher fest zu schließen und abweichende Aussagen zu unterdrücken, der als »*Klimagate*« für kurze Zeit in die Schlagzeilen gelangte. Aber solche Probleme sind wohl eher die Ausnahme. So weist das am IPCC beteiligte Max-Planck-Institut für Meteorologie offen auf mögliche Ursachen von Unsicherheiten der IPCC-Modelle hin [16, S. 48]: natürlich bedingte Klimaschwankungen, die die vom Menschen verursachten überlagern könnten, oder von den Modellen nicht oder nicht ausreichend erfasste, z. B. biogeochemische Prozesse, die zur Klimaentwicklung beitragen können. Auch das noch verhältnismäßig grobe Gittermodell mit 200 km Abständen könne eine Quelle der Unsicherheit sein, vor allem für die in der Zukunft immer wichtiger werdende Erfassung regionaler Veränderungen.

Die Szenarien des IPCC sind Theorien. Die wissenschaftliche Klärung für die Belastbarkeit einer Theorie kann nur ein Experiment liefern, und das hat begonnen, wie eine nähere Betrachtung der Klimapolitik in der Welt zeigen wird.

2.2.4 Die UNO-Klimakonferenzen

Wir stolzen Menschenkinder
Sind eitel arme Sünder
Und wissen gar nicht viel.
Wir spinnen Luftgespinste
Und suchen viele Künste
Und kommen weiter von dem Ziel.

(Matthias Claudius)

Die rasche internationale Reaktion auf den ersten IPCC-Bericht berechtigte zu der Hoffnung, dass die internationale Staatengemeinschaft dem neu erkannten Problem entschlossen begegnen würde. Bereits 1992 wurde in Rio de Janeiro die *Klimarahmenkonvention* verabschiedet, die das Ziel, einen gefährlichen Eingriff des Menschen in das Klimasystem zu verhindern, völkerrechtlich verbindlich festlegte. Gemäß dem Vorsorgeprinzip sollten auch bei noch nicht endgültig geklärter wissenschaftlicher Bewertung des Klimawandels konkrete Klimaschutzmaßnahmen in ergänzenden Protokollen beschlossen werden, wobei die Industrieländer, die für den bisherigen Anstieg der Treibhausgaskonzentration in der Atmosphäre verantwortlich waren, vorangehen sollten.

Genau das geschah 1997 mit dem Protokoll von Kyoto, das auf den zweiten IPCC-Bericht folgte. Zum ersten und bisher einzigen Mal gelang es dort, eine völkerrechtliche Vereinbarung zu verabschieden, die als Protokoll zur Klimarahmenkonvention verfasst, von 193 Staaten ratifiziert wurde. Das *Kyoto-Protokoll* sah für die Industrieländer gestaffelte Ziele für die Minderung der CO_2-Emissionen vor, die als Mittelwert der Jahre 2008–2012 bezogen auf die Emissionen im Jahr 1990 formuliert wurden. Die EU und die Schweiz verpflichteten sich zu Einsparungen von −8 %, Japan und Kanada zu −6 %. Australien sicherte sich noch ein Wachstum von +8 %. Innerhalb der EU wurden die Beiträge stark differenziert, so erhielt Spanien noch ein Wachstum von +15 % zugesprochen, die höchste Einsparung übernahm Deutschland, zunächst mit −25 %, die später auf −21 % abgeschwächt wurde. Diese Selbstverpflichtung der Industrieländer blieb jedoch unvollständig, weil die USA, damals das Land mit den höchsten Emissionen an Treibhausgasen, dem Abkommen fernblieben.

Das Kyoto-Protokoll gilt als erster großer Erfolg der internationalen Staatengemeinschaft für den Klimaschutz; das mag politisch berech-

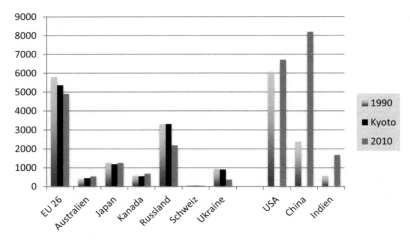

Abb. 2.10 (links) Emissionen 1990, »erlaubte« Emissionen nach Abzug der Verpflichtungen für 2008/2012 nach dem Kyoto-Protokoll und tatsächliche Emissionen 2010 in Mrd. t CO_2 für die teilnehmenden Länder; (rechts) Entwicklung in den nicht beteiligten großen Ländern USA, China und Indien.[2]

tigt sein, weil es immerhin ein Einstieg in konkrete völkerrechtlich verbindliche Einsparziele war. Mit dem *Emissionshandel* hat das Kyoto-Protokoll tatsächlich ein sinnvolles Instrument für den Klimaschutz eingeführt. Aber die konkrete Bilanz des Abkommens, die jetzt zum Ende der Verpflichtungsperiode sichtbar wird, fällt bei näherer Analyse enttäuschend schwach aus.

Abbildung 2.10 zeigt für die Länder bzw. Regionen der entwickelten Welt die Emissionen des Referenzjahrs 1990, im Vergleich dazu die entsprechend den eingegangenen Verpflichtungen in 2010 noch erlaubten Emissionen und schließlich die tatsächlichen Emissionen des Jahres 2010 in absoluten Zahlen. Man sieht, dass Russland mehr eingespart hat als die gesamte Europäische Union, dass aber alle Einsparungen zusammen haushoch von der Zunahme der Emissionen Chinas, Indiens und der USA übertroffen werden.

Dagegen sind in Abb. 2.11 unabhängig von der absoluten Höhe der Emissionen die prozentualen Verpflichtungen der einzelnen Länder nach dem Kyoto-Protokoll und die bis 2010 tatsächlich eingetretene Entwicklung gegenübergestellt.

2) unfcc.int.di/DetayledByParty.do, (15.04.2013)

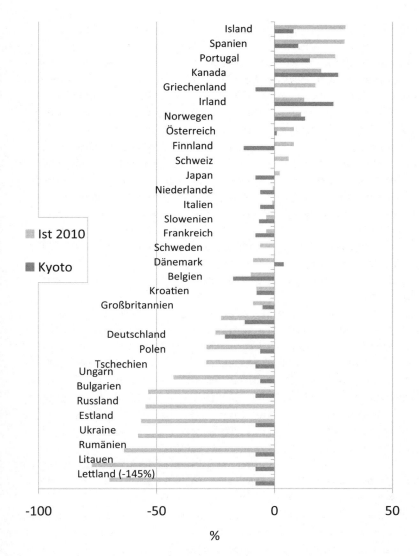

Abb. 2.11 Verpflichtungen nach dem Kyoto-Protokoll bezogen auf 1990 und bis 2010 tatsächlich eingetretene Veränderungen der CO_2-Emissionen in % [22].

Die Daten der UNO-Organisation zur Überwachung der Klimarahmenkonvention (United Nations Framework Convention on Climate Change, UNFCCC) für 2010, die Abb. 2.11 zugrunde liegen, sind noch keine endgültige Bilanz des Kyoto-Protokolls, denn dafür muss erst noch der Mittelwert der Jahre 2008–2012 vorliegen. Aber in den meisten Ländern dürften die Abweichungen dieses Mittelwerts von den *UNFCCC-Daten 2010*, also in der zeitlichen Mitte dieser Periode, gering ausfallen; nur in Japan müsste sich die Wiederinbetriebnahme alter Öl- und Kohlekraftwerke zum Ersatz der Leistung der abgeschalteten Kernkraftwerke nach dem Reaktorunglück von Fukushima zusätzlich negativ auf die ohnehin schon schlechte Emissionsbilanz auswirken. Die Daten berücksichtigen auch die Emissionsbilanz außerhalb des Energiesektors, also die Veränderungen der Landnutzung und der Waldwirtschaft, die im Slang der Klimakonferenzen *LULUCF* (Land Use, Land Use Change and Forestry) genannt werden. Nur durch die rechnerische Bewertung von LULUCF-Effekten, z. B. Waldanbau als Senke für CO_2, ist es möglich, dass einige Länder, wie etwa Lettland, mit einer Einsparung von mehr als 100 % aufgelistet werden.

Gemessen an den filigran abgestuften Einsparverpflichtungen um entweder –8 %, –6 % oder –5 %, an den vielen Fällen, in denen die beteiligten Länder keine Verpflichtungen übernahmen, und an den seltenen Ausnahmen, in denen sich Australien, Island, Griechenland, Portugal und Spanien noch ein zusätzliches Wachstum der Treibhausgasemissionen zubilligen ließen, ist die Wirklichkeit von wesentlich dramatischeren Veränderungen geprägt. Auch auf den zweiten Blick ist es nicht möglich, irgendeinen Zusammenhang zwischen Verpflichtung und Ergebnis zu entdecken.

Insgesamt haben die Industriestaaten zwar deutlich mehr Emissionen eingespart, als sie in Kyoto versprochen hatten, doch hat das mit den eingegangenen Verpflichtungen so gut wie nichts zu tun. Alle Einsparungen über 25 %, der gesamte untere Bereich der Abb. 2.11, sind eine Folge des Zusammenbruchs der sozialistischen Regime nach 1989, der zunächst von einem Stillstand der vielen unrentablen Betriebe begleitet wurde. Später wurde die marode Energieinfrastruktur durch moderne, effektive Technologien ersetzt. Beide Effekte haben den CO_2-Austoß drastisch verringert, was durch die Wahl des Startjahrs 1990 die erste Verpflichtungsperiode des Kyoto-Protokolls verfälscht. Die Klimapolitik schmückt sich mit fremden Federn, wenn sie, gestützt auf diese Daten, das Kyoto-Protokoll als erfolgreiches Vorbild für künftige Abkommen feiert. Denn fraglos wären diese Emissionsminderungen im ehemaligen Ostblock auch ohne das Abkommen von Kyoto eingetreten. Umgekehrt hätte das Kyoto-Protokoll ohne diese »Wall-Fall-Profits« sein Ziel weit verfehlt. Auch Deutschland verdankt mindestens die Hälfte seiner stolz präsentierten Einsparung von gut 25 % der Wiedervereinigung [23]. Es hätte ohne sie sowohl das ursprüngliche Einsparziel von 25 % wie das zweite, vorsichtshalber auf 21 % reduzierte Ziel klar verfehlt (Abschnitt 6.3.1).

Aber wir wären in guter Gesellschaft gewesen: Japan, Australien, die Schweiz und Kanada, alles Länder, von denen man große Vertragstreue erwarten durfte, haben ihre Verpflichtungen weit verfehlt; Kanada, das statt einer versprochenen Einsparung von −8 % mit einer Emissionszunahme von über 17 % keine gute Figur machte, hat das Abkommen 2011 sogar gekündigt. Innerhalb Europas hat sich Österreich einen ähnlichen Ausrutscher geleistet, aber auch Italien, Spanien, die Niederlande und Luxemburg haben wesentlich mehr CO_2 emittiert, als sie versprochen haben. Dies wurde vor allem von Frankreich kompensiert, das wegen seiner bereits nahezu klimaneutralen Stromversorgung zwar keine Verpflichtung übernommen, dennoch aber −6 % eingespart hat. Nur wenige Länder, die nicht direkt vom Wall-Fall-Profit zehren konnten, haben ihre Verpflichtungen eingehalten (Belgien) oder sogar übertroffen (Großbritannien, Kroatien, Frankreich und Schweden), wobei allerdings nicht klar ist, ob das nun Ergebnis einer zielgerichteten Energiepolitik oder bloß Zufall war. In allen übrigen Ländern weicht das Ist-Ergebnis im Plus wie im Minus so weit vom Sollwert ab, dass man daraus schließen muss, dass andere Entwicklungen maßgeblicher waren als das Kyoto-Protokoll.

Was geschieht nun mit den vielen »Sündern«, die ihre Einsparzusagen nicht erreicht haben? Zunächst nichts, denn das Kyoto-Protokoll sieht keine finanziellen Sanktionen vor, schon weil es keine supranationale Behörde gibt, die sie einfordern könnte, und es keine Machtmittel gibt, derartige Forderungen durchzusetzen. Stattdessen soll bei einem Folgeabkommen eine Art Ablasszahlung fällig werden in Form einer Erhöhung der normalerweise auf diese Länder entfallenden Einsparquoten. Das war wohl keine gute Idee, wie sich jetzt herausstellt. Denn diese Sanktionen kann man vermeiden, wenn es nicht zu einem Nachfolgeabkommen zum Kyoto-Protokoll kommt. Ist es Zufall, dass Kanada das Abkommen gekündigt hat und Japan eine Nachfolgeregelung ablehnt? Jedenfalls liegt die Latte für ein Nachfolgeabkommen durch diese Sanktionsregelung höher als nötig.

Eine Lösung für das Problem der Sanktionen bei einem künftigen Abkommen gibt es immer noch nicht. In der Klimakonferenz in Doha Ende 2012 wurden Handelsbeschränkungen oder Zollerhöhungen als Sanktionen vorgeschlagen, die jedoch an rechtlichen und technischen Problemen kranken. Das bedeutet, dass es 20 Jahre nach der Klimarahmenkonvention noch immer keine Lösung für eine Mindestanforderung an jedes künftige Klima-Protokoll gibt. Denn ein Vertrag, in dem die Partner ihre Verpflichtungen verletzen können, ohne dadurch Nachteile befürchten zu müssen, ist das Papier nicht wert, auf dem er geschrieben wurde. Länder, die große Teile ihres Bruttoinlandsprodukts für den Klimaschutz einsetzen, müssen sich darauf verlassen können, dass ihre Konkurrenten auf den Weltmärkten entsprechende Verpflichtungen auch wirklich einhalten. Nach den Erfahrungen mit dem Kyoto-Protokoll ist das aber alles andere als selbstverständlich. Man stelle sich vor, die Staaten der Welt wären plötzlich doch bereit, ein neues Klimaabkommen zu beschließen: Es käme nicht zustande, weil die wichtige Voraussetzung der Entwicklung eines Sanktionsmodells noch immer ungelöst ist.

Unglücklich ist auch, dass ausgerechnet die besonders sparsamen Staaten, wie Russland, die Ukraine und Polen, um nur die größten zu nennen, jetzt über den *Emissionshandel* »bestraft« werden. Denn sie sitzen nun auf überschüssigen Mengen an Emissionsrechten, die zurzeit niedrig bewertet und nur restriktiv gehandelt werden. Aus diesem Grund lehnt Polen eine Nachfolgeregelung ab, weshalb beim Klimagipfel in Doha keine einheitliche Position der Europäischen Union zustande kam.

Bei dieser Lage ist es ein makabrer Trost, dass die misslungenen Regelungen des Kyoto-Protokolls ohnehin nur »peanuts« waren im Vergleich zum Wachstum der Emissionen in China, USA und Indien. In den 15 Jahren seit Abschluss des Kyoto-Protokolls sind die jährlichen weltweiten Emissionen von CO_2 aus dem Energiesektor von fast 25 auf nahezu 35 Mrd. t gestiegen (Abb. 2.12). Insgesamt gelangten zusätzliche 500 Mrd. t CO_2 in die Atmosphäre. Dadurch ist die CO_2-Konzentration von 365 auf 395 ppm gestiegen und die angestrebte Obergrenze von 450 ppm bedenklich näher gekommen. Selbst wenn man die »Wall-Fall-Profits« mitrechnet, wäre die Treibhausgaskonzentration ohne das Kyoto-Abkommen nur um 1–2 ppm höher

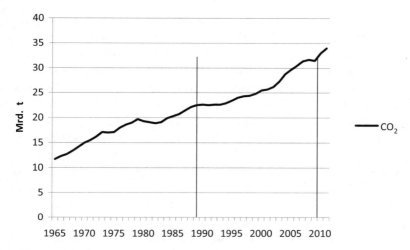

Abb. 2.12 Weltweite Emissionen von CO_2 aus dem Energiesektor in Mrd. t [22].

ausgefallen, tatsächlich aber hat »Kyoto« der Atmosphäre nicht ein einziges ppm erspart.

Zusammenfassend betrachtet haben die am Kyoto-Protokoll teilnehmenden Staaten ihre eingegangenen Verpflichtungen mit wenigen Ausnahmen nicht erfüllt, meist sogar grob verfehlt, müssen dafür aber keine konkreten Konsequenzen befürchten. Ein Vorbild für künftige Klimaschutzabkommen kann das Kyoto-Protokoll damit nicht sein.

Nebenbei ist der Anteil Europas an den CO_2-Emissionen von 25 % in 1990 durch die Reduktionsmaßnahmen, hauptsächlich aber durch die Zunahme der Emissionen im Rest der Welt bis 2011 auf 14 % gesunken, mit dem Ergebnis, dass jetzt die einzige noch zu Einsparungen bereite Region der Welt noch weniger zum Klimaproblem beiträgt und bei dessen Lösung keine große Rolle mehr spielen kann. Deutschlands Beitrag liegt nun bei knapp 3 %.

Mit dem Herannahen des Endes der Verpflichtungsperiode des Kyoto-Protokolls 2012 begann ab 2005 eine geradezu hektische Serie von UNO-Klimakonferenzen, in denen die 189 Vertragsstaaten und zahlreiche Nichtregierungsorganisationen jeweils mit bis zu 10 000 Teilnehmern vertreten waren: Nach vorbereitenden Konferenzen in Montreal (2005), Nairobi (2006), Bali (2007) und Posen (2008) schei-

Folgen für das Klima auf der Erde

2009 in Kopenhagen der Versuch, ein Anschlussprotokoll zu ~~~baren. In dem Bemühen, den Misserfolg der Konferenz nicht deutlich werden zu lassen, verständigte man sich nach dra~~~schen Nachtsitzungen auf das Ziel, die Erderwärmung auf 2 °C zu begrenzen, freilich ohne irgendwelche konkreten Schritte dazu zu vereinbaren. Nach der folgenlosen Konferenz von Cancun (2010) wurde 2011 in Durban das Thema für fast 10 Jahre vertagt: In einer Konferenz im Jahr 2015 soll eine neue Übereinkunft beschlossen werden, die ab 2020 in Kraft treten könnte. In dieser Zeit werden wiederum rund 400 Mrd. t CO_2 in die Atmosphäre gelangen und die CO_2-Konzentration sehr nahe an den eigentlich beschlossenen Maximalwert von 450 ppm treiben. Insgesamt haben die Beschlüsse der vielen Klimakonferenzen noch nicht einmal die von den Tausenden von Teilnehmern bei An- und Abreise verursachten CO_2-Emissionen aufgewogen.

Die Aussichten auf eine zweite Verpflichtungsperiode sind gering. Weder die USA noch China und die anderen Schwellenländer lassen die geringste Bereitschaft zu Zugeständnissen erkennen. Ob 2015 wirklich etwas beschlossen wird, ob dies dann 2020 auch tatsächlich umgesetzt wird, und ob schließlich eventuelle Einsparverpflichtungen besser eingehalten werden als im Kyoto-Protokoll, ist mehr als unsicher. Damit bieten die Bemühungen der Völkergemeinschaft um den Klimaschutz 20 Jahre nach der Klimarahmenkonvention ein deprimierendes Bild.

Die Bereitschaft zum vorbeugenden Handeln, die die Klimarahmenkonvention von 1992 prägt, scheint abhanden gekommen zu sein. Vielleicht muss es erst zu fühlbaren Konsequenzen kommen, damit die großen Länder, die heute nicht zu einem Abkommen bereit sind, zu ihrem eigenen Vorteil Klimaschutzmaßnahmen einleiten.

2.3 Mögliche Maßnahmen des Klimaschutzes

Die beste Maßnahme für den Klimaschutz ist eine effektivere Nutzung der verfügbaren Energie. Denn wenn man die gleiche Dienstleistung mit weniger Energie erbringen kann, dann werden nicht nur die wertvolle Ressourcen geschont, sondern auch Einflüsse auf das Klima gemindert. International gibt es große Unterschiede in der Effektivität des Umgangs mit Energie (Abschnitt 5.4). Hier liegen große

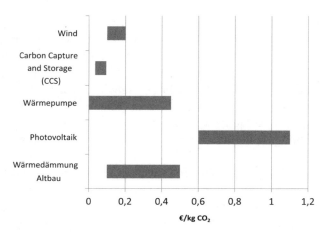

Abb. 2.13 Spezifische Mehrkosten von Technologien zur CO_2-Minderung in €/kg CO_2 [24].

Potenziale für Ressourcen- und Klimaschutz, die jedoch leider nicht leicht zu erschließen sind, da effizienzsteigernde Maßnahmen meistens mit einem hohen und nur sehr langfristig zu amortisierenden Investitionsaufwand verbunden sind.

In Deutschland wird, allein wegen des relativ hohen Niveaus der Energiepreise, schon lange ein sehr rationeller Umgang mit Energie gepflegt. Auch hier sind noch weitere Steigerungen möglich, aber auch nur mit hohem Aufwand zu haben. Ein Vergleich der Kosten der CO_2-Minderung durch verschiedene Maßnahmen (Abb. 2.13) zeigt, dass es hier große Unterschiede gibt, und dass insbesondere die beliebte Photovoltaik eine verhältnismäßig unwirtschaftliche Klimaschutztechnologie ist. Selbst die relativ teure energetische Sanierung von Altbauten, die oft im engeren Sinne nicht wirtschaftlich ist, schneidet noch besser ab. »Carbon Capture and Storage« (*CCS*), die Abtrennung und Entsorgung des in fossil beheizten Kraftwerken und anderen Industrieanlagen erzeugten CO_2, hat dagegen wirtschaftlich durchaus Chancen, der Kohle noch eine Rolle in einer nahezu klimaneutralen Stromerzeugung zu sichern (Abschnitt 3.1.4).

Zur Erleichterung der Finanzierung für derartige Klimaschutzmaßnahmen wurde im Kyoto-Protokoll das Instrument der *Emissionszertifikate* eingeführt. Die Europäische Union hat dieses System 2005 implementiert, um damit überhaupt ein Instrument zu entwickeln, mit dem sie ihre Zusagen im Rahmen des Kyoto-Protokolls einhalten kann. Bis dahin hatten die Staaten praktisch keinen Einfluss auf die Kohlenstoffbilanz, denn die Entscheidung, welche Energieträger für ein Kraftwerk oder eine Industrieanlage eingesetzt werden, fällte allein der Betreiber. In Deutschland besteht bei Genehmigungsverfahren nach dem Bundes-Immissionsschutzgesetz (*BImSchG*), mit dem z. B. Kohle- und Gaskraftwerke zugelassen werden, ein Rechtsanspruch auf Genehmigung (§6), wenn alle Verordnungen eingehalten werden.

Die *Emissionszertifikate* für CO_2 sind zwar wie alle Regelungen der EU ziemlich kompliziert und bürokratisch, es handelt sich aber durchaus um ein marktwirtschaftliches Instrument, das CO_2-Emissionen begrenzt, die verbleibenden Emissionsmengen aber den Regelungen des Marktes überlässt. Grundsätzlich werden so viele Anrechtsscheine ausgegeben, wie insgesamt CO_2 emittiert werden darf. Diese Emissionsrechte wurden anfangs kostenlos verteilt; seit 2013 werden sie versteigert. Unternehmen können dann untereinander mit diesen Emissionsrechten handeln; so kann sich ein Energieversorgungsunternehmen, das z. B. ein Kohlekraftwerk bauen möchte, für das seine verfügbaren Emissionsrechte nicht ausreichen, die fehlenden Rechte von anderen Unternehmen kaufen, die ihre Rechte nicht ausschöpfen wollen. In der 2013 beginnenden dritten Phase des *EU-Emissionshandels* wird die Gesamtemissionsmenge weiter reduziert, ein Zeichen dafür, dass die EU einseitig so handelt, als ob das Kyoto-Protokoll, das 2012 ausgelaufen ist, eine Verlängerung erfahren hätte: eine schöne Geste, aber angesichts der weltweit geringen Bedeutung der Emissionen der EU letztlich ein fragwürdiges Opfer.

Der Emissionsrechtehandel innerhalb der EU erfährt eine sinnvolle Ergänzung durch den sogenannten »*Clean Development Mechanism*«, der es erlaubt, Emissionsminderungen in anderen Teilen der Welt anzurechnen. Dieser Gedanke folgt der globalen Dimension der Klimabeeinflussung. In Entwicklungsländern kann oftmals mit dem gleichen Investitionsaufwand eine sehr viel höhere Einsparung von Treibhausgasen als in den hochentwickelten Industrieländern erzielt werden. So kann ein Energieversorgungsunternehmen, das z. B. in Thailand ein altes Kohlekraftwerk durch eine wesentlich effizientere moderne Anlage ersetzt, die dort eingesparten Emissionsrechte für den Einsatz fossiler Brennstoffe in den eigenen Kraftwerken verwenden.

Der wichtigste Faktor für die wirtschaftlichen Belastungen durch Klimaschutzmaßnahmen aber ist die Zeit. Die IEA hat vorgerechnet, dass die Einhaltung des Ziels, die Klimaerwärmung auf 2 °C zu begrenzen, immer teurer wird, je später die Gegenmaßnahmen eingeleitet werden. Pro 1 $ unterlassene Klimaschutzinvestitionen vor 2020 müssten nach 2020 4,3 $ ausgegeben werden, um die inzwischen erhöhten Emissionen zu kompensieren [6, S. 205]. Hier geht es nicht nur um den Effekt, dass man durch Weiterfahren in der falschen Richtung den Rückweg verlängert. Vielmehr müssten bei einem Einlenken ja nach und nach fossile Energieträger wieder durch andere abgelöst werden, die gerade erst errichteten konventionellen Anlagen würden also zu Fehlinvestitionen.

2.4 Die wahrscheinliche Entwicklung der Weltenergieversorgung

Welches der drei Szenarien der IEA: »Kontinuität«, »neue Politik« und »Klimaschutz« wird nun der künftigen Entwicklung nahe kommen? Welche Chancen hat das anspruchsvollste Szenario »Klimaschutz«, tatsächlich zur Grundlage der Weltenergiepolitik zu werden? Da nach den Vertagungsbeschlüssen der Klimakonferenzen das »Klimaschutz«szenario bis 2020 nicht zum Zuge kommt, wird der Anstieg der CO_2-Konzentration zwischen dem Maximum des Szenarios »Kontinuität« und dem Minimum des Szenarios »Neue Politik« liegen (Abb. 2.14), und deren Mittelwert liegt um 2020 bereits fast auf dem Niveau von 450 ppm, der im Szenario »Klimaschutz« nicht überschritten werden soll. Schon 2012 schöpften laut IEA [6, S. 230] die weltweit bestehenden Anlagen 80 % der maximal zulässigen Emissionen im »Klimaschutz«szenario aus.

Wenn der bisherige Zubau von fossil befeuerten Kraftwerken fortgesetzt wird, wird es im Jahr 2020 bereits alle Anlagen geben, die jemals in Betrieb gehen dürfen, bevor sie wieder durch klimaneutrale ersetzt werden. Ist es vorstellbar, dass die Klimakonferenz 2015 ein verbindliches Abkommen erzielt, nach dem ab 2020 nur noch eine strenge Null-Emissionspolitik gilt, dass also kein einziges weiteres Kohlekraftwerk in der Welt errichtet, kein einziges zusätzliches Automobil zugelassen werden darf? Da dies völlig illusorisch wäre, muss man schlicht feststellen, dass eine Begrenzung der Erwärmung

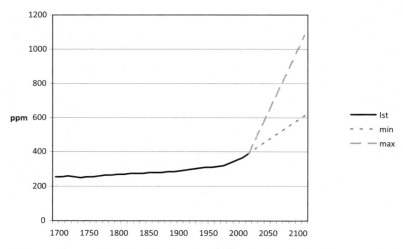

Abb. 2.14 Anstieg der CO_2-Konzentration in der Erdatmosphäre bis 2010 und nach den IEA-Szenarien »Kontinuität« und »Neue Politik« in ppm.

auf 2 °C praktisch nicht mehr möglich ist. In ihrem World Energy Outlook 2012 propagiert die IEA deshalb als letzten Versuch eine Effizienzoffensive, um damit das Fenster für das 2 °C-Ziel noch etwas länger offen zu halten [25].

Doch auch die IEA erwartet nicht, dass es 2015 zu einem wirksamen Klimaschutzabkommen kommt [6, S. 209], da die Hauptemittenten China und die USA, keine Bereitschaft dazu erkennen lassen. Ohne die USA als größtem Emittenten von Treibhausgasen aus dem Kreis der »alten« Industrieländer werden auch die aufstrebenden Schwellenländer nicht zu Einschränkungen bereit sein. Im amerikanischen Präsidentschaftswahlkampf 2012 hat die Klimaerwärmung keine Rolle gespielt. Die Erschließung neuer Erdgas-Ressourcen durch »Fracking« (Abschnitt 3.3.1) wandelt die USA nicht nur vom Importeur zum Exporteur von Erdgas, sie bringt auch eine Re-Industrialisierung mit sich und erspart den USA auch die bisherige Schlusslicht-Funktion im Klimaschutz. Denn die Verdrängung der Kohle in der Stromerzeugung durch preiswerteres Erdgas führt nun dazu, dass die USA in den letzten Jahren mehr CO_2 einsparten als die Europäische Union. Dies lässt sich gut als Beitrag zum Klimaschutz darstellen, auch wenn die Folge dieses neuen Erdgas-Booms langfristig eine Verlängerung des Zeitalters der fossilen Energien zu

Lasten des Klimaschutzes darstellt. Selbst im Kreis der bisher am Kyoto-Protokoll beteiligten Länder hat eine Erosion begonnen: Kanada, Japan und Polen lehnen eine Beteiligung an einer Nachfolgeregelung ab und Russland und die Ukraine stellen besondere Bedingungen. Eine Einigung in 2015 für ein neues Abkommen in 2020 rückt in immer größere Ferne.

Auch in der Energiewirtschaft wird nicht mehr ernsthaft eine Einigung in der Klimapolitik erwartet. Das spiegelt sich im Preisverfall der Emissionszertifikate, die von 20 € pro Tonne Kohlendioxid im Jahr 2011 auf nur noch 4 € Anfang 2013 entwertet wurden.

Die weitere Entwicklung des Weltenergieverbrauchs wird deshalb wohl zwischen den Szenarien »Kontinuität« und »Neue Politik« verlaufen. Doch auch das Szenario »Neue Politik« ist noch zu optimistisch, da die Erfahrung dagegen spricht, dass Regierungen alle proklamierten Ziele erreichen. Andererseits könnte die Finanzkrise doch einer ungebremsten »Kontinuität« im Wege stehen. Das mit diesem Mittelweg verbundene weitere Wachstum des Weltenergieverbrauchs wird zu fast 80 % von fossilen Energien gedeckt werden. Das liegt daran, dass viele Länder aus wirtschaftlichen Gründen nicht auf erneuerbare Energien setzen und der Ausbau der Kernenergie nach dem Reaktorunfall von Fukushima zumindest für einige Jahre reduziert werden dürfte. In dem für das Klima günstigsten Falle kann der Anteil der Kernenergie konstant bleiben, was bereits einen erheblichen Zubau und Ersatz älterer Anlagen einschließen würde; an eine weitere Verdrängung fossiler Energiequellen durch die Kernenergie ist nicht zu denken. Auch andere Prognosen aus der Mineralölindustrie, wie z. B. von BP [26], kommen zu Werten um 80 % für den Anteil der fossilen Energiequellen, wobei BP bereits für 2030 einen Weltenergieverbrauch von über 16 Mrd. t Öläquivalent erwartet, wie die IEA erst für 2035. Bildet man diese Prognosen auf die Szenarien des IPCC ab, so ergibt sich, dass die Welt Kurs auf eine mittlere Erderwärmung von mindestens 3,7 °C nimmt. Daran können spätere Entscheidungen für Klimaschutzmaßnahmen kaum noch etwas ändern.

Das Großexperiment zur Überprüfung der Szenarien des IPCC hat de facto begonnen. Damit ist das wichtigste Motiv für die deutsche Energiewende praktisch unerreichbar geworden. Deutschland kann mit seinem Anteil von knapp 3 % an den weltweiten CO_2-Emissionen beim besten Willen keinen stabilisierenden Einfluss auf das Weltklima ausüben. Hohe wirtschaftliche Opfer, wie sie durch Abwanderung der Industrie wegen zu hoher Energiepreise drohen, wären sinnlos, denn die dadurch in Deutschland eingesparten Emissionen würden dann aus anderen Ländern kommen, in die die Produktion verlagert würde, wahrscheinlich unter ungünstigeren Bedingungen für den Klimaschutz. Dies gilt auch für die Europäische Union, die mit ihrem Anteil von 14 % an den weltweiten Emissionen, der mit dem weiteren Wachstum in den Nicht-IEA-Ländern noch weiter abnehmen wird, die globale Entwicklung auch nicht aufhalten kann. Auch die Idee, mit gutem Beispiel voranzugehen, trägt nicht weiter, wenn die wichtigsten Länder nicht folgen wollen.

Um Missverständnissen vorzubeugen, muss betont werden, dass auch das »Klimaschutzszenario« mit einer Begrenzung der CO_2-Konzentration auf 450 ppm, das inzwischen unerreichbar erscheint, eine Klimaerwärmung um 2–2,5 °C zur Folge hat. Damit läge die bodennahe Durchschnittstemperatur der Atmosphäre 4–4,5 °C über dem allgemeinen Mittelwert und über dem Maximum der letzten Million Jahre. Die in Abschnitt 2.2.3 geschilderten Folgen werden damit in gewissem Umfang eintreten. Ob auf der Ebene von 450 ppm die Erwärmung gestoppt werden kann, ist unsicher; immerhin liegt auch dieser Wert hoch über der Konzentration in der vorindustriellen Phase (280 ppm). Außerdem werden in der politischen Diskussion die hohen Bandbreiten der IPCC-Voraussagen vernachlässigt. Die Berechnungen der Temperaturen im Jahr 2100 können in allen Szenarien um 0,75 °C nach oben und unten abweichen. Damit überschneiden sich die Bandbreiten der Vorhersagen für die Szenarien B1 und A1B, obwohl sich die Intensität der Klimaschutzmaßnahmen dramatisch unterscheidet. Angesichts der gewaltigen Herausforderungen der deutschen Energiewende (Abschnitt 6.5) muss gerade Deutschland ein besonderes Interesse an einer Verfeinerung der Klimamodelle haben, damit man die globalen Prognosen genauer berechnen und die regional sehr unterschiedlichen Konsequenzen besser vorhersagen kann. Denn man sollte so früh wie möglich damit beginnen, Wege der Anpassung an die im Prinzip unvermeidlichen, in der Höhe jetzt aber noch nicht ausreichend gut bezifferbaren Konsequenzen zu erkunden. Dazu ist noch mehr Klimaforschung, vor allem eine Verfeinerung der Gitterstruktur der globalen Rechenmodelle, aber auch eine Verstärkung der Arbeit an regionalen Klimamodellen erforderlich. Man kann auch hoffen, dass die Resultate dieser

Arbeiten zu einer weltweit wachsenden Einsicht in die Notwendigkeit von Gegenmaßnahmen führen. Statt hartnäckig an dem inzwischen praktisch nicht mehr erreichbaren »Klimaschutzszenario« festzuhalten, sollte man große Anstrengungen unternehmen, die Entscheidungsgrundlagen zu verbessern und beginnen, sich auf die Bewältigung der Folgen der Klimaveränderung vorzubereiten. Denn, um mit den Gebrüdern Grimm zu sprechen, leider sind sie vorbei, »die alten Zeiten, wo das Wünschen noch geholfen hat.«

Exkurs 2 Energie für Wasser ... Wasser für Energie

Während wir beim Energieverbrauch schon etwas kostenbewusst geworden sind, gehen wir mit Süßwasser ziemlich verschwenderisch um. Wir benutzen Trinkwasser für die Spülung von Toiletten und verbrauchen sehr viel Wasser für die Produktion von Nahrungsmitteln und Industriegütern. Alle Produkte tragen einen großen virtuellen »Rucksack« von Wasser, das zu ihrer Erzeugung benötigt wurde: Der Wasserverbrauch beträgt z. B. für die Produktion eines Autos insgesamt um 100 m³, für 1 kg Rindfleisch 16 000 l und für ein T-Shirt ebenso wie für 1 kg Weizen etwas mehr als 1000 l.[3]

In vielen Regionen der Erde ist deshalb bereits jetzt das Süßwasser knapp geworden. Längst beschränkt sich die Menschheit auch beim Wasser nicht mehr auf die erneuerbaren Ressourcen, die uns der natürliche, von der Sonne angetriebene Wasserkreislauf aus Verdunstung, Regen und Neubildung von Gewässern zur Verfügung stellt. Vor allem in Nordafrika werden jetzt auch fossile Wasservorkommen genutzt, die vor Tausenden von Jahren entstanden sind und sich nicht erneuern.

In den nächsten Jahrzehnten wird die Notwendigkeit, immer mehr Trinkwasser aus Meerwasser oder Abwasser zu gewinnen [27] zusätzlichen Energiebedarf verursachen. 2010 waren bereits fast 15 000 Meerwasserentsalzungsanlagen in Betrieb, die zusammen 68 Mio. m³ Frischwasser produzierten.[4] Der größere Teil davon wird noch immer mit thermischen Verfahren erzeugt, die wie die häufig verwendete mehrstufige Entspannungsverdampfung (Multi-stage flash distillati-

---

3) http://de.wikipedia.org/wiki/Virtuelles_Wasser, (08.02.2013).
4) http://en.wikipedia.org/wiki/Desalination, (08.02.2013).

on[5]) einen hohen Energieverbrauch um 25 kWh/m³ aufweisen. Unter den modernen Verfahren wird vor allem die Umgekehrte Osmose[6] verwendet, bei der Meerwasser mit hohem Druck durch eine Membran gepresst wird, die Salze, aber auch Bakterien und Viren zurückhält. Dieses Verfahren begnügt sich mit ca. 3,5 kWh/m³, die Kosten liegen bei 0,5–1 $/m³. Alle Verfahren erzeugen ein zu reines Wasser, dem wieder Minerale zugeführt werden müssen, damit es als Trinkwasser geeignet ist und die Rohrleitungen nicht korrodiert.

Die Meerwasserentsalzung kann natürlich nur für küstennahe Regionen angewandt werden. Die schwierigere Aufbereitung von Abwasser, auf die küstenferne Standorte angewiesen sind, steht noch am Anfang.

Abb. 2.15 Meerwasserentsalzungsanlage in Oman.

Die meisten Meerwasserentsalzungsanlagen werden in den Öl-Ländern des Nahen Ostens betrieben (Abb. 2.15). Besonders angespannt war die Situation in Israel, wo das Problem des Zugangs zu Süßwasser längst akut geworden war, aber von anderen Konflikten überdeckt wurde. Im früheren Palästina, wo bis zur Mitte des letzten Jahrhun-

---

5) http://en.wikipedia.org/wiki/Multi-stage_flash_distillation, (08.02.2013).
6) http://en.wikipedia.org/wiki/Reverse_osmosis, (13.02.2012).

derts nur 2 Mio. Menschen lebten, müssen jetzt über 6 Mio. Israelis und mehr als 4 Mio. Palästinenser, aber auch Land- und Forstwirtschaft mit Wasser versorgt werden. Die natürlichen Möglichkeiten sind ausgeschöpft; der Fluss Jordan, der Abfluss des Sees Genezareth, erreicht nur noch als kümmerliches Rinnsal das Tote Meer, dessen Wasserspiegel in den letzten 40 Jahren um 30 m gefallen ist. Israel hat in Zeiten besonderer Knappheit bereits Süßwasser in Tankern aus der Türkei importiert. Gegenwärtig sind in Israel jedoch mehrere Meerwasserentsalzungsanlagen im Betrieb und im Bau, die die Versorgungslage so verbessern, dass Israel zum Export von Wasser in seine Nachbarländer befähigt wird.

...Wasser für Energie

Aber auch der Energiesektor benötigt Wasser, er beansprucht zurzeit etwa 15 % des verfügbaren Wassers: Bei der Gewinnung unkonventioneller Reserven von Öl und Gas wird Wasser benötigt, unter Umständen werden auch Süßwasservorkommen kontaminiert. Der rasch

Abb. 2.16 Kühlturm des Kohlekraftwerks Rostock.

wachsende Anbau von Biomasse kommt oft nicht ohne Bewässerung aus und verursacht weiteren Bedarf für Aufbereitung und Prozesstechnik; auch können Wasserreserven durch Pestizide und Dünger kontaminiert werden. Hinzu kommt der Bedarf an Kühlwasser für alle thermischen Kraftwerke (Abb. 2.16), der aber nicht unbedingt mit Süßwasser gedeckt werden muss. Vor allem wegen des Bedarfs des Biomasseanbaus erwartet die IEA, dass der Wasserbedarf des Energiesektors doppelt so schnell wachsen wird, wie der Energiebedarf selbst [12, S. 501 ff.].

3
Perspektiven der konventionellen Energiequellen, weltweit und in Deutschland

Welche Perspektiven haben die großen, bisher die Hauptlast der Versorgung tragenden Energiequellen in der Welt und in Deutschland, wie steht es mit der Balance von »Segen und Fluch« dieser Energien und welche neuen Chancen kann die Forschung für sie eröffnen?

3.1 Kohle

Die *Kohle* entstand aus pflanzlichem Material unter Luftabschluss, Wärme und Druck vor rund 300 Millionen Jahren. In dieser Zeit sind die komplexen Kohlenwasserstoffe, aus denen die eingelagerte Biomasse bestand, nach und nach zerfallen, und die flüchtigen, wasserstoffhaltigen Produkte, etwa Methan, aus den Lagerstätten weitgehend entwichen. Übrig geblieben sind einfache Kohlenwasserstoffverbindungen, die hauptsächlich Kohlenstoff, Wasserstoff, Stickstoff, Schwefel und Sauerstoff enthalten; nur zu 10 % besteht Kohle aus reinem Kohlenstoff. Durch verschiedene Beimengungen, die auch von der Art der Sedimentierung abhängen, entsteht bei der Verbrennung Asche.

3.1.1 Segen und Fluch

Gesegnet ist die Erde mit großen *Vorkommen an Stein- und Braunkohle*. Diese sind mit rund 18 Billionen t[1] so groß, dass selbst bei den gegenwärtigen Wachstumsraten des Kohlebedarfs noch lange keine

---

1) www.deutsche-rohstoffagentur.de/DE/Gemeinsames/Produkte/Downloads/DERA_Rohstoffinformationen/rohstoffinformationen-15.pdf?__blob=publicationFile&v=6, (11.02.2013).

Abb. 3.1 Braunkohlekraftwerk Eschweiler bei Aachen.

Annäherung an die Grenzen dieser Ressource in Sicht kommt, die beim 150-Fachen des heutigen Verbrauchs liegen [6, S. 402]. Diese Vorräte sind über die ganze Welt verteilt, Kohle findet man reichlich auf allen Kontinenten; die Reserven liegen zu 43 % in Asien, zu 28 % in Nordamerika und zu 17 % in Osteuropa. Infolgedessen gibt es keine Gefahr von politischen oder ökonomischen Abhängigkeiten von bestimmten Regionen und keine großen Schwankungen des Kohlepreises. Steinkohle hat einen hohen Brennwert (30 MJ/kg oder selbstverständlich 1 kg SKE/kg) und kann wegen der hohen Energiedichte auch verhältnismäßig kostengünstig über große Entfernungen transportiert werden. Und das geschieht auch: Die Importkohle in Deutschland kommt zu fast gleichen Teilen hauptsächlich aus Russland, Kolumbien, Polen und Südafrika. Roh-Braunkohle hat nur ein Drittel des Wertes der Steinkohle;[2] sie wird deshalb überwiegend in unmittelbarer Nähe zu den Tagebauen »verstromt« (Abb. 3.1).

Bei der Kohlegewinnung beginnt dann aber der »Fluch« zu wirken. In Kanada, den USA und in Südafrika wird Steinkohle im Tagebau gewonnen, wobei oft die Landschaft nachhaltig verändert wird. In Deutschland wird Braunkohle im Tagebau im Rheinischen (Köln-Aachener), im Mitteldeutschen und im Lausitzer Revier gewonnen. Hier müssen für alle Einwohner neue Dörfer entstehen, Straßen und Schienen weichen und Flüsse neue Betten erhalten, damit die gigantischen Bagger ungehindert schürfen können. Wenn der Tagebau vor-

---

2) http://de.wikipedia.org/wiki/Heizwert, (26.02.2013).

Abb. 3.2 Braunkohletagebau im Köln-Aachener Revier, im Vordergrund wieder abgelagerter Abraum, dahinter zwei Braunkohlebagger.

beigezogen ist, entsteht Jahrzehnte danach eine neue Landschaft mit zuvor nicht vorhandenen Seen, die das Volumen der ausgebaggerten Braunkohle kompensieren. Aber es dauert lange, bis die neuen Dörfer und Landschaften den Charakter des Künstlichen verlieren und die Menschen sich in der umgekrempelten Umgebung (Abb. 3.2) wieder zu Hause fühlen. Übrigens schürfen die Bagger meist mehr Sand als Braunkohle; noch größere Mengen an Wasser müssen aus den Tagebauen abgepumpt werden, was sich beides negativ auf die Energiebilanz der Braunkohle auswirkt.

Steinkohle kann in vielen Teilen der Welt, auch in Deutschland, nur unterirdisch in Bergwerken abgebaut werden. Damit sind vielfältige Risiken, Gefahren und Gesundheitsschäden verbunden. Im Gegensatz zu den meisten anderen bergmännischen Gewinnungsverfahren (Erze, Salz) wird beim Abbau von Kohle Methan freigesetzt, das die Bergleute als Grubengas bezeichnen. Durchmischt mit der Luft im Bergwerk hat es oft zu Explosionen geführt, die viele Bergleute das Leben gekostet haben. In Kohlebergwerken muss man deshalb besondere Vorkehrungen gegen das Grubengas treffen; so müssen alle elektrischen Anlagen gegen elektrische Funken gekapselt sein. Der Aufschluss einer Tiefbaulagerstätte erfolgt über Schächte oder Rampen. Von dort aus werden »Strecken aufgefahren«, also Gänge in den Berg getrieben, die zu den Kohleflözen führen. Zwischen zwei Strecken wird dann das Kohleflöz abgebaut, früher von »Hauern«, die die Kohle mit Hacken aus dem Berg holten; heute erledigen das im Langfrontabbau Walzenschrämlader (Abb. 3.3). Damit sie die Kohle gewinnen können, wird der »Streb«, die Verbindung zwischen den Strecken, offen gehalten, früher durch Holzstempel, senkrecht stehende dicke Baumstämme, die mit der Zeit vom »Gebirge« über ihnen zermalmt wurden, heute durch »Schilde«, hydraulische Ausbaueinheiten, die mit dem Abbau voranschreiten. Wenige Meter hinter ihnen schließt sich das Gebirge, jedenfalls unter den geologischen Bedingungen in Deutschland, ein wahrhaft bedrückender Anblick. Diese Absenkung setzt sich innerhalb weniger Jahre bis an die Erdoberfläche fort, die im Ruhrgebiet stellenweise bis zu 24 m tiefer liegt als vor dem Beginn des Bergbaus. Insbesondere an den Abbaukanten, wo der Abbaubetrieb wegen veränderter geologischer Bedingungen gestoppt werden musste, entstehen überirdisch Schäden an Bauwerken und Infrastruktur. Seen wie beim Braunkohletagebau bilden sich nur deshalb nicht, weil die Flüsse umgeleitet werden – so ist die Mündung der Emscher in den Rhein zweimal nach Norden verlegt worden – und weil im gesamten Gebiet der Grundwasserspiegel durch Pumpen abgesenkt wird. Diese Folgeschäden des Steinkohlebergbaus werden treffend als »Ewigkeitskosten« bezeichnet.[3]

Aufgrund der Arbeitsbedingungen unter Tage zählen die Arbeitsplätze allgemein zu den gefährlichsten und ungesundesten. Unter den beengten Verhältnissen laufen Transportbänder mit hoher Geschwindigkeit, um die großen Mengen an Gestein und Kohle abzutransportieren. Die Transportbänder werden aber auch von den Bergleuten selbst als Transportmittel genutzt. Die Unfallrate im deutschen Steinkohlenbergbau war lange sehr hoch; so verunglückten 1954 insgesamt 540 Bergleute tödlich.[4] Über dieses Thema wurde nicht gerne gesprochen; auch die Presse berichtete nur über Fälle, in denen viele Bergleute auf einmal zu Tode gekommen sind. Es gab jedoch große

3) www.lwl.org/LWL/Kultur/Westfalen_Regional/Wirtschaft/Bergbau/Bergsenkungen, (15.03.2013).
4) www.zeit.de/1955/32/der-boese-berg-von-dahlbusch, (27.03.2013).

Abb. 3.3 Walzenschrämlader, darüber der Schildausbau.

Anstrengungen, die Unfallrate zu vermindern. Dank der Sicherheitsmaßnahmen sank die Todesrate in den achtziger Jahren unter hundert pro Jahr; 1989 starben bei Unfällen noch 35 Bergleute.[5] Heute, in dem nun auslaufenden Kohlebergbau, gibt es nur noch einige Todesfälle pro Jahr. Die Unfallquote liegt inzwischen bei weniger als der Hälfte des Durchschnitts der gesamten gewerblichen Wirtschaft in Deutschland.[6]

3.1.2 Kohlekraftwerke

In einem *Kohlekraftwerk* wird die Kohle in einem Kessel verbrannt, in dem sich ein Dampferzeuger befindet. In ihm entsteht in einem Standardkraftwerk Dampf mit 550 °C und einem Druck um 275 bar, der auf die Turbine geleitet und dort auf ca. 50 °C abgekühlt, entspannt und wieder zu Wasser kondensiert wird. Bei einer solchen

---

5) www.dsk.de/medien/pdf/T-1135069566.pdf, (12.02.2013).
6) www.gvst.de/site/steinkohle/Unfallrueckgang_im_Steinkohlenbergbau.htm, (12.02.2013).

Temperaturdifferenz ergibt sich schließlich unter Berücksichtigung des Eigenbedarfs des Kraftwerks ein Wirkungsgrad von 36–38 %. Einen großen Aufwand verursacht in einem Kohlekraftwerk der Umweltschutz, der auch für einen beachtlichen Teil des Eigenbedarfs verantwortlich ist: Filter halten den größten Teil des Staubs zurück, der früher die ganze Region in ein einheitliches Grau einfärbte, was man bis kurz nach der Wiedervereinigung in der DDR noch erfahren konnte. Das aus Verunreinigungen der Kohle entstandene Schwefeldioxid wird von einer Entschwefelungsanlage aus dem Rauchgas abgetrennt und zu Gips umgewandelt. Die bei der Verbrennung bei hohen Temperaturen aus der Luft entstehenden Stickoxide werden katalytisch abgetrennt. Ein Kohlekraftwerk emittiert aber unvermeidlich gesundheitsschädliche Feinstäube, die auch Schwermetalle und polycyclische Kohlenwasserstoffe enthalten sowie etwa doppelt so viel Radioaktivität wie ein gleich großes Kernkraftwerk. Ein Kohlekraftwerk verursacht erhebliche Massenströme. Ein typisches Kraftwerk mit 500 Megawatt elektrischer Leistung (MWe) verschlingt alle 20 s eine Tonne Kohle.

Das Streben nach höherer Wirtschaftlichkeit und geringeren CO_2-Emissionen pro Kilowattstunde hat zu großen Anstrengungen zur Steigerung des Wirkungsgrades für *moderne Kohlekraftwerke* geführt; die deutsche Anlagentechnik ist in dieser Beziehung führend. Dafür gibt es mehrere Ansatzpunkte. Zunächst war erstaunlich viel durch eine Optimierung des Anlagenkonzeptes zu erreichen, um den Eigenbedarf der Anlage zu senken. Schon 1990 wurde auf diese Weise in einem am Main errichteten Kohlekraftwerksblock der Wirkungsgrad auf 45 % gesteigert; die Anlage konnte sogar auf einen Schornstein verzichten, die Entschwefelungs- und Entstickungsanlagen wurden in den Kühlturm verlegt (Abb. 3.4).

Solche Optimierungen entfalten ihre Wirkung aber nur, wenn das Kraftwerk bei seiner Nennleistung betrieben wird. Muss es wegen der vorrangigen Einspeisung von erneuerbarer Energie ständig seine Leistung ändern, gehen diese Errungenschaften teilweise verloren und die CO_2-Bilanz verschlechtert sich.

Die andere Möglichkeit zur Wirkungsgradsteigerung ist die Erhöhung der Dampftemperatur, die aber nicht einfach zu erreichen ist. Denn bei den dann vorliegenden Drucken und Temperaturen wird der Dampf überkritisch und verursacht erhebliche Korrosionsprobleme an den dann bereits rotglühenden Turbinenschaufeln. Mit der

Abb. 3.4 Kraftwerk Großkrotzenburg am Main: Der helle Kühlturm dient als Schornstein für den modernen Block V.

Zeit ist es der *Materialforschung* gelungen, wesentlich resistentere Legierungen für Turbinenschaufeln zu entwickeln, die teilweise auf seltene Rohstoffe angewiesen sind [28]. Schließlich kann man den Gesamtwirkungsgrad der Anlage auch durch Nutzung von Wärme erhöhen (»*Kraft-Wärme-Kopplung*«), was aber von den Absatzmöglichkeiten der Wärme am Standort abhängig ist. In Deutschland erreichen heute gebaute Kohlekraftwerke im Normalbetrieb ohne Wärmeauskopplung einen Wirkungsgrad von 45 %. Leider ist das international nicht der Standard. Der internationale Durchschnitt lag 2004 bei mageren 31 %, während damals der Durchschnitt in Deutschland schon 38 % erreichte [29].

3.1.3 Internationale Perspektiven der Kohle

Kohle ist nach dem Mineralöl die zweitwichtigste Primärenergiequelle der Welt und mit einem Anteil von 40 % die bedeutendste für die Stromversorgung [6, S. 354]. Sie ist dabei sogar weiter auf dem Vormarsch, denn in den letzten zehn Jahren hat die Kohle fast die Hälfte, also einen noch etwas höheren Prozentsatz des Wachstums des Energiebedarfs gedeckt. Im Gegensatz zu dem eigentlich erforderlichen Rückgang im Interesse des Klimaschutzes hat die Kohle damit das Wettrennen der letzten zehn Jahre gewonnen. 2009 wurden ungefähr 65 % der 4,7 Mrd. t weltweit geförderter Kohle in Kraftwerken zur Stromerzeugung eingesetzt, aber die Kohle wird auch zu 29 % für industrielle Prozesse und noch immer zu 4 % für die Heizung von Wohnungen genutzt, nur 0,5 % wurden 2009 zu flüssigen Brennstoffen weiterverarbeitet [6, S. 358].

Die Ursachen für den Hunger nach Kohle liegen in Asien. China hat allein 80 % des Zuwachses des Kohlebedarfs in den letzten zehn Jahren verursacht und dabei seinen Verbrauch mehr als verdoppelt. Die Gründe für den anhaltenden Erfolg der Kohle liegen in ihrer guten Verfügbarkeit in vielen Ländern der Erde und in den relativ stabilen Weltmarktpreisen. Für die rasant wachsende Stromerzeugung in Ländern wie China gibt es kaum Alternativen, weil der alleinige Ausbau komplexer Technologien wie der Kernenergie oder der weniger effizienten erneuerbaren Energien einfach zu langsam wäre. In China wurden *Kohlekraftwerke* quasi am Fließband in standardisierter Größe von 500 MWe und über lange Zeit leider mit einem schlechten Wirkungsgrad von 30 % errichtet. 2006 wurde im Mittel jeden zweiten Tag ein solches Kraftwerk in Betrieb genommen. Inzwischen werden auch in China modernere Anlagen mit höheren Wirkungsgraden um 40 % errichtet.

Für die Zukunft erwartet die IEA ein Anhalten dieses Trends; danach wird der Kohleverbrauch bis 2035 um 25–65 % anwachsen. Auch dieses Wachstum geht fast ausschließlich von China, Indien und Russland aus, während der Kohlebedarf der westlichen Welt bis 2020 stagniert und bis 2035 sogar leicht zurückgehen wird [6, S. 381].

3.1.4 Perspektiven der Kohle in Deutschland

Deutschland verdankt seinen Aufstieg unter die führenden Industrieländer der Erde seinen Steinkohlevorkommen an Ruhr und Saar. Hier entstand die Schwerindustrie, die wichtigste Industriebranche des ausgehenden 19. und eines großen Teils des 20. Jahrhunderts. Lange galten der Kohle in Deutschland deshalb hohe Sympathiewerte, auch dann noch, als die abbauwürdigen Kohlevorkommen bereits erschöpft waren. Die Kohleflöze im Ruhrgebiet erstrecken sich zwar weit nach Norden ins Münsterland, tauchen dabei aber in immer größere Tiefen ab und werden auch »geringmächtiger«, also dünner. Der

Bergbau musste der Lagerstätte folgen, mit vielen Kilometern untertägigen Strecken und schwierigeren wirtschaftlichen Rahmenbedingungen.

Als Ergebnis hätte man in einer Statistik über wirtschaftlich gewinnbare Kohlevorkommen in Deutschland spätestens ab den siebziger Jahren des vergangenen Jahrhunderts ehrlicherweise eine Null schreiben müssen. Stattdessen hielt man den Kohlebergbau an Ruhr und Saar mit Subventionen künstlich am Leben. Die direkten Finanzhilfen stiegen bis 1986 stetig auf 5 Mrd. € pro Jahr an, blieben dann bis 2000 oberhalb dieser Zahl und nehmen bis 2018 linear ab [30]. Insgesamt sind etwa 170 Mrd. € an direkten Finanzhilfen für die Steinkohle geflossen, ergänzt noch um Steuervorteile und andere Vorrechte. Stets kostete die Förderung deutscher Kohle etwa das Dreifache des Preises, den man frei für Importkohle zahlen musste. Die wesentlichen Argumente für die massive Förderung waren die Erhaltung der Arbeitsplätze und die Erhaltung einer heimischen Energiequelle, obwohl die Importabhängigkeit bei Kohle anders als beim Mineralöl keine Sorgen verursachte. Letztlich war es wohl die Angst vor einem Strukturwandel in den einstigen Industriezentren Deutschlands, die dafür gesorgt hat, dass die Förderung von Steinkohle in Deutschland erst im Jahr 2018 auslaufen wird. Allerdings rächt sich nun die künstliche Verzögerung dieses Wandels, denn die modernen Industrien sind längst vor allem im Süden Deutschlands zu Hause, der nicht durch industrielle Traditionen geprägt war, und Ruhr- und Saargebiet müssen um neue Existenzgrundlagen kämpfen.

Erst auf dem Hintergrund dieser deutschen Affinität zur Kohle kann man die Bedeutung des Meinungsumschwungs ermessen, der sich in den letzten Jahren ereignet hat. Ausgelöst durch die Klimadebatte betrachten die Deutschen heute Kohlekraftwerke als »Dinosauriertechnologie«. Nach einer Umfrage im Februar 2010 erwarteten die Deutschen für die künftige Energieversorgung am meisten von der Sonnenenergie, immerhin noch 28 % nannten die Kernenergie, aber nur noch 10 % glaubten an die Kohle [31]. Schließlich kam es sogar so weit, dass 2007 in einem Plebiszit in der früheren Bergbaugemeinde Ensdorf im Saarland das dort geplante Kohlekraftwerk mehrheitlich abgelehnt wurde – noch wenige Jahre vorher ein unvorstellbarer Vorgang.

Was sind nun die Aussichten für die Steinkohle in Deutschland? Zurzeit sind *Kohlekraftwerke* mit ca. 30 Mio. kW (30 GWe) elektrischer

Leistung (GWe) in Betrieb, die jedoch 2011 wegen des Vorrangs der erneuerbaren Energien nur 112 Mrd. kWh (TWh) an elektrischer Energie erzeugten. Mit einer Gesamtkapazität von rund 3 GWe sind *Kohlekraftwerke im Bau*, nur wenige weitere sind in der Planung. Zu groß ist die Unsicherheit durch den Widerstand der Bevölkerung, aber auch angesichts des weiteren Ausbaus und des Vorrangs der erneuerbaren Energien, die keine zuverlässige Kalkulation der Wirtschaftlichkeit neuer konventioneller Kraftwerke zulassen.

Sehr widersprüchlich ist die Lage bei der Braunkohle. Sie ist nach wie vor die einzige in großem Umfang verfügbare wirtschaftliche Energiequelle in Deutschland, wichtig für die wirtschaftliche Prosperität der Regionen Rheinland, Lausitz und Mitteldeutschland. Die Gesamtleistung der *Braunkohlekraftwerke* betrug 2011 21,8 GWe, die mit der Erzeugung von 153 TWh elektrischer Energie die seit dem Moratorium im März 2011 dezimierten und durch die Kernbrennstoffsteuer (Abschnitt 6.4) verteuerten Kernkraftwerke auf den zweiten Platz verwiesen. Wegen der höheren Kosten folgt die sehr viel größere Flotte der Steinkohlekraftwerke auf dem dritten Rang. Andererseits ist die Braunkohle aber die ungünstigste Energiequelle für das Klima. Einen Ausweg aus diesem Dilemma könnten eventuell neue Technologien weisen.

3.1.5 Potenziale der Forschung

Die starke Stellung der Kohle in Deutschland hat sich immer auch in der Forschung gespiegelt. Viele Innovationen sind aus diesen Arbeiten hervorgegangen, darunter auch wichtige Anwendungen der Kohle als Rohstoff. Der Bergbau war stets um Fortschritte bemüht, um die Kohleförderung möglichst wirtschaftlich zu gestalten, auch im Interesse der Sicherheit unter Tage. Immer noch gilt die moderne Bergbautechnik als deutscher Exportschlager.

Die Erzeugung flüssiger oder gasförmiger Treibstoffe aus Kohle wurde auch zuerst in Deutschland entwickelt. Während des Zweiten Weltkrieges war die »*Fischer-Tropsch-Synthese*« die wichtigste Quelle der Treibstoffe für Automobile und Flugzeuge. Nach dem Krieg ließ das zunächst sehr billige Mineralöl diese Technologien in Vergessenheit geraten. Aber nach der ersten und verstärkt nach der zweiten Energiekrise 1979 schien die Zeit für deren Renaissance gekommen. Lange vor der Klimadebatte versprachen Gas und Benzin aus Kohle einen Beitrag zur Minderung der Importabhängigkeit, zumindest eine Preisbarriere gegen die Eskapaden der Ölförderländer. Freilich hatten diese Verfahren nur bei hohen Ölpreisen und nur auf der Basis von Importkohle eine Chance, in die Nähe der Wirtschaftlichkeit zu kommen. Zeitweise wurde sogar erwogen, die Kohle einfach unter Tage direkt zu Gas umzuwandeln. Alles was man dafür braucht, Kohle, Druck, Luftabschluss ist dort ja gegeben, aber das Vorhaben scheiterte bald an der Einsicht, dass der Prozess so weit unter der Erde nicht gesteuert werden kann und deshalb zu riskant ist. Auch Erfahrungen mit untertägigen Bränden, die nur sehr schwer gelöscht werden konnten, sprachen dagegen. Anfang der achtziger Jahre waren zahlreiche Versuchs- und Pilotanlagen für die Erzeugung flüssiger oder gasförmiger Brennstoffe aus Kohle, teilweise in internationaler Zusammenarbeit, in Planung oder bereits im Bau, bis 1986 die Rückkehr des Ölpreises zum niedrigen Stand vor 1973 allen diesen Vorhaben die wirtschaftliche Grundlage entzog. Heute wird nur in Südafrika der aus dem Fischer-Tropsch-Verfahren entwickelte *Sasol*-Prozess für die Versorgung des Landes mit Treibstoffen auf der Basis der dort besonders kostengünstigen Kohle eingesetzt. Die Klimaproblematik hat verhindert, dass die Ölpreissteigerungen der letzten Jahre den Gedanken an die Kohleveredelung wiederbelebt haben.

Die entscheidende Frage an die Forschung ist deshalb: Wie kann die Kohle mit ihren reichen Vorkommen auf der Welt auch in Zukunft, aber ohne Schaden für das Klima, eingesetzt werden? Da das Verbrennungsprodukt CO_2 unvermeidbar entsteht, muss es dazu eingefangen und entsorgt werden; nach dem englischen Ausdruck dafür wird das Verfahren »Carbon Capture and Storage« kurz *CCS* genannt. Das Hauptproblem ist, dass das CO_2 im Rauchgas eines normalen Kohlekraftwerks stark verdünnt ist, sein Anteil beträgt nur 15 %. Das liegt daran, dass unsere Luft nur 20 % Sauerstoff enthält, von dem ein Teil mit der Kohle reagiert, der Rest verlässt zusammen mit dem Stickstoff (78 %) und Edelgasen unverändert das Kraftwerk. Man muss also entweder die Verbrennung mit reinem Sauerstoff ablaufen lassen, so dass das Abgas aus reinem CO_2 besteht, oder das verdünnte CO_2 aus dem Rauchgas abtrennen. Beides ist technisch möglich, kostet aber viel Energie, im ersten Fall durch Trennung der Luftbestandteile zur Gewinnung von reinem Sauerstoff, was die Abkühlung der Luft auf $-190\,°C$ erfordert, oder im zweiten Fall durch Auswaschen des CO_2 aus dem Rauchgas. Anschließend muss das abgetrennte CO_2 unter Druck verflüssigt werden und über eine Pipeline über weite Entfernungen zum Standort einer Entsorgungsanlage für CO_2 gepumpt werden. Auch das kostet alles Energie. In der Entsorgungsanlage wird das CO_2 in tiefe salzhaltige Wasservorkommen eingeleitet, wo es gelöst und mit der Zeit in Kohlehydrate umgewandelt wird. Mit welchem Wirkungsgrad damit das CO_2 dauerhaft von der Atmosphäre ferngehalten wird, ist nicht genau zu sagen. Auch kann man das Risiko einer Freisetzung des unter Druck gespeicherten CO_2 nicht grundsätzlich ausschließen. Die Forschungsarbeiten zu CCS konzentrieren sich in Deutschland auf den Standort *Ketzin* in Brandenburg.

Ein großer Nachteil der CCS-Technik ist der hohe Energieverbrauch, der fast ein Drittel der Kraftwerksleistung beansprucht [32]. Die Einführung von CCS würde deshalb jahrzehntelange Bemühungen um die Steigerung des Wirkungsgrades eines Kohlekraftwerks kompensieren und diesen wieder auf Vorkriegswerte zurückwerfen. Aber das ist offenbar nicht das Hauptproblem von CCS, sondern die Standortfrage für das »Langzeitlager«, ein Begriff der – vergeblich – den Entsorgungscharakter der untertägigen Verpressung kaschieren sollte. In Deutschland hatte man sich für ein Pilotprojekt mit Abtrennung des CO_2 aus dem Rauchgas entschieden. Eine erste Versuchsanlage sollte in Ketzin errichtet werden. Doch sorgten die möglicherweise von einer künftigen Standortwahl betroffenen Länder für eine so unverbindliche Fassung des von der EU als Voraussetzung für eine Förderung verlangten Gesetzes, dass der Betreiber des Versuchsprojekts, der Energieversorger Vattenfall, das *Pilotprojekt* eingestellt hat und sich an Vorhaben in anderen Ländern beteiligt.

Man kann sich angesichts der Nachteile fragen, ob CCS wirklich eine Lösung des Problems ist, wie man Kohle klimaneutral verbrennen kann, aber einen Versuch wäre es allemal wert gewesen, um unter Bedingungen der Praxis die Vor- und Nachteile besser beurteilen und Wege zur Senkung des Energieverbrauchs des Verfahrens erkunden zu können. In einem so frühen Zustand ist in Deutschland noch nie eine Technologie wegen lokaler Bürgerproteste aufgegeben worden. In einigen anderen Ländern wird die Entwicklung weitergeführt. Aber die Fortschritte, über die die *IEA* in jährlichen *CCS-Reports* berichtet, sind noch gering.

Eine andere Möglichkeit, das abgetrennte CO_2 von der Atmosphäre fernzuhalten, wäre die Umstellung der Basis der organischen Chemie von Erdöl auf CO_2. Aus CO_2 könnte man Ameisensäure (COOH) herstellen, aus der dann, allerdings mit sehr viel höherem Energieaufwand, der aus erneuerbaren Energien oder Kernenergie gedeckt werden müsste, die ganze Palette der organischen Chemie entwickelt werden könnte [33]. So interessant diese Idee ist, sie findet ihre Grenze an den Größenordnungen: Da für die Chemie nur etwa 6 % des Öls als Rohstoff ausreichen, hätte die Umstellung der organischen Chemie auf die Basis CO_2 nur einen sehr begrenzten Einfluss auf die Treibhausgasemissionen.

3.2 Erdöl

... die Steinzeit ist auch nicht aus Mangel
an Steinen zu Ende gegangen ...

(Scheich Yamani, OPEC)

Erdöl ist das Produkt der Zersetzung von tierischem und pflanzlichem Meeresplankton unter Luftabschluss durch anaerobe Bakterien. Das anfangs zunächst fein verteilte Öl hat sich in geologischen Kavernen gesammelt, wo es teilweise unter so hohem Druck lagert, dass das Öl anfangs kräftig aus einer Bohrung herausschießt. Öl ist heute der bedeutendste Energieträger der Welt.

3.2.1 Segen und Fluch

Der Segen des Erdöls liegt letztlich in seiner flüssigen Konsistenz und seiner hohen Energiedichte (um 1,4 kg SKE/kg) [8, S. 68]. Erdöl lässt sich in *Raffinerien* in verschiedene Produkte aufspalten. Alle Produkte sind in Tanks einfach und drucklos zu lagern, sie lassen sich durch Pumpen in Rohrleitungen transportieren (mit Ausnahme des ganz schweren Schiffsdiesels, der dazu erwärmt werden muss) und erlauben so einen kontinuierlichen Betrieb von Motoren oder Heizungsanlagen. Ein Teil des Öls dient als Rohstoff in der organischen Chemie, vor allem bei der Herstellung von Kunststoffen. Zur Stromerzeugung wird Erdöl immer weniger eingesetzt; in Deutschland gibt es schon lange keine großen Ölkraftwerke mehr. Nur die Notstromanlagen werden mit Dieselöl betrieben, haben aber, da sie selten in Betrieb sind, keinen nennenswerten Einfluss auf den Bedarf.

Benzin, Dieselöl und Kerosin, die wichtigsten Raffinerieprodukte, sind die idealen Energiespeicher für mobile Anwendungen. Weder die Menge an Energie, die in einem Auto- oder Flugzeugtank gespeichert werden kann, noch die kurze Zeit, die für die Betankung ausreicht, sind von anderen Energieträgern auch nur annähernd zu erreichen.

Die Nachteile des Erdöls und seiner Folgeprodukte sind höchst unterschiedlicher Art. Die hohe Energiedichte ist per se ein Risikofaktor, vor allem im Verkehr mit seinen Unfallrisiken. Nach Unfällen explodieren Autos aber nur in amerikanischen Filmen; in der Wirklichkeit bildet sich nicht das dafür erforderliche Gas-Luft-Gemisch. Wenn Benzin aus einem beschädigten Tank austritt, kann es sich an heißen Autokomponenten entzünden. Bei modernen Fahrzeugen werden nach einem Unfall automatisch die Benzinpumpe gestoppt und Vorsorge gegen Kurzschlüsse getroffen. Aber auch wenn es zu einem Brand kommt, dauert es viele Minuten, bis er auf die Passagierzelle übergreift, so dass normalerweise ausreichend Zeit bleibt, das Fahrzeug zu verlassen. Bei Dieselmotoren ist die Brandgefahr wegen der höheren Entzündungstemperatur noch geringer.

Im Motor entstehen beim Verbrennungsprozess Abgase, die schädliche Stoffe enthalten, doch sind diese Emissionen in den letzten Jahrzehnten durch Fortschritte in der Verbrennungstechnik und dank Katalysator und Dieselrußfilter in ihrem Schadstoffpotenzial gemindert worden. Unvermeidlich ist dagegen der Beitrag des Öls zur Klimaveränderung, zumal im mobilen Bereich auch keine Chance für eine Rückhaltung und Entsorgung des CO_2 besteht.

Sehr große ökologische Risiken sind mit der Ölgewinnung unter der Oberfläche der Meere und beim Transport des Rohöls in Tankschiffen verbunden, nicht zuletzt auch mit den Treibstoffvorräten aller Schiffe. Fast regelmäßige Katastrophen belegen, dass dieses Risiko nicht ernst genug genommen wird. Öl in Schiffen könnte weitaus besser vor Havarien geschützt werden. Und die Katastrophe der Bohrinsel »*Deep Water Horizon*« (Abb. 3.5) hat deutlich gemacht, dass heute in größeren Meerestiefen eine Technologie zum Einsatz kommt, die bestenfalls im Normalbetrieb beherrscht wird und kaum Sicherheitsreserven hat.

Der gewichtigste Nachteil des Erdöls ist seine begrenzte Verfügbarkeit in wenigen Regionen der Welt [6, S. 121] und die daraus resultierenden Risiken für Versorgungssicherheit und Preis.

Abb. 3.5 Die Ölplattform »Deep Water Horizon« in Brand.

Die größten und besonders günstig zu fördernden Ölreserven liegen im Nahen Osten, einer Region, die sich gegenwärtig im Umbruch befindet (Abb. 3.6). 1973 und 1979 haben die in der Organisation erdölexportierender Länder (*OPEC*) zusammengeschlossenen Staaten bewusst eine Verknappung und Verteuerung des Erdöls herbeigeführt, um einen höheren Ölpreis durchzusetzen. Als die damalige Sowjetunion 1986 billiges Erdöl auf den Markt brachte, fiel der Ölpreis für 20 Jahre wieder auf das niedrige Niveau vor der ersten Energiekrise. Erst mit der Krise des Finanzsektors zog der Ölpreis seit 2004 wieder an und scheint sich jetzt auf dem Niveau von 80–100 $ pro Barrel zu halten. Damit sind die Chancen für technische Alternativen wieder gestiegen.

3.2.2 Internationale Perspektiven des Erdöls

Seit dem ersten Bericht des Club of Rome über »Die Grenzen des Wachstums« [34] besteht weithin das Bewusstsein, dass das Ende der Erdölreserven in Sicht sei. In der Fachwelt gibt es dafür den Begriff »Peak Oil«, der den Zeitpunkt kennzeichnet, an dem die Hälfte des

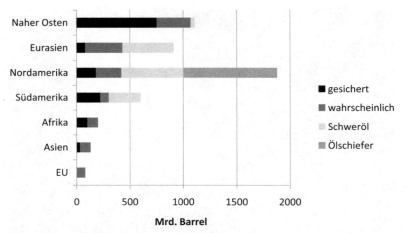

Abb. 3.6 Verteilung der Erdölvorräte der Welt in Mrd. Barrel [6, S. 121].

auf der Erde verfügbaren Erdöls aufgebraucht ist, wobei die zweite Hälfte bei dem heute viel höheren Konsum viel schneller aufgezehrt werden würde als die erste. Dabei wurden Zeiten von maximal 40 Jahren genannt. Heute, 40 Jahre nach dem Bericht des Club of Rome, ist das zwar nicht eingetreten, doch wird immer wieder das Gleiche prognostiziert. So unausweichlich die Erschöpfung der Ölreserven letztlich ist, so unsicher ist der Zeitpunkt, an dem der »Peak Oil« tatsächlich überschritten wird. Denn immer, wenn er näher zu kommen scheint, investieren die großen Ölkonzerne wieder in neue Explorationsmaßnahmen, durch die sie auch stets wieder neue Lagerstätten aufspüren. Begünstigt wird dieser Prozess durch einen hohen Ölpreis. Wenn es auch aussichtslos ist, dem Öl aus Saudi-Arabien Konkurrenz zu machen, das zu etwa 5 $ pro Barrel gefördert werden kann, so erlaubt ein Ölpreis bis zu 100 $ pro Barrel auch die Ausbeutung von wesentlich ungünstigeren Lagerstätten. Auch kann man bei einem höheren Ölpreis noch Technologien einsetzen, die die Ausbeute aus bestehenden Quellen verbessern. Der »Peak Oil« wird deshalb noch lange auf sich warten lassen. Eine spezielle Folge des hohen Ölpreises ist auch, dass die USA wieder von Ölimporten unabhängig werden, weil sich nun die Technologien des *Secondary Recovery* und der Förderung unkonventioneller Ölvorkommen (*Schieferöl*) auch in den USA selbst lohnen. Noch ist nicht abzusehen, wie sich diese Veränderung auf die empfindliche Balance zwischen den drei großen Ölexporteuren Saudi-Arabien, Iran und Irak auswirken wird, aber wahrscheinlich wird sich die Nachfrage nach Öl durch den Wegfall der USA als Importeur global nicht entspannen, weil in Asien zusätzlicher Bedarf an Importen entsteht. Europa kann dem Beispiel der USA mangels ausreichender eigener Ölvorkommen nicht folgen, bleibt damit weiter auf Ölimporte, auch aus dem Nahen Osten, angewiesen, wird nun aber seine Interessen dort selbst stärker vertreten müssen [35].

Wenn auch nicht aus Mangel an Ressourcen, das Erdöl wird seine Position als wichtigster Energieträger der Welt langsam einbüßen; selbst die Erdölindustrie rechnet damit, dass der Bedarf für Kohle und Erdgas stärker zunehmen wird und alle drei fossilen Energien um 2030 mit einem Anteil von jeweils 26–27 % gleichauf zur Weltenergieversorgung beitragen werden [26]. Der wichtigste Grund dafür ist die weltweite Abnahme der Ölintensität der Wirtschaft. Benötigten pro 1000 $ Bruttoinlandsprodukt 1985 China noch 1,1 Barrel, die USA 0,75 und der Rest der OECD nur 0,45 Barrel, so genügen derzeit in China 0,5, in den USA 0,45 und in der restlichen IEA 0,3 Barrel. Die IEA erwartet, dass sich international um 2035 ein Wert um 0,2 Barrel einstellen wird [6, S. 106].

3.2.3 Perspektiven des Erdöls in Deutschland

Die förderungswürdigen Ölvorräte Deutschlands sind sehr gering. Der Höhepunkt der deutschen Erdölförderung wurde bereits 1968 überschritten; heute tragen Ölquellen in Niedersachsen, Schleswig-Holstein und Rheinland-Pfalz (Abb. 3.7) noch zu 2,5–3 % zur Versorgung bei.

Die deutsche Energiepolitik hat heute drei Gründe für den alten Slogan »Weg vom Öl!«: die drohende Klimaveränderung, die starke Importabhängigkeit und den hohen Ölpreis. Aber es gibt nur wenige Möglichkeiten, das Erdöl zu ersetzen. Die geplante Einführung von mehr Elektrofahrzeugen wird kaum eine große Entlastung bringen (Abschnitt 5.4.4). Man könnte sich verstärkt bemühen, die Erdölprodukte auf den Einsatz im Verkehrssektor zu beschränken, wo sie am schwersten zu ersetzen sind. Keine grundsätzliche Alternative, aber doch eine deutliche Minderung des Bedarfs an Benzin und Diesel wäre der Übergang zu sparsameren Autos, und dafür gibt es durchaus eine Reihe von Angeboten der Automobilindustrie. Aber die Kunden

Abb. 3.7 Produzierende »Pferdekopfpumpe« in Landau/Pfalz.

im In- und Ausland kaufen diese Autos nur selten, gefragt sind weiter stattliche PS-Zahlen und hohe Endgeschwindigkeiten, obwohl die Verkehrsdichte es kaum zulässt, die Maximalgeschwindigkeit solcher Autos auch nur zu erproben.

Der Wunsch der deutschen Politik, etwas gegen die Abhängigkeit vom Öl und für den Klimaschutz zu tun, hat den Treibstoff E 10 geboren, ein Super-Benzin mit zehnprozentiger Beimengung von Bioethanol (Exkurs 4), dessen Markteinführung kein Erfolg beschieden war. Wie fragwürdig aus wissenschaftlicher Sicht die unterstellten Vorteile von Biotreibstoffen aus dem Anbau von »Energiepflanzen« sind, wird Abschnitt 4.2.4 zeigen.

Wichtig angesichts der andauernden Importabhängigkeit beim Erdöl ist eine ausreichende Vorratshaltung für Engpässe in der Belieferung, seien sie nun durch Kriege, interne Auseinandersetzungen in den großen Förderländern oder durch absichtliche Verknappungen bedingt. Im Rahmen der *IEA* wurde hierzu von allen Mitgliedsländern eine *strategische Ölreserve* aufgebaut, die 90 Tage den vollen Bedarf decken kann. Sie kann nur durch Beschluss des Bundesministers für Wirtschaft unter Mitwirkung der IEA und der EU in

Anspruch genommen werden. Einen zusätzlichen Puffer bilden die Ölmengen, die sich in den Lagern der Raffinerien und Tankstellen, auch in den noch bestehenden Heizöltanks befinden und die nicht unbeträchtlichen Mengen, die jederzeit auf den Weltmeeren unterwegs sind.

3.2.4 Potenziale der Forschung

Die Forschung richtet sich weltweit primär auf die Entwicklung von Alternativen zum Öl. In den großen Ölförderländern und seitens der großen Ölkonzerne gibt es aber Entwicklungsvorhaben für die Erschließung von Ölvorkommen unter immer größeren Meerestiefen und für die Nutzbarmachung von minderwertigen Ölvorkommen, wie z. B. *Ölschiefer*.

Ausgerechnet aus der Weiterentwicklung der Automotoren, die bisher Benzin oder Diesel so schwer ersetzbar machen, droht jetzt dem Erdöl eine Konkurrenz zu erwachsen. Denn die Bemühungen um eine noch effizientere Verbrennung im Motor verlangen nun nach Brennstoffen, die nicht mehr aus Rohöl gewonnen werden können, sondern als »Designer«-Brennstoffe auf die jeweilige Motorenauslegung zugeschnitten werden müssen. Als Quelle dieser Kraftstoffe kommen Erdgas und Biomasse in Frage, Biomasse allerdings nur, wenn sie ohne Konkurrenz zum Nahrungsmittelsektor und in Verfahren der zweiten Generation zu hochwertigen Produkten veredelt wird (Abschnitt 4.2.4).

3.3 Erdgas

Erdgas entstand ähnlich wie Erdöl aus pflanzlichem und tierischem Material, das durch Mikroorganismen zersetzt wurde; es stammt noch aus der Zeit, in der die Dinosaurier die Erde bevölkerten. Erdgas findet sich meist in größeren Tiefen als Erdöl. Es besteht hauptsächlich aus Methan (CH_4), kann aber auch andere Kohlenwasserstoffe wie Ethan, Butan, Propan und Pentan enthalten. Oft wird Erdgas von weiteren Gasen wie CO_2, Stickstoff und Schwefelwasserstoff begleitet; vor allem Letzterer muss als Verunreinigung abgetrennt werden [4, S. 69 ff.].

Der Zersetzungsprozess von organischem Material durch Mikroorganismen findet übrigens auch (und sehr viel schneller) im Verdauungsapparat von Wiederkäuern statt, die nicht unbeträchtliche Mengen von Methan ausscheiden, das siebenfach stärker als CO_2 zum Treibhauseffekt beiträgt. Der Bestand von Rindern zur Milch- und Fleischproduktion trägt in Deutschland immerhin knapp 2 % zu den Treibhausgasemissionen bei.[7]

Der Verbrauch von Erdgas hat sich nach der ersten Energiekrise 1973 rasch gesteigert und bis 2007 verdoppelt. Damit hat Erdgas entgegen den damaligen Erwartungen weitaus mehr als die Kernenergie die Abhängigkeit der Welt vom Mineralöl gedämpft. Heute ist Erdgas nach Öl und Kohle die drittwichtigste Energiequelle der Welt (siehe Abb. 2.1) mit großem Abstand vor den nachfolgenden Konkurrenten.

3.3.1 Segen und Fluch

Erdgas hat große Vorteile: Es hat einen hohen Energieinhalt (1,2 kg SKE/m^3) [8, S. 68] und ist nicht toxisch. Da es leichter ist als Luft, entweicht es bei Leckagen meist in die Atmosphäre und bildet selten explosionsfähige Gemische. Bei der Verbrennung entstehen nur CO_2 und Wasser, aber keine weiteren Schadstoffe, wenn man davon absieht, dass bei den hohen Temperaturen, welche die Erdgasverbrennung erlaubt, aus der Luft Stickoxide gebildet werden. Da das Molekül des Methans (CH_4), der mit Abstand wichtigsten Komponente des Erdgases, nur ein Kohlenstoff- aber vier Wasserstoffatome enthält, entstehen aus einem Methanmolekül neben einem CO_2-Molekül zwei Wassermoleküle (H_2O). Deshalb ist Erdgas weitaus weniger klimaschädlich als Kohle und Öl (Abb. 4.22).

Einen »Fluch« des Erdgases kann man darin sehen, dass es zwar bei der Verbrennung zur Minderung der Klimawirkung fossiler Energien beitragen kann, dass Methan selbst aber etwa siebenfach stärker den Treibhauseffekt anfeuert als CO_2. Bei der Förderung muss deshalb Leckagen vorgebeugt werden. Das gilt auch für die Förderung von Erdöl, da Erdgas häufig in Erdöl-Lagerstätten gelöst ist und bei der Förderung begleitend auftritt (»*associated gas*«). Früher hat man dieses Erdgas vor allem im Nahen Osten entweichen lassen oder ab-

---

[7] www.umweltbundesamt-daten-zur-umwelt.de/umweltdaten/public/theme.do?nodeIdent=3141, (26.02.2013).

Abb. 3.8 Flüssiggas-Tanker.

gefackelt, heute bemüht man sich, auch diese Vorkommen besser zu nutzen.

Erdgas ist in vielen Teilen der Welt zu finden, und seine Reserven übersteigen die des Erdöls deutlich. Der Transport des Erdgases erfolgt bequem und sicher in Pipelines; ab einer Entfernung von 3000 km wird auch der Schifftransport von verflüssigtem Erdgas (*Liquified Natural Gas, LNG*) wirtschaftlich (Abb. 3.8).

In den letzten Jahren hat sich die Situation der Erdgasressourcen durch neue Fördermethoden dramatisch verändert. Bis vor wenigen Jahren noch sah es so aus, als werde die Welt in eine besorgniserregende Abhängigkeit der drei Länder geraten, in denen mehr als die Hälfte der Weltressourcen konzentriert war: Russland, Iran und Katar [4, S. 72]. In den letzten Jahren hat man durch neue Metho-

Abb. 3.9 *Fracking*-Anlage in Texas.

den aber sogenannte unkonventionelle Erdgasreserven erschlossen, die auf der Welt sehr viel breiter verteilt sind als normales Erdgas. Während die Reichweite der heute gesicherten Ressourcen 40 Jahre beträgt und wahrscheinlich vorhandene Vorräte diesen Zeitraum auf mindestens 100 Jahre verlängern, kann die Förderung unkonventionellen Erdgases auch diese Reichweite nochmals verdoppeln [6, S. 162].

Die jetzt weltweit einsetzende Erschließung »unkonventioneller« Erdgasvorkommen hat ihre Schattenseiten. Denn dabei muss nach dem Niederbringen der Bohrungen das Gestein aufgebrochen und zerkleinert werden, damit das darin gespeicherte Erdgas gefördert werden kann. Dazu wird Wasser, vermischt mit Sand und Chemikalien, in die Lagerstätte gepresst. Dieses auch »*Fracking*« genannte Verfahren ist mit dem »Fluch« behaftet, dass die Beimengungen zu dem eingepressten Wasser das Grundwasser gefährden und andere Schäden verursachen können (Abb. 3.9). In den USA sind bisher größere Schäden ausgeblieben.

3.3.2 Erdgaskraftwerke

Erdgaskraftwerke arbeiten im Prinzip ähnlich wie Kohlekraftwerke, weisen aber geringere Umweltprobleme auf, weil das Gas bereits vor der Verbrennung von unerwünschten Verunreinigungen befreit werden kann. So kann auf eine Entschwefelung verzichtet werden, nicht aber auf die Entfernung der Stickoxide, die bei der Verbrennung aus dem Luftstickstoff gebildet werden. Besonders hohe Wirkungsgrade bis zu 60 % erreichen Erdgaskraftwerke, wenn vor der Dampfturbine eine oder mehrere Gasturbinen direkt von den bis zu 1600 °C heißen Verbrennungsgasen angetrieben werden, die nicht so korrosiv sind wie überkritisches Wasser. Diese Gasturbine kann direkt einen Generator antreiben oder aber mit der Welle einer Dampfturbine gekoppelt sein. Die am Ende der Gasturbine austretenden, noch 650 °C heißen Gase erzeugen dann in einem Wärmetauscher normalen Dampf für die konventionelle Turbine. Gas- und Dampfturbinen- (»*GuD*«) Kraftwerke, aber auch konventionelle Gaskraftwerke ohne Gasturbine sind besonders geeignet für die Spitzenlast, einerseits wegen der relativ hohen Brennstoffkosten, andererseits aber auch, weil sie schnell regelbar sind. Da sie den niedrigsten CO_2-Ausstoß aller fossilen Energiequellen haben, sind sie als Reservekraftwerke für die schwankend verfügbaren Wind- und Solaranlagen prädestiniert.

3.3.3 Internationale Perspektiven des Erdgases

Um es kurz zu machen: Die IEA erwartet in den nächsten Jahrzehnten ein goldenes Zeitalter des Erdgases. Dank hoher Anteile der Förderung unkonventionellen Erdgases in den USA, China, Kanada und Indien werden sich die Weltgasmärkte dramatisch verändern. Um 2035 wird Australien Katar als größter Erdgasexporteur der Welt ablösen [36].

Die USA sind durch die Fracking-Technologie von Gasimporten unabhängig geworden. Das preiswerte inländische Erdgas verdrängt dort die Kohle aus der Stromversorgung, was zusammen mit der erfolgreichen Steigerung der Energieeffizienz dazu führen kann, dass die Treibhausgasemissionen der USA zurückgehen.

Europa wird immer mehr zum Importland für Erdgas. Die Produktion in Großbritannien erreichte um das Jahr 2000 ihr Maximum; einige Jahre später musste die Fließrichtung in den Pipelines unter dem Kanal umgekehrt werden. Norwegen wird seine Gasvorkommen ebenfalls in wenigen Jahren aufgezehrt haben. Nur die früher drohende vollständige Abhängigkeit von Russland kann nun durch die neuen Entwicklungen auf dem Markt und den günstiger gewordenen Schiffstransport vermieden werden. Auch wenn die weltweit zusätzlich verfügbaren Mengen an preisgünstigem Erdgas in erster Linie im pazifischen Raum abgesetzt werden, wird auch Europa Fracking-Gas importieren und damit von dieser neuen Entwicklung profitieren.

Weltweit trifft das erweiterte Erdgasangebot auf einen weiter wachsenden Bedarf in allen Sektoren. Am stärksten wächst der Erdgaseinsatz im Verkehr, der sich zwischen 2009 und 2035 verdoppeln, auch dann aber erst 3 % des Erdgasverbrauchs ausmachen wird. Obwohl Erdgas sich wegen der schadstoffarmen Verbrennung besonders für den dezentralen Verbrauch eignet, liegt der größte Absatzmarkt in der Stromerzeugung, die gut 40 % des Erdgases aufnimmt, wobei der Erdgaseinsatz etwas stärker als die Stromproduktion wachsen wird, Erdgas also auch etwas zur Verdrängung der Kohle in der Stromerzeugung sorgen wird. Rund 20 % des Erdgases dient der Raumheizung, der verbleibende Teil anderen industriellen Zwecken.

3.3.4 Perspektiven des Erdgases in Deutschland

Auch in Deutschland hat das Erdgas seit der ersten Energiekrise 1973 eine große Bedeutung erlangt. Umso mehr überrascht es, dass Erdgas im Energiekonzept der Bundesregierung aus dem Jahr 2010 fast gar nicht erwähnt wird (Abschnitt 6.3.2). Das liegt daran, dass die Bundesregierung eine nahezu kohlenstofffreie Stromversorgung anstrebt und den Raumwärmesektor durch Wärmedämmmaßnahmen fast zum Verschwinden bringen will. Da beides nicht vollständig erreichbar ist (Abschnitt 6.5), wird das Erdgas auch in Deutschland noch weiter eine Rolle spielen, für den Wärmemarkt, aber auch in der Stromerzeugung. Denn Erdgaskraftwerke sind, da sie gut regelbar und rasch hochzufahren sind, die beste Ergänzung zu einer auf die schwankend verfügbaren erneuerbaren Energien gestützten Stromversorgung. Noch ist allerdings nicht vorherzusagen, wie sich die Beiträge der erneuerbaren Energien und der Reservekraftwerke entwickeln werden.

Unkonventionelles Erdgas könnte auch in Deutschland gefördert werden. Allerdings ist das Potenzial begrenzt und die Schattenseiten des Fracking-Verfahrens sind in einem so dicht besiedelten und intensiv genutzten Land gravierender als anderswo. Eine Untersuchung im Auftrag des Bundesumweltamts [37] kam 2012 zu dem Ergebnis, dass besondere Risiken für den Grundwasserschutz bestehen, die in jedem Einzelfall eine sorgfältige Umweltverträglichkeitsprüfung erfordern. Erneut, wie schon bei der CCS-Technik, werden in Deutschland die Risiken einer neuen Technologie höher bewertet als die Chancen, bevor das neue Verfahren erprobt wurde.

Trotzdem wird sich die Fracking-Technologie auch in Deutschland auswirken, direkt durch günstige Erdgasimporte und indirekt durch die damit zu erwartende Senkung des Erdgaspreises. Was sich in den USA kurzfristig segensreich für den Klimaschutz auswirkt, erscheint aus langfristiger Sicht als Gefahr, denn günstiges Erdgas könnte die weitere Markteinführung der erneuerbaren Energien noch weiter verteuern und aufschieben. In jedem Fall verlängert sich so das Zeitalter der fossilen Energien, das aus Klimaschutzgründen möglichst bald zu Ende gehen müsste.

3.3.5 Potenziale der Forschung

Ein wichtiges Forschungsfeld ist die Verminderung der Umweltschäden durch Fracking: die Verwendung weniger schädlicher Beimengungen und die Reduzierung des Wasserverbrauchs, vor allem durch Rezyklieren des Wassers. Ohne solche Verbesserungen ist die Anwendung des Fracking-Verfahrens in Deutschland kaum aussichtsreich.

Ein anderes interessantes Feld der Forschung ist die Erzeugung synthetischer Brennstoffe aus Erdgas (»gas to liquid«). Durch den geringeren Kohlenstoffanteil im Brennstoff, vor allem aber durch den verminderten Kraftstoffverbrauch der effizienteren Motoren oder Flugzeugtriebwerke könnte dies eine Minderung des Beitrags des Verkehrssektors zur Klimaerwärmung ermöglichen, die auf anderen Wegen kaum zu erreichen ist.

3.4 Kernenergie

Gemessen an den Kontroversen, die die Kernkraftnutzung in vielen Ländern und vor allem in Deutschland begleiten, ist ihre weltweite Bedeutung auf den ersten Blick erstaunlich bescheiden: Nur knapp 6 % trägt sie gegenwärtig zum weltweiten Primärenergieaufkommen bei, bezogen auf die Stromversorgung wirkt die Zahl mit 13 % aber schon etwas eindrucksvoller, denn man muss bedenken, dass die komplexe Kerntechnik fast nur in Ländern mit hochentwickelten Strukturen eingesetzt wird. In vielen Industrieländern spielt die Kernkraft eine bedeutende Rolle, angeführt von Frankreich, das 78 % seines Stroms nuklear erzeugt.

3.4.1 Kernkraftwerke

Unter der großen *Vielfalt der Kernreaktoren*, die sich aus den zahlreichen möglichen Kombinationen von Anreicherungsgrad und Moderator ergibt (Abschnitt 1.2.4.1), hatte sich früh der in den USA ursprünglich für den Antrieb von U-Booten entwickelte *Leichtwasserreaktor* als Basis für den Bau von Kernkraftwerken durchgesetzt. Daneben werden in einigen Ländern auch *Schwerwasserreaktoren* betrieben und *Brutreaktoren* erprobt.

Bei Kernkraftwerken ersetzen im Vergleich zu konventionellen Kraftwerken die Brennelemente das Feuer; ihre Wärme erzeugt den Dampf, der beim *Siedewasserreaktor* direkt auf die Turbine geleitet wird, während beim *Druckwasserreaktor* das Kühlwasser den Dampf in einem Wärmetauscher erzeugt. Der größte Aufwand in einem Kernkraftwerk betrifft aber nicht diesen einfachen Prozess, sondern die sichere Abschirmung des Reaktorkerns von der Außenwelt. Dazu gibt es verschiedene Barrieren: Die erste ist das Brennelement mit seinem Hüllrohr aus einer Zirkonlegierung, die zweite ein massiver Druckbehälter aus hochfestem Stahl. In diesem befindet sich der Reaktorkern, den die Brennelemente bilden; er ist seinerseits wiederum von einer Betonabschirmung umgeben. Bei der Außenhülle des Reaktors gibt es international Unterschiede; in Deutschland wird der gesamte Reaktor noch einmal von zwei Barrieren umgeben, von einem »Containment«, einem Stahlbehälter, der Leckagen von innen verhindern soll und der massiven Stahlbetonkuppel, die vor Einwirkungen von außen schützt (Abb. 3.10). Neben diesen passiven Sicherheitssystemen gibt es auch aktive, die vor allem die Nachwärmeabfuhr sicherstellen. Denn einen Reaktor kann man nicht einfach

Abb. 3.10 Kernkraftwerk Brokdorf mit Stahlbetonkuppel.

abschalten. Die entstandenen radioaktiven Spaltprodukte liefern weiter Wärme, direkt nach der Unterbrechung der Kettenreaktion – je nach Reaktortyp, Betriebsdauer und Art der Brennelemente zwischen 5 % und 10 % der Leistung im Betrieb, 10 h später immer noch rund 3 %. Bei einem Kernkraftwerk mit 1200 Mio. kW elektrischer Leistung (MWe), das thermisch eine Leistung um 3000 MWth hat, sind das gewaltige Energiemengen, die die Barrieren zerstören könnten, wenn sie nicht durch Kühlaggregate, die über Notstromdiesel abgesichert werden müssen, unter Kontrolle gehalten werden. Bei diesen aktiven Sicherheitseinrichtungen gelten die Prinzipien der Redundanz und der Diversität: Die erforderliche Kühlleistung muss also mehrfach und durch verschiedene Techniken verfügbar sein. Was für Folgen es hat, wenn Redundanz und Diversität nicht ausreichend verwirklicht sind, hat der Reaktorunfall von Fukushima gezeigt (Exkurs 3). Wegen der geringen Brennstoffkosten ist ein Kernkraftwerk aber trotz dieses Aufwandes für die Sicherheit eine kostengünstige Quelle der Stromerzeugung.

Anfang des Jahres 2011 waren insgesamt 441 Kernkraftwerke mit einer Gesamtleistung von 393 GWe in 30 Ländern der Welt in Betrieb. 17 weitere Länder planten den Einstieg in die Kernenergienutzung [6, S. 450].

3.4.2 Segen und Fluch

Nirgends ist der Kontrast zwischen Segen und Fluch so groß wie bei der Kernenergie. Ihr Segen ist beträchtlich: Sie nutzt einen Rohstoff, der – gemessen am Energieinhalt – so reichlich vorhanden ist wie die Kohle, aber keine bessere Verwendung kennt. Sollte er nicht reichen, könnten *Brutreaktoren* praktisch unbegrenzt neuen Brennstoff erzeugen. Die Uranvorräte sind breit über die Welt verteilt, Versorgungsrisiken sind nicht zu befürchten [38]. Ökonomisch gesehen spielt der Brennstoffbedarf bei den Betriebskosten eines Kernkraftwerks im Vergleich zu den Kapitalkosten, anders als bei den fossilen Energien, kaum eine Rolle. Weil die Ökonomie der Kernenergie in erster Linie von Technologie und Kapital bestimmt wird und die Brennstoffkosten so geringe Bedeutung haben, betrachten auch Uran-Importländer die Kernenergie als quasi heimische Energiequelle.

n ökologisch gesehen haben Kernkraftwerke im Normalbetrieb Vorteile. Sie arbeiten praktisch emissionsfrei: Die radioaktiven ionen sind pro Kilowattstunde halb so groß wie die von Kohlwerken, und sie emittieren auch kein CO_2. Auch wenn man unterstellt, dass die Energie für Rohstofferzeugung, Bau und Betrieb der Anlagen aus fossilen Energien stammt, ist die Kernenergie eine der besten Lösungen für den Klimaschutz (Abb. 4.22).

Der Fluch der Kernenergie besteht in den großen Mengen an radioaktiven Stoffen, die beim Betrieb entstehen. Ein *Leichtwasserreaktor* mit einer elektrischen Leistung von 1 Mio. kWh (1 GWe) enthält im laufenden Betrieb ein radioaktives Inventar von $6{,}3 \times 10^{20}$ Bq (Abschnitt 1.2.4.2). Nach etwa drei Jahren Betrieb befindet sich in den abgebrannten Brennelementen noch ein Restanteil von knapp 1 % des anfangs auf mindestens 3 % angereicherten U235 und knapp 95 % U238. Aber sie enthalten auch 1 % Transuran-Elemente, hauptsächlich Plutonium, den Teil der Menge, die während des Betriebs entstanden ist und nicht direkt wieder zur Kernspaltung beigetragen hat, sowie – nicht zuletzt – 3,25 % radioaktive Spaltprodukte [8, S. 270]. Dieses radioaktive Material begründet zwei Probleme: die Entsorgung der Reststoffe nach dem Betrieb und das Risiko von Freisetzungen bei Unfällen.

Für die möglichst sichere Beseitigung der radioaktiven Reststoffe gibt es zwei unterschiedliche Strategien: Wiederaufarbeitung oder direkte Endlagerung der abgebrannten Brennelemente.

Die *Wiederaufarbeitung* hat zum Ziel, Uran und Plutonium wiederzugewinnen und die hochradioaktiven Abfälle aufzukonzentrieren. Für *Brutreaktoren* ist die Wiederaufarbeitung unverzichtbar, weil nur so der entstandene Brennstoff für den Einsatz in anderen Reaktoren gewonnen werden kann. Bei *Leichtwasserreaktoren* kann die Rückgewinnung von Uran und Plutonium auch aus wirtschaftlichen Gründen erfolgen. Der Hauptvorteil der Wiederaufarbeitung besteht aber in der Verringerung der Menge und der Gefährlichkeit der hochradioaktiven, wärmeerzeugenden Abfälle: einerseits, weil sie nach der Aufarbeitung nur noch Spuren von Alphastrahlern wie Plutonium enthalten, andererseits, weil danach in 3 % des Abfallstroms 99 % der Radioaktivität aufkonzentriert sind. Die wärmeerzeugenden Abfälle werden in Glas eingeschmolzen, um damit ein über lange Zeiten stabiles Produkt zu erzeugen (Abb. 3.11). Diese *Glaskokillen* sollen dann, wenn die Wärmeentwicklung nach einigen Jahrzehnten weitgehend abge-

Abb. 3.11 Testaufbau einer Anlage zur Verglasung wärmeerzeugender Abfälle des KIT, unten sieht man die Stahlkokille, in die die Glasschmelze abgefüllt wird. Diese Technologie wurde baugleich in der Verglasungsanlage Karlsruhe für die Umwandlung flüssiger Abfälle der Wiederaufarbeitungsanlage Karlsruhe eingesetzt.

klungen ist, in einem geologischen Endlager gelagert werden, das über lange Zeiträume einen Abschluss der eingelagerten Stoffe von der Biosphäre gewährleisten muss. Nach einer Zeit von 10 000 Jahren ist die Radioaktivität auf das Niveau der Menge von Uranerz abgeklungen, aus welcher der Brennstoff gewonnen wurde, so dass dann das Risiko des Endlagers dem einer natürlichen Uranlagerstätte vergleichbar ist. Doch die Wiederaufarbeitung hat auch Nachteile: Sie ist eine chemische Fabrik mit offenem Umgang mit großen Mengen an Radioaktivität, was Risiken für Umwelt und Beschäftigte bedingt, und sie führt zu höheren Freisetzungen an radioaktiven Stoffen als der Betrieb der Reaktoren. Die Abtrennung von Pu139 stellt auch ein Proliferationsrisiko dar, weil man daraus, wenn auch nur mit sehr großem Aufwand, eine Atombombe bauen könnte. Plutonium wird deshalb in Deutschland in staatlicher Verwahrung gelagert.

Bei Verzicht auf Wiederaufarbeitung müssen die Brennelemente, die anders als die Glaskokillen nicht für eine Endlagerung, sondern für den Betrieb im Reaktor konstruiert wurden, zunächst konditioniert und dann in stabilen Endlagerbehältern verpackt werden, bevor sie in ein geologisches Lager verbracht werden können. Diese Behandlung erspart den Umgang mit großen Mengen an offener Radioaktivität, führt aber zu wesentlich größeren Mengen an wärmeerzeugenden Abfällen, die zudem langfristig durch den Plutoniumanteil noch zusätzliche Risiken bergen. Bei der *direkten Endlagerung* wird die Vergleichbarkeit mit einer natürlichen Uranlagerstätte erst nach 200 000 Jahren erreicht.

Beide Wege werden international begangen, allerdings mit dem Unterschied, dass die Wiederaufarbeitung in vielen Ländern praktiziert wird, die direkte Endlagerung aber bisher nirgends tatsächlich durchgeführt wird. Das liegt daran, dass noch kein Land der Erde über ein genehmigtes Endlager für wärmeerzeugende radioaktive Abfälle verfügt.

Die Kernwaffenstaaten haben früh auf die Wiederaufarbeitung gesetzt, um Plutonium für Atomwaffen zu gewinnen – allerdings nutzten sie dafür Plutonium aus kurz bestrahlten Brennelementen von Schwerwasserreaktoren oder dem aus *Tschernobyl* berüchtigten RBMK-Reaktortyp. Heute wird die Wiederaufarbeitung in den USA, Frankreich, Großbritannien, Russland und Japan für die kommerzielle zivile Kerntechnik genutzt. Aber auch hier gibt es noch kein Endlager für die hochradioaktiven Glaskokillen, die in Zwischenlagern aufbewahrt werden.

Ist die Kernenergienutzung verantwortbar, solange es noch kein Endlager für die entstehenden Abfälle gibt? Die zu dieser Frage häufig bemühte Allegorie des Flugzeugs ohne Landebahn ist ebenso einleuchtend wie falsch. Ein Endlager, wenn es denn jetzt schon eingerichtet wäre, würde kaum benutzt, weil man die Abfälle möglichst lange oberirdisch lagert, bis die Wärmeerzeugung weitgehend abgeklungen ist. Denn die Stabilität einer geologischen Formation kann nicht direkt durch die Strahlung – sie verursacht nur im Nahbereich Veränderungen durch Radiolyse – sondern vor allem durch die von ihr verursachte Wärmeentwicklung gefährdet werden. Veränderungen der geologischen oder mineralogischen Struktur möchte man aber vermeiden, um das Risiko des Entstehens möglicher Wege zur Freisetzung von Radioaktivität aus dem Endlager gering zu halten. Nach zehn Jahren hat die Menge an abgebranntem Kernbrennstoff, die pro Jahr aus einem Leistungsreaktor entladen wird, noch eine Wärmeleistung von 3,4 kW; die Oberflächentemperatur der Behälter liegt bei 300 °C. Auch nach 40 Jahren würde Gestein in der Umgebung des Behälters noch 150 °C wärmer sein und erst in einigen Hundert Metern würde die normale Temperatur herrschen. Bei Einlagerung in Salz wären die Zahlen deutlich geringer [8, S. 274]. Erst nach 200 Jahren ist die von den mittelschweren Spaltprodukten verursachte Wärmeentwicklung vorbei, die langlebigeren Isotope verursachen dann nur noch 0,1 % der nach zehn Jahren vorhandenen Wärmeentwicklung. Die Endlagerung wärmeerzeugender radioaktiver Abfälle zählt also zu den wenigen Problemen, die durch Warten besser lösbar werden. Die *Zwischenlagerung* erfordert keinen großen technischen Aufwand, beansprucht nur geringe Flächen und ist nicht mit größeren Risiken verbunden. Die das Bundesumweltministerium beratende Entsorgungskommission (ESK) hat »*ESK-Leitlinien*« für die Sicherheit von Zwischenlagern für abgebrannte Brennelemente erlassen, die eine Sicherheitsüberprüfung alle zehn Jahre vorsehen. Auch wenn hier Alterungsprozesse berücksichtigt werden müssen, so ist ein geologisches Endlager letztlich nicht aus aktuellen Sicherheitsgründen, sondern als Vorsorge für spätere Zeiten erforderlich, in denen eine ausreichende Kontrolle durch den Menschen nicht mehr sichergestellt wäre.

Im Gegensatz zu den eher langfristigen Risiken, die die radioaktiven Reststoffe nach ihrer Zeit im Reaktor verursachen, bilden sie im Reaktor eine akute Gefahrenquelle, weil ein Teil des radioaktiven Inventars bei Unfällen freigesetzt werden kann. Wie überall, ist auch im Reaktor die große Menge gespeicherter Energie die Ursache der Risiken, denn sie kann zur Zerstörung der Barrieren führen, die zum sicheren Einschluss der Radioaktivität errichtet wurden. Welche Wege zu einer Freisetzung von radioaktiven Stoffen führen können, ist mit beispiellosem Aufwand untersucht worden [39]. Dementsprechend wurde die Sicherheitstechnik der Kernkraftwerke immer weiter optimiert. Insgesamt hat die Kernenergie einen sehr hohen Sicherheitsstand erreicht; das belegt auch die Statistik über insgesamt 15 000 Jahren Betrieb aller Kernkraftwerke der Welt, in denen drei schwere Unfälle eingetreten sind.

Der Unfall von *Tschernobyl* ist der einzige, bei dem der Kern nicht nur vollständig zerstört wurde, sondern auch in Brand geriet, so dass ein beachtlicher Teil des radioaktiven Inventars freigesetzt wurde. Dieser RBMK-Reaktortyp entspricht westlichen Sicherheitsstandards in keiner Weise; allein die Tatsache, dass seine Reaktivität mit steigender Temperatur zunimmt, seine Leistung also mit steigender Leistung weiter wächst, statt sich wie andere Reaktoren selbst zu bremsen, disqualifiziert diesen Reaktortyp für den Einsatz als Leistungsreaktor. Diese Eigenschaft war es, die schließlich bei einem unverantwortlichen Experiment zum Verhängnis wurde. Für die Sicherheit westlicher Reaktoren war dieser schreckliche Unfall deshalb kein Gegenbeweis. Bei den schwersten Unfällen in Leichtwasserreaktoren, 1979 in *Harrisburg* (USA) und 2011 in Fukushima, wurden jeweils nur geringe Teile des radioaktiven Inventars freigesetzt. In beiden Fällen waren zwar die Reaktorkerne teilweise oder ganz geschmolzen, doch Reaktordruckbehälter und Containment blieben in Harrisburg intakt und behielten trotz Beschädigungen in Fukushima noch eine Schutzfunktion (Exkurs 3).

Der Unfall von Fukushima hatte nicht nur in Deutschland Folgen für die künftige Energiepolitik, wenn auch nirgendwo so grundsätzliche. Er zeigt noch einmal beispielhaft die Vor- und Nachteile dieser zweiten Reaktorgeneration auf: Zum einen demonstrierte er die Sicherheitsreserven dieser Technik, die trotz mehrfach ungünstiger Umstände doch nicht vollständig versagte. Zum anderen war eine große Katastrophe im dicht besiedelten Japan inakzeptabel nahe gekommen. Genau das ist das Dilemma der zweiten Generation von Kernkraftwerken, die auch heute noch fast ohne Ausnahme den Kraftwerkspark der Welt bilden: eine solide Sicherheitstechnik, die ihre Verwendung in der Anfangsphase der Technologie verantwortbar macht, aber das Manko eines nur durch Wahrscheinlichkeitsangaben eingegrenzten Restrisikos des ganz großen Unfalls.

Der Lehre von Fukushima hätte es allerdings nicht bedurft, wenn die Welt früher den Fortschritten der Sicherheitsforschung gefolgt wäre. Denn bereits in den achtziger Jahren des letzten Jahrhunderts begann die Entwicklung von Reaktoren, die eine Freisetzung von Teilen des radioaktiven Inventars durch technische Vorkehrungen zuverlässig verhindern können. Das Flaggschiff dieser dritten Reaktorgeneration ist der Europäische Druckwasserreaktor (EPR), der in deutsch-französischer Kooperation entwickelt wurde. In Großversuchen wurden vor allem im Kernforschungszentrum Karlsruhe (heute KIT) die möglichen Störfallabläufe und die dabei auftretenden Energien untersucht. Dies erlaubte es, den EPR so auszulegen, dass er auch einen Unfall, bei dem der Kern vollständig zerstört wird, innerhalb der Anlage so zuverlässig unter Kontrolle halten kann, dass eine Evakuierung auf die unmittelbare Umgebung der Anlage beschränkt werden kann. Aufgrund dieser Forschungsergebnisse forderte das deutsche Atomgesetz nach einer Novellierung im Jahre 1995 für neu zu genehmigende Anlagen die Beherrschung kernzerstörender Unfälle, da die Norm für Genehmigungen in der Kerntechnik nicht wie in der übrigen Umweltgesetzgebung der »Stand der Technik«, sondern der »Stand von Wissenschaft und Technik« ist. Zu einer Bestellung eines EPR in Deutschland kam es aber nicht. Ein EPR ist wegen der viel aufwändigeren Technik teurer als ein Leichtwasserreaktor der zweiten Generation, und die Vergrößerung der Leistung auf bis zu 1600 MWe, die die Kosten senken sollte, hat die Investitionsentscheidungen auch nicht erleichtert. Es hat deshalb sehr lange gedauert, bis dieser Reaktortyp erstmals realisiert wurde; nicht in Frankreich oder in Deutschland, sondern in Finnland wurde der erste EPR für das *Kernkraftwerk Olkiluoto* (Abb. 3.12) bestellt. Inzwischen wird auch in Frankreich ein EPR errichtet; in beiden Fällen muss zusätzliches Lehrgeld für die neue Technik bezahlt werden.

Inzwischen ist eine *vierte Generation* von Kernreaktoren das Ziel einer weltweiten Kooperation, die noch weitergehende Sicherheitseigenschaften zur Vermeidung schwerer Unfälle haben soll. Dann bleibt als Fluch der Kerntechnik hauptsächlich das Problem der Entsorgung der radioaktiven Abfälle mit ihrem extrem langfristigen Sicherheitsrisiko.

3.4.3 Internationale Perspektiven der Kernenergie

Für die Zukunft wird ein allenfalls gleichbleibender Anteil der Kernenergie erwartet [6, S. 180]. Das bedeutet ein Mitwachsen mit

Abb. 3.12 Kernkraftwerk Olkiluoto mit Computersimulation des EPR hinter den beiden Siedewasserreaktoren.

der allgemeinen Zunahme des Energieangebots, also auch eine deutliche Zunahme der Zahl der Kernkraftwerke in der Welt, aber nicht mehr; die Kernenergie wird andere Energiequellen nicht verdrängen. Das liegt nicht daran, dass viele Länder dem deutschen Beispiel des Ausstiegs folgen, sondern an der großen Komplexität der Technologie und ihrem enormen Bedarf an spezifischer Infrastruktur, nicht zuletzt auch an ihrem Finanzbedarf.

Wie fast im gesamten Energiesektor, so verlagert sich auch das Wachstum der Kernenergie nach Asien. Bis in die jüngere Vergangenheit war die Kernenergie weitgehend auf die IEA-Länder beschränkt. Die Zahl der Neubestellungen von Kernkraftwerken pro Jahr beschreibt eine Glockenkurve, die 1955 beginnt, ihr Maximum Anfang der siebziger Jahre erreicht und in den neunziger Jahren fast ausklingt [6, S. 450] (Abb. 3.13).

Ihr entgegen verläuft die Entwicklung, die den Neubau in den Nicht-IEA-Ländern beschreibt; sie beginnt mit einem frühen Maximum Anfang der siebziger Jahre, erreicht 1990 einen Tiefpunkt, um in der ersten Dekade dieses Jahrhunderts wieder steil anzusteigen. Aber auch in Europa zeichnete sich in dieser Zeit eine gewisse Renaissance der Kernenergie ab, so in Großbritannien, Holland, Tschechien, der Schweiz und Polen.

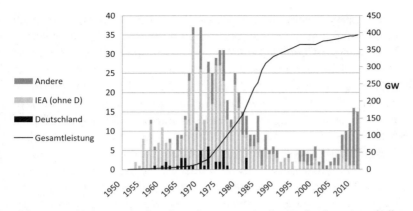

Abb. 3.13 Zahl der Kernkraftwerke weltweit im Jahr des Baubeginns, innerhalb und außerhalb der IEA und Anteil Deutschlands (linke Skala) und Summe der Kernenergiekapazität der Welt in GWe (rechte Skala) [6, S. 450].

Allerdings fällt in Abb. 3.13 auch ein neu entstehendes Problem auf: Dreht man das Bild im Uhrzeigersinn um $-90°$, so erhält man die Alterspyramide der Kernkraftwerke der Welt. Die Anlagen, die in der Phase des ersten Aufschwungs gebaut wurden, sind nun bald über 40 Jahre in Betrieb; eigentlich hätte ab 2010 in der westlichen Welt eine Welle von Neubauten beginnen müssen, um diese ältesten Kernkraftwerke abzulösen, doch ist davon nichts zu sehen. Dies zeigt, dass alle Länder die Laufzeit der Anlagen über 40 Jahre hinaus ausdehnen wollen; in den USA wurden bereits Laufzeiten bis zu 60 Jahren genehmigt. Der Grund dafür ist simpel: Die alten Kernkraftwerke produzieren den Strom weitaus billiger als neue Anlagen. Aber die Anlagen, die in den sechziger Jahren des letzten Jahrhunderts gebaut wurden, gehören fast noch zur ersten Generation, in der die Reaktortechnik gerade die Kinderstube verlassen hatte. Bereits diese Anlagengeneration und nicht die ausgereifteren späteren der zweiten Generation immer länger in Betrieb zu halten, macht das Risiko weiterer Unfälle nicht geringer. Block 1 von Fukushima Daichi war das dienstälteste Kernkraftwerk Japans. Ohne den Bau von modernen Kernkraftwerken als Ersatz für die älteren Anlagen hat die Kernenergie keine Zukunft.

Welche Auswirkungen hat nun der Reaktorunfall von Fukushima auf die künftige Entwicklung der Kernenergie in der Welt? Selbst wenn man die politischen Erklärungen innerhalb eines Jahres nach dem Unfall zugrunde legt, obwohl die Erfahrung zeigt, dass solche Reaktionen auf Unfälle selten lange Bestand haben, dann zeigt sich kein gravierender Einbruch. Deutschland nahm die kurz zuvor beschlossene Verlängerung der Laufzeit der vorhandenen Reaktoren zurück, die Schweiz verzichtete auf einen geplanten Neubau und plant ebenso wie Belgien das Betriebsende ihrer Anlagen, in Italien bekräftigte ein Volksentscheid ein bereits früher beschlossenes Nein zur Kernkraft. Das unmittelbar betroffene Japan tut sich noch immer schwer mit einer Entscheidung. Zunächst blieben alle Kernkraftwerke, die bei dem Erdbeben vom Netz gegangen waren, außer Betrieb, dann mussten auch die verbliebenen zur Revision abgeschaltet werden. 2012 wurden vor dem Sommer, der wegen der Klimatisierung stets die Spitzenlast bringt, einige Kernkraftwerke wieder angefahren. Schließlich kündigte die Regierung dann einen langfristigen, vollständigen Ausstieg aus der Kernenergie an. Die Ende 2012 gewählte neue Regierung prüft dagegen die Wiederinbetriebnahme der Reaktoren in Abhängigkeit von den Voten der inzwischen gegründeten unabhängigen Sicherheitsbehörde.

In allen anderen Ländern wurden die bestehenden Anlagen sogenannten »Stresstests« unterzogen und die Fortführung der Kernenergienutzung angekündigt, so im restlichen Europa, in den USA, Russland, Korea, Indien und China. Neu einsteigen in die Kernenergie wollen weiterhin Polen, die Türkei, Saudi-Arabien, die Vereinigten Emirate und Vietnam [6, S. 452].

In ihrem World Energy Outlook 2011 betrachtet die IEA die Folgen einer möglichen Verlangsamung des Kernenergieausbaus nach Fukushima und kommt zu dem Ergebnis [6, S. 461], dass die Lücken in der Stromerzeugung zu etwa zwei Drittel durch Kohle und Gas und nur zu einem Drittel durch erneuerbare Energien gedeckt werden würden, obwohl dabei die Versprechungen vieler Regierungen zum Ausbau der erneuerbaren Energien nach Fukushima für bare Münze genommen wurden.

3.4.4 Perspektiven der Kernenergie in Deutschland

Als die Bundesrepublik Deutschland 1955 die Souveränität erlangte, stand die bis dahin verbotene Forschung und Entwicklung für die Kerntechnik ganz oben auf der politischen Wunschliste. Auf der

Basis der Kernspaltung, die 1938 in Deutschland entdeckt worden war, hatten sich die im Zweiten Weltkrieg siegreichen Großmächte eine neue Waffe geschaffen, die alles bisher Dagewesene in den Schatten stellte. In Deutschland wurde während des Zweiten Weltkrieges zwar auch an einer Atombombe gebaut, man hatte sich jedoch für den langwierigeren Weg über den Bau eines Schwerwasserreaktors (Abschnitt 1.2.4.1) entschieden und verfolgte die Forschung weiter im Universitätsstil mit nicht einmal einem Prozent der Manpower, die in den USA im »Manhattan-Projekt« zum Einsatz kam. Bis zum Ende des Krieges war es nicht gelungen, einen ersten Forschungsreaktor kritisch werden zu lassen.[8] In den siegreichen Ländern hatten auch die ersten Versuchskernkraftwerke das Potenzial dieser neuen Technik für die Energieversorgung sichtbar gemacht. In aller Welt war man überzeugt, dass der Kernkraft die Zukunft gehörte, und in Deutschland, dem einstige Mutterland der Kernphysik, empfand man schmerzlich eine »technologische Lücke« zu den Großmächten, die es baldmöglichst zu schließen galt. Gleichzeitig hatten die USA zur Vorbeugung gegen eine weitere Ausbreitung der Kernwaffen das »*Atoms for Peace*«-Programm gestartet und allen Ländern Unterstützung bei der friedlichen Nutzung der Kernenergie zugesagt, die bereit waren, auf Atombomben zu verzichten. So entstanden in zahlreichen Ländern Atomprogramme, auch in Deutschland.

3.4.4.1 Die deutschen Atomprogramme

Nach dem Vorbild nahezu aller anderen Länder wurde auch in Deutschland eine »Atomkommission« als Entscheidungsgremium über die Entwicklung der Kernenergie gebildet, in die Vertreter des Staates, der Wirtschaft und der Wissenschaft berufen wurden. Vorsitzender war der erste Bundesminister für Atomfragen, Dr. Franz-Josef Strauß. In der ersten Sitzung am 26.1.1956 (Abb. 3.14) ging es unter anderem um die Frage, ob nach internationalem Vorbild ein zentrales Kernforschungszentrum errichtet oder dem Vorschlag Werner Heisenbergs gefolgt werden sollte, der die Kernenergie an den Universitäten entwickeln lassen wollte. Das Protokoll gibt den Kompromissvorschlag Otto Hahns wider, man solle »sowohl in Karlsruhe bauen, als auch für Herrn Professor Heisenberg einen Reaktor

---

[8] www.deutsches-museum.de/archiv/archiv-online/geheimdokumente/, (25.12.2012).

Abschrift

K u r z p r o t o k o l l

über

die konstituierende Sitzung der Deutschen Atomkommission
am 26. Januar 1956   11 Uhr

Ort: Haus des Bundeskanzlers

Anwesend:
Bundesminister Franz-Josef Strauß als Vorsitzender

Die Mitglieder der Deutschen Atomkommission
mit Ausnahme der Herren Abs, Dr. Knott und
Dr. Petersen

Professor Dr. Hahn schlägt in der Frage des Standorts der ersten Reaktoren einen Kompromiß vor. Man sollte sowohl in Karlsruhe bauen als auch für Herrn Professor Heisenberg einen Reaktor in München vorsehen.

Bundesminister Strauß tritt der Meinung von Prof. Brandt bei, möglichst vielen Universitäten und Hochschulen die Möglichkeit der Kernenergieforschung zu geben. Er sei persönlich ein Gegner jeder Staatsreglementierung und Zentralisierung in der Forschung. Der Vorschlag von Prof. Hahn, eine Arbeitsteilung zu finden, die dem Lebenswerk von Prof. Heisenberg Rechnung trage, stehe dieser seiner Auffassung nicht entgegen.

Die weitere Behandlung dieses Themas wird der entsprechenden Fachkommission zugewiesen.

Zu Punkt 7 der T.O. - Festsetzung des Zeitpunktes der nächsten
                      Sitzung

Als Termin für die nächste Sitzung der Deutschen Atomkommission wird der 2.März 1956, 11:00 Uhr, festgelegt.

Der Geschäftsführer der
Atomkommission:

gez. Dr. Lechmann

Der Vorsitzende der
Atomkommission:

gez. Strauß

Abb. 3.14 Titelseite und Ausschnitt aus S. 11 des Protokolls der konstituierenden Sitzung der Deutschen Atomkommission am 26. Januar 1956.

in München vorsehen.« So geschah es: Für München wurde sofort ein amerikanischer Forschungsreaktor beschafft, der wegen seiner charakteristischen Metallkuppel als »Atomei« bekannt gewordene erste Forschungsreaktor in Deutschland. Und im Juli 1956 wurde das Kernforschungszentrum Karlsruhe gegründet, wo Karl Wirtz [40] den

Abb. 3.15 Forschungsreaktor (FR) 2 des Kernforschungszentrums Karlsruhe (heute KIT).

alten, zuletzt in *Haigerloch* gescheiterten Traum der deutschen Kernphysiker verwirklichte und einen Schwerwasserreaktor (Abb. 3.15) baute. Er schaffte das damals in rund fünf Jahren, einer Zeit, die heute nicht einmal für die Verfertigung der Genehmigungsunterlagen ausreichen würde.

Die deutsche Industrie ging andere Wege. Ausgehend von amerikanischen Lizenzen gelang ihr beim Bau von *Leichtwasserreaktor*en rasch der Anschluss an den Stand der Technik und bald darauf, dank einer engen Zusammenarbeit von Wirtschaft und Wissenschaft, auch der Sprung an die Spitze der weltweiten Entwicklung.

Als 1973 die erste Energiekrise ausbrach, stand die Kernkraft in Deutschland an der Schwelle zur vollen industriellen Reife. In Biblis war der weltweit erste Reaktor mit mehr als 1000 MWe in Bau.

Genau zum richtigen Zeitpunkt war eine neue leistungsfähige und wirtschaftliche Energiequelle greifbar, um die Forderung »Weg vom Öl!« umzusetzen. Gestützt auf einstimmige Zustimmung im Bundestag und nahezu einmütigen Beifall der Bürger begann der Ausbau der Kernenergie in der Bundesrepublik Deutschland, der nach den Planungen der Energiewirtschaft zu einer Gesamtkapazität von 45–50 GWe führen sollte (Abschnitt 6.1). Als Mitte der achtziger Jahre dieser Ausbau zum Erliegen kam, war rund die Hälfte dieser Kapazität Wirklichkeit geworden.

Es gab auch ein *Atomprogramm der DDR* auf der Basis von Russland gelieferter Leichtwasserreaktoren. Allerdings teilten die Russen ihr Herrschaftswissen in dieser Technologie auch mit ihren engsten Verbündeten nur eingeschränkt. Dennoch haben die Verantwortlichen in der DDR in einem Akt bemerkenswerter Emanzipation ihre Anlagen mit moderner westdeutscher Leittechnik ausgerüstet. Bei der Wiedervereinigung waren fünf Kernkraftwerke mit insgesamt rund 1700 MWe in Rheinsberg und Greifswald in Betrieb und sechs Reaktoren mit insgesamt 3400 MWe in Greifswald und Stendal im Bau. Nach der Wiedervereinigung wurden durch den damaligen Umweltminister Töpfer in den neuen Ländern alle Kernkraftwerke stillgelegt und alle Neubauten gestoppt. Die Sicherheitseigenschaften der – anderes als der RBMK-Typ – sehr robust gebauten und von der DDR modernisierten russischen Leichtwasserreaktoren waren vor dieser Entscheidung nicht näher geprüft wurden. Angesichts der großen Vorbehalte gegen die russische Reaktortechnik seit dem Unfall von Tschernobyl schien hier ein anderes Vorgehen zwar fachlich denkbar, aber politisch nicht vermittelbar zu sein.

Bereits Anfang der siebziger Jahre des vergangenen Jahrhunderts regten sich in der Bundesrepublik erste Proteste gegen die Kernkraft, so im badischen Wyhl, wo die Winzer schließlich ein Kernkraftwerk verhinderten, hauptsächlich aus Sorge vor Schatten auf den Weinbergen durch die Kühlturmfahne. Diese anfangs rein außerparlamentarische Opposition erreichte innerhalb der damals noch überschaubaren Parteienlandschaft zuerst die SPD, die sich früher in ihrer Unterstützung der Kernkraft von Niemandem hatte übertreffen lassen – das SPD-regierte Nordrhein-Westfalen hatte 1956 parallel zum Bundeszentrum in Karlsruhe eine eigene Kernforschungsanlage in Jülich gegründet, um in dieser wichtigen Technologie vom Bund unabhängig zu sein. Solange Helmut Schmidt Bundeskanzler war, blieb die SPD dieser Linie auch halbwegs treu, nach dessen Abwahl 1982 aber wandte sie sich schrittweise von der Kerntechnik ab, konnte aber nicht verhindern, dass aus der »Anti-Atom-Bewegung« eine neue Partei, Die Grünen, hervorging. Schließlich ist Deutschland dann aus der Kernenergie ausgestiegen. Wann? 2000 mit dem »*Atomkonsens*« des Bundeskanzlers Schröder oder 2011 mit der »Energiewende« der Bundeskanzlerin Merkel?

Nein, der Ausstieg war schon früher besiegelt und war primär ein Werk der Energiewirtschaft selbst. Dafür kamen zwei unterschiedliche Ursachen zusammen: Zum einen konnte die Energiewirtschaft über die Bauzeit von zehn Jahren und eine Betriebszeit von mindestens 40 Jahren nicht vor einer möglichen Regierungsbeteiligung der Grünen in der zuständigen Landesregierung sicher sein, die die Schikane des »ausstiegsorientierten Gesetzesvollzugs« erfunden hatten. Dabei wurde mit Stillstandsverfügungen auch nach geringfügigen Anlässen die Verwaltungsaufgabe des Landes zur Erreichung des politischen Ziels des »Atomausstiegs« eingesetzt. Zum anderen waren Kernkraftwerke mit ihren stabilen Betriebskosten, die zum größten Teil von den Abschreibungen der Investitionen über 17 Jahre bestimmt und von Brennstoffkosten fast unabhängig sind, zwar ideal für Versorgungsunternehmen mit regionalen Monopolen und vom Staat genehmigten, kostenorientierten Strompreisen. Nach der Liberalisierung der Strommärkte in Europa, die in Deutschland sofort umgesetzt wurde, war diese langfristige Stabilität jedoch eher hinderlich, jetzt wollten die Unternehmen in dem neuen Markt flexibel agieren können. So kam es, dass die bereits nach dem Baubeginn des Kernkraftwerks Neckarwestheim 2 im Jahre 1982 eingetretene Pause zum Dauerzustand wurde und das Neubauverbot der rot-grünen Koalition im Jahr 1999 von der Energiewirtschaft widerspruchslos akzeptiert wurde. Ihr war nur an einem schikanefreien Betrieb der vorhandenen Anlagen gelegen. Um dieses Ziel zu erreichen, wurde in dem sogenannten »*Atomkonsens*« das Betriebsende der Reaktoren nicht durch ihr Alter, sondern durch noch zu erzeugende Strommengen bestimmt. Nach diesem Kunstgriff wären Schikanen eher kontraproduktiv gewesen, hätten sie doch das Datum des ersehnten Ausstiegs aufgeschoben.

Nach dem Wechsel zur schwarz-gelben Regierung 2009 forderten die Betreiber eine Laufzeitverlängerung für die noch vorhandenen Kernkraftwerke, aber eine Aufhebung des Neubauverbots forderte niemand. Ohne Neubauten aber ist das Ende einer Technologie besiegelt; das Hin und Her um die Laufzeit der bestehenden Anlagen war von ökonomischer und politischer, aber nicht von technologischer Bedeutung für die deutsche Energiezukunft.

In Deutschland hat sich die besonders intensive nukleare Kontroverse vor allem an der Entsorgungsfrage entzündet. Diese Fokussierung der deutschen Kernenergiedebatte auf ein Problem, dessen Risiken ja erst in ferner Zukunft relevant werden, ging so weit, dass die sehr viel akuteren Risiken der Reaktorsicherheit kaum noch beachtet wurden; auch in der Diskussion um die Laufzeitverlängerung spielte dieses Risiko kaum eine Rolle. Vielleicht liegt in dieser einseitigen Wahrnehmung der nuklearen Risiken der Grund, warum die deutsche Bevölkerung so besonders heftig auf den Unfall von Fukushima reagiert hat, der plötzlich die akuten Gefahren wieder bewusst machte.

Was sind nun, nach der abrupten »Energiewende« unter dem Eindruck des Reaktorunglücks von Fukushima (Exkurs 3), die Perspektiven der Kernenergie in Deutschland?

Auch nach dem Ausstiegsbeschluss gibt es noch viel zu tun, so viel, dass trotz Ausstiegs noch eine Generation von Nuklearfachleuten ausgebildet werden muss.

3.4.4.2 Nach dem Ausstieg: Rückbau der Kernkraftwerke

Zunächst müssen die für immer abgeschalteten Kernkraftwerke abgebaut werden. Durch die »Energiewende« wurde mit sofortiger Wirkung der Betrieb von acht Kernkraftwerken beendet. Für sie hat die Planung für Rückbau und Beseitigung bereits begonnen. Die verbleibenden neun Kernkraftwerke werden in den kommenden Jahren nach und nach abgeschaltet, als Letzte die Kernkraftwerke Isar 2, Emsland und Neckarwestheim 2 zum Ende des Jahres 2022.

Bei der Stilllegung der Versuchskraftwerke der ersten Generation wurde die Technik für die »Wiederherstellung der grünen Wiese«, wie die Beseitigung manchmal genannt wird, entwickelt; sie muss nicht mehr erforscht, kann aber durch Weiterentwicklung noch optimiert werden. So wurde das *Kernkraftwerk Niederaichbach* (Abb. 3.16), ein Versuchsreaktor mit 100 MWe, der sich nicht bewährt hatte und nur kurze Zeit in Betrieb war, als Demonstrationsobjekt im Auftrag des Eigentümers, des Forschungszentrums Karlsruhe, buchstäblich bis zur

Abb. 3.16 Kernkraftwerk Niederaichbach (rechts neben den Kernkraftwerken Isar 1 und 2 im Jahr 1988).

Aussaat einer grünen Wiese am Standort des Reaktors beseitigt. Nur 1 % der Gesamtmasse des Kraftwerks musste dabei als schwachradioaktiver Abfall entsorgt werden, der überwiegende Teil der Abbruchmengen konnte rezykliert werden.[9]

Für den Rückbau eines Kernkraftwerks gibt es zwei verschiedene Strategien: Man kann sofort nach dem Betriebsende damit beginnen oder einige Jahrzehnte warten, bis die durch Aktivierung der Hauptkomponenten des Reaktors entstandene Radioaktivität teilweise abgeklungen ist. Die deutsche Energiewirtschaft hat sich nach dem Ausstiegsbeschluss für die erste Variante entschieden; dies erschwert zwar die Arbeitsbedingungen beim Rückbau, der aber für die Hauptkomponenten ohnehin fernhantiert erfolgen muss. Der frühe Rückbau vermeidet jedoch die langwierige Unterhaltung einer nach wie vor dem Atomgesetz unterliegenden Anlage. Auch kann der Rückbau von der Betriebsmannschaft selbst vorgenommen oder begleitet werden, die über eine genaue Kenntnis der Anlage verfügt. Etwa um das Jahr 2040 könnten alle Kernkraftwerke in Deutschland verschwunden sein.

9) http://dipbt.bundestag.de/dip21/btd/13/007/1300721.asc, (23.01.2013).

3.4.4.3 Nach dem Ausstieg: die Entsorgung der Abfälle

Ein Problem ganz anderer Art bildet die Entsorgung der angefallenen Abfälle, die uns durch den Ausstieg nicht erspart bleibt, aber etwas erleichtert wird, da es sich um begrenzte, später nur noch langsam weiter wachsende Mengen aus Industrie und Medizin handelt. Für die schwach radioaktiven, genauer gesagt, die nicht wärmeerzeugenden Abfälle, wie sie auch beim Rückbau der Kernkraftwerke entstehen, steht in Deutschland in absehbarer Zeit ein geologisches Endlager zur Verfügung: die frühere Eisenerzgrube *Konrad*. Der Planfeststellungsbeschluss wurde im Jahre 2007 rechtskräftig. Warum das dafür zuständige Bundesamt für Strahlenschutz danach noch mindestens zwölf Jahre benötigt, bis die Einlagerung in das vorhandene Bergwerk beginnen kann, gehört zu den vielen Rätseln, die die deutsche Entsorgungspolitik kennzeichnen. Aber immerhin entsteht nun ein genehmigtes geologisches Endlager für die harmlosere Kategorie der radioaktiven Abfälle. Nach internationalen Standards wäre das freilich nicht nötig gewesen, denn diese Abfälle werden in anderen Ländern einbetoniert und oberflächennah vergraben.

Die Entsorgung der aus der Wiederaufarbeitung in Frankreich zurückgenommenen hochaktiven Glaskokillen und der nach Ende der Wiederaufarbeitung angefallenen abgebrannten Brennelemente jedoch ist zwar technisch gelöst, aber politisch in Deutschland wahrscheinlich auf lange Sicht nicht lösbar. Wie ist es dazu gekommen?

Bei der nuklearen Entsorgung betreten wir in Deutschland eine merkwürdige verkehrte Welt, bei der Vieles anders ist als im normalen Leben. Sie beginnt mit dem Kunstwort selbst, das als Gegensatz zur »Versorgung« geschaffen wurde. Es ist in andere Sprachen nicht übersetzbar; selbst das sonst so viel prägnantere Englisch kennt dafür nur den umständlichen Begriff »back end of the fuel cycle«. Später wurde der Begriff Entsorgung auch von der allgemeinen Umweltpolitik übernommen. Entgegen manchen Behauptungen wurde das Problem der radioaktiven Abfälle in der Anfangsphase der Kernenergie in Deutschland nicht vergessen. Das Atomgesetz schrieb die Wiederaufarbeitung der abgebrannten Kernbrennstoffe vor, um das unverbrauchte Uran und das entstandene Plutonium wieder verwenden und die Abfälle getrennt entsorgen zu können.

Für letztere Aufgabe wurde das ehemalige *Salzbergwerk Asse* seit den sechziger Jahren als Versuchsanlage genutzt, das damals von den

Abb. 3.17 Zufuhrkammer für mittelaktive Abfälle in der Schachtanlage Asse.

Fachbehörden des Landes Niedersachsen als ausreichend sicher eingeschätzt wurde. Durch den Versuchsbetrieb in der Asse (Abb. 3.17) festigte sich die Überzeugung, dass Deutschland mit seinen zahlreichen Salzstöcken über das am besten geeignete Endlagermedium für wärmeerzeugende Abfälle verfügt. Denn diese *Salzstöcke* bestehen seit über 200 Mio. Jahren, ihre Existenz beweist, wie gut sie vom Wasserkreislauf getrennt sind. Zudem hat Salz unter Wärmeeinfluss plastische Eigenschaften; es kann die Abfälle also besonders gut einschließen. Mit dem Prinzip der Rezyklierung war das Atomgesetz dem allgemeinen Umweltschutz viele Jahre voraus.

Als nach der ersten Energiekrise 1973 der Ausbau der Kernenergie in Schwung kam, bestand innerhalb der damals engen Zusammenarbeit von Wissenschaft, Wirtschaft und Staat im Rahmen der Atomprogramme Übereinstimmung, dass man den Brennstoffkreislauf der Kernkraftwerke nach hohen technologischen Anforderungen schließen müsse. Man könne doch nicht, so damals ein hoher Beamter, die Kernkraftwerke mit »Plumpsklos« für die abgebrannten Brennelemente ausstatten.[10] Die Antwort war ein Entsorgungspark, in dem alle Teile des Brennstoffkreislaufs, die Anreicherung, die Brennele-

---

10) Das Zitat stammt von Min.-Dir. Dr. W.-J. Schmidt-Küster.

menteherstellung, die Wiederaufarbeitung, die Konditionierung und die Endlagerung der Abfälle zur Vermeidung von Transporten des sensitiven Materials zusammengefasst werden sollten. Der Standort sollte oberhalb eines bislang unangetasteten Salzstocks hinreichender Größe liegen. Durch die Fachbehörden des Bundes und des Landes Niedersachsen, wo sich praktisch alle Salzstöcke befinden, wurden drei potenzielle Standorte für eine nähere Prüfung ausgewählt, doch behielt sich dann der Ministerpräsident von Niedersachsen, Albrecht, die Standortentscheidung vor. Zur Überraschung der Bundesregierung entschied er sich 1977 für Gorleben. Dieser Salzstock war von den Fachbehörden nicht vorgeschlagen worden, allerdings nicht wegen Zweifeln an seiner Eignung, sondern aus einem besonderen Grund. Wegen seiner Lage am äußersten Ende eines in die DDR hineinragenden Landzipfels wollten die Beamten in vorauseilendem Gehorsam der Bundesregierung eine Entscheidung ersparen, die die DDR als Provokation auffassen könnte. Die Bundesregierung war damals intensiv um eine Normalisierung des Verhältnisses zur DDR bemüht. Außerdem schienen genügend andere geeignete Salzstöcke vorhanden zu sein. Die Sorge erwies sich übrigens als unbegründet: Die DDR hat nie gegen die Wahl des Standorts protestiert.

Zu dieser Zeit bemühten sich alle in Frage kommenden Regionen Standort des Entsorgungszentrums zu werden, versprach es doch Investitionen von mehreren Milliarden DM und mehrere Tausend Arbeitsplätze. Doch bald darauf formierte sich parallel zu der entstehenden Anti-Atom-Bewegung auch im Raum um Gorleben erheblicher Widerstand der Bevölkerung gegen das Projekt. Schon zwei Jahre nach der Standortentscheidung waren die Verhältnisse in Gorleben so eskaliert, dass Ministerpräsident Albrecht versuchte, in einem »Gorleben-Hearing«, in dem alle Seiten zu Wort kamen, einen Kompromiss zu finden. Das gelang nicht, und er kam zu seinem zweiten überraschenden Schluss, das Projekt sei sicherheitstechnisch machbar, jedoch politisch nicht durchsetzbar. Aber er machte auch einen eigenen Vorschlag für die künftige Entsorgungsstrategie: Man solle die abgebrannten Brennelemente als mögliche Energiereserve lagern und erst später, im Licht fortgeschrittener Technologien über die weitere Verwendung entscheiden. Das was jetzt und in den nächsten Jahrzehnten in Deutschland in der Entsorgungsfrage geschehen wird, kommt diesem Vorschlag – unbeabsichtigt – recht nahe.

Abb. 3.18 Erkundungsbergwerk in Gorleben.

Um das nach wie vor von allen im Bundestag vertretenen Parteien getragene Kernenergieprogramm nicht zu gefährden, beschlossen 1979 die Regierungschefs von Bund und Ländern nach Albrechts Absage ein neues »Integriertes Entsorgungskonzept« [41], wieder ein Euphemismus, denn es markierte ja gerade die Abkehr von der Integration aller Stationen des Brennstoffkreislaufs an einem Standort. In Gorleben sollte ein Bergwerk errichtet werden, das nur der Erkundung der Eignung des Salzstocks dienen sollte (Abb. 3.18).

Für die größte Investition, die Wiederaufarbeitungsanlage, wurde nun ein neuer Standort unabhängig vom Endlager gesucht. Auch hierfür bewarben sich zunächst wieder viele Regionen. Auch hier entwickelte sich im auserwählten Wackersdorf mit den Jahren heftiger Widerstand, der jedoch den Fortschritt des Projektes nicht stoppen konnte. Es waren die während des Genehmigungsverfahrens ausufernden Kosten der Anlage in Verbindung mit günstigen Angeboten aus Frankreich, die die Energiewirtschaft veranlassten, das Projekt 1989, überraschend für ihre Partner in Wissenschaft und Staat, zu beenden. Diese Entscheidung markiert das Ende der engen Partnerschaft zwischen Wirtschaft, Wissenschaft und Staat bei der Kernenergie. Viele andere Stationen des Brennstoffkreislaufs wurden damals an anderen Orten errichtet, so die Anreicherungsanlage in Gronau und die Brennelementefabriken in Hanau und Lingen. Aber alle für die Endlagerung notwendigen Stationen wurden in Gorleben errichtet: die Pilotanlage für die Untersuchung der direkten Endlagerung der Brennelemente ohne Wiederaufarbeitung und Zwischenlager sowohl für die wärmeerzeugenden Abfälle, die nach der Wiederaufarbeitung in England und Frankreich zurückgenommen und gelagert werden mussten wie auch für die abgebrannten Brennelemente aus Deutschland, die nicht wiederaufgearbeitet werden sollten. Diese Entscheidung war von der Erwartung geprägt, dass sich der Salzstock von Gorleben als geeignet erweisen würde, so dass dann keine weiteren Transporte notwendig würden. Aus heutiger Sicht war sie ein verhängnisvoller Fehler, weil sie Zweifel weckte, ob das Ergebnis der Erkundung wirklich offen sei. Das »Integrierte Entsorgungskonzept« befriedete die Situation in Gorleben nicht. Jeder Transport in eines der Zwischenlager musste von Tausenden von Polizisten durchgesetzt werden. Um dem ein Ende zu machen, beschloss die 1998 gewählte rot-grüne Bundesregierung, den Betreibern der Kernkraftwerke die Errichtung von Zwischenlagern für abgebrannte Brennelemente an den Kraftwerksstandorten vorzuschreiben; und da stehen sie nun, die »Plumpsklos«, die man zu Beginn der Entwicklung vermeiden wollte.

In Gorleben ruht die Erkundung, von kurzen Unterbrechungen abgesehen, seit 1998. Auch unter den in Deutschland extrem hohen Ansprüchen, die heute für ein Endlager für hochradioaktive Abfälle einen Sicherheitsnachweis für eine Million Jahre verlangen, sprechen die bisherigen Ergebnisse nach der Bewertung durch die Fachbehörden nicht gegen eine Eignung des Salzstocks. Deshalb hat auch ein von den Grünen gestellter Bundesumweltminister die ersehnte Nichteignung nicht feststellen können. Umgekehrt hat sich aber auch noch kein anderer Bundesumweltminister getraut, ein endgültiges, vermutlich positives Votum der Fachbehörden herbeizuführen.

Mit der Energiewende hat sich auch die Entsorgungspolitik verändert. Bislang fühlten sich alle die Kernenergie befürwortenden Regierungen verantwortlich, für Fortschritte zu sorgen, während die Gegner, in der Hoffnung, damit dem Ausstieg aus der Kernenergie näher zu kommen, die Entsorgung eher verzögerten. Seit der Energiewende sind alle im Bundestag vertretenen Parteien wieder einig, jetzt in der Ablehnung der Kernenergie. Im April 2013 wurde auch ein parteien- und länderübergreifender Konsens in der Entsorgungsfrage erzielt. Um die Standortfrage des notwendigen Endlagers zu objektivieren, soll ein Standortauswahlgesetz erlassen werden. Eine »pluralistisch besetzte Bund-Länder-Kommission« soll bis 2015 Vorschläge zu den Sicherheitsanforderungen sowie zu Ausschluss- und Auswahlkriterien für einen Standort vorlegen. Gorleben wird als Standort nicht ausgeschlossen, aber die bergmännische Erkundung wird eingestellt, und künftige Transporte von wärmeerzeugenden radioaktiven Abfällen aus Frankreich und England müssen andere Zwischenlager ansteuern.[11] Die Erwartung, damit das Entsorgungsthema befriedet zu haben, wurde rasch enttäuscht: Einige Länder schlossen eine Beteiligung bei der Standortsuche aus und die Gemeinden, die Kernkraftwerke beherbergen, begannen den Kampf gegen die Einlagerung von abgebrannten Brennelementen aus anderen Kernkraftwerken, ohnehin besorgt, dass das Zwischenlager das Kernkraftwerk viele Jahre überdauern könnte.

Suchen will man also, aber will man auch finden? Man muss sich nur vorstellen, was passieren wird, sobald an einem neuen Standortkandidaten die erste Bohrung beginnen soll, um zu ahnen, was den künftig verantwortlichen Politikern in dieser Frage noch bevorsteht. Da der Handlungsdruck noch lange nicht akut sein wird, wird für die verantwortlichen Politiker die Versuchung groß sein, eine Entscheidung, wie die über den Endlagerstandort, mit der man es niemals allen recht machen kann, den Nachfolgern zu überlassen. So kann es sein, dass noch in vielen Jahrzehnten neben den grünen Wiesen, auf denen einst die Kernkraftwerke standen, die Zwischenlager auf einen Abtransport ihres Inhalts warten. Und wenn diese Verhältnisse eines Tages unhaltbar werden sollten, dann bleibt der Politik schließlich vielleicht nichts anderes übrig, als das Endlager doch noch in Gorleben einzurichten.

Oder könnte eines Tages auch Deutschland zur Kernenergie zurückkehren, wenn sich, vielleicht in 40 Jahren, herausstellen sollte, dass die Probleme der Versorgung eines großen Industrielandes mit elektrischer Energie fast nur aus erneuerbaren Energien doch nicht in den Griff zu bekommen sind? Aus heutiger Sicht ist das nicht vorstellbar, aber das war der Ausstieg vor 40 Jahren auch nicht. Vieles wird sich verändern, auch die Kerntechnik wird dann eine andere sein; Un-

---

11) www.bmu.de/bmu/presse-reden/pressemitteilungen/pm/artikel/
bund-und-laender-einigen-sich-auf-vorgehen-fuer-standortauswahlgesetz/
?tx_ttnews%5bbackPid%5d=309, (10.04.2013).

fälle wie in Fukushima werden unmöglich sein, und vielleicht führt auch die Forschung zu neuen Lösungen für die Entsorgung. Aber nach der problematischen Geschichte ist eine spätere Renaissance der Kernenergie in Deutschland wenig wahrscheinlich.

3.4.5 Potenziale der Forschung

Da die Entsorgung nach dem Ausstiegsbeschluss das größte verbleibende Problem der Kernenergie in Deutschland darstellt, konzentriert sich auch die Forschung auf dieses Thema. In der *Entsorgungsforschung* (Abb. 3.19) geht es um die Frage, wie die Langzeitsicherheit der Endlagerung wärmeerzeugender Abfälle noch gesteigert werden kann. Auch andere Endlagermedien als Salz werden betrachtet, allerdings hauptsächlich durch internationale Kooperation mit Ländern, die nicht über Salzstöcke verfügen, und stattdessen Entsorgungskonzepte für andere Endlagermedien wie Ton (Schweiz) oder Granit (Schweden) entwickeln.

Ein großes europäisches Projekt widmet sich dem Hauptproblem der Abfälle: der Langlebigkeit, die uns zwingt, die Sicherheit eines Endlagers über Hunderttausende von Jahren gewährleisten zu müssen. Ziel ist es, die Gefährlichkeit eines Endlagers von nur geologisch

Abb. 3.19 Handschuhbox für die Entsorgungsforschung.

beherrschbaren wieder auf historisch dimensionierte Zeiträume zurückzuführen. Durch Abtrennung und Umwandlung (»Partitioning and Transmutation« oder »P&T«) der langlebigen Fraktion der Abfälle könnte das gelingen [42]. Dafür müsste man allerdings zur Wiederaufarbeitung zurückkehren und die Transuran-Elemente aus dem Abfall abtrennen. Der Rest könnte zu Glaskokillen verarbeitet werden. Die langlebigen Transurane würden dann durch Neutronenbeschuss umgewandelt in kleinere Isotope mit sehr viel kürzerer Halbwertszeit (es sind wieder die einzelnen Elefantenkühe aus Kapitel 1.2.4.1, die die zu großen Herden in kleinere aufteilen, um deren Erregung schneller abklingen zu lassen). Diese Neutronen müssen schnell sein, man müsste zur Umwandlung also schnelle Reaktoren bauen. Wenn man das vermeiden will, könnte es auch möglich sein, die Neutronen mit Hilfe eines Beschleunigers zu erzeugen. Noch kann man nicht sagen, wie weit die Abtrennung der Transurane gelingen kann, aber es wäre ein großer Fortschritt, wenn durch P&T der Anteil der langlebigen Abfälle auf 1 % gesenkt würde, auch wenn das keinen Verzicht auf ein geologisches Endlager ermögliche. Unklar sind noch die wirtschaftlichen Randbedingungen des Verfahrens. Aber diese offenen Fragen werden ohne die Erforschung von P&T nie zu beantworten sein.

Umstritten ist, ob der Staat noch Mittel bereit stellen soll, damit sich deutsche Forscher an der Entwicklung der vierten Generation von Kernkraftwerken beteiligen können. Scheinbar macht das schon seit dem Ausstiegsbeschluss von 2000 keinen Sinn mehr. Aber wir müssen in Deutschland begreifen, dass wir zwar unsere Kernkraftwerke abschaffen können, nicht aber das Risiko von nuklearen Unfällen. Nach wie vor gibt es sehr viele Kernkraftwerke innerhalb einer Entfernung, in der Deutschland bei einem schweren Unfall heftig betroffen sein könnte. Daran wird sich nichts ändern, denn die meisten Nachbarländer planen, der Kernenergie treu zu bleiben, manche auch, erst noch einzusteigen. Zu einigen neuen Kernkraftwerksprojekten in Nachbarländern tragen wir sogar indirekt bei, weil wir durch unsere wachsende Abhängigkeit von schwankend verfügbaren Energiequellen wie Wind und Sonne ein interessanter Kunde für Stromexporte geworden sind. Wäre es nicht vernünftig, wenn wir mit unserem hohen Stand der Sicherheitsforschung dazu beitragen würden, das Sicherheitsniveau in der Welt und konkret, auch um uns herum, zu verbessern?

Schließlich gibt es noch einen weiteren Grund, diese Forschung zu finanzieren. Denn nur dadurch können weitere Fachleute in der Kerntechnik für Industrie, Wissenschaft und Staat, für Gutachterorganisationen und Genehmigungsbehörden ausgebildet werden. Benötigt werden sie für den Abbau der Kernkraftwerke und die unendliche Geschichte der Entsorgung, nicht zuletzt auch für den Fall, dass Deutschland von einem Reaktorunfall in einem Nachbarland betroffen wäre. Dazu gibt es einen Forschungsverbund zur *Kompetenzerhaltung*, der vom *KIT* geführt wird. Gute junge Wissenschaftler kann man für ein totgesagtes Feld wie die Kerntechnik in Deutschland nur gewinnen, wenn man wissenschaftlich anspruchsvolle Themen bearbeitet. Das kann P&T sein, aber auch die Mitwirkung an der Entwicklung für eine sichere Entsorgung und die Mitarbeit an der Erforschung einer *vierten Generation* noch sichererer Kernkraftwerke.

3.4.6 Kernfusion

Ein ganz anderes Gebiet der nuklearen Forschung mit geringen Gemeinsamkeiten zur Forschung für sichere Kernspaltungsreaktoren ist der Erforschung der *Kernfusion* gewidmet. Ähnlich den Prozessen in der Sonne soll hier durch Fusion kleiner statt durch Spaltung großer Kerne nukleare Bindungsenergie freigesetzt werden. Im militärischen Bereich ist das früh gelungen, bereits 1952 detonierte die erste Wasserstoffbombe, in der der Fusionsprozess durch eine Kernspaltungsbombe gezündet wurde. Die Aufgabe, den gleichen Effekt für eine kontinuierliche Energieumwandlung zu nutzen, hat sich als sehr viel schwieriger als bei der Kernspaltung erwiesen.

Auf der Erde ist am ehesten die Fusion der beiden schweren Wasserstoffisotope Deuterium und Tritium zu realisieren (Abschnitt 1.2.4.1), aber auch dafür muss das Plasma eine Temperatur von unvorstellbaren 150 Mio. °C erreichen. Da kein Behälter solchen Temperaturen Stand halten könnte, soll dieses Plasma durch starke Magnetfelder eingeschlossen werden. Müssten diese durch normal leitende elektromagnetische Spulen erzeugt werden, könnte man sich den Bau eines Fusionsreaktors sparen; er würde fast die gesamte erzeugte elektrische Energie für die Aufrechterhaltung seines Betriebs verbrauchen. Der Fusionsreaktor ist deshalb auf den Einsatz supraleitender Magnetspulen angewiesen (Abschnitt 1.2.3), was die erste große technologische Herausforderung darstellt.

Innerhalb der Magnetspulen verläuft ein Vakuumgefäß, in dem der Fusionsprozess ablaufen soll. Zwar ist dessen Material nicht den hohen Temperaturen des Plasmas, wohl aber der intensiven Bestrahlung mit Neutronen ausgesetzt, deren kinetische Energie es in Wärme verwandeln muss. Bei dieser zweiten technologischen Herausforderung hat die Materialforschung für den Fusionsreaktor bei der Suche nach Metalllegierungen, die den hohen Neutronendosen standhalten und dabei nur wenig aktiviert werden, große Fortschritte erzielt, doch kann man erst dann genau sagen, wie lange das Material Stand halten kann, wenn man es unter realistischen Bedingungen testet. Für die weitere Materialforschung ist der Bau einer Neutronenquelle mit einer Energie von 14,8 MeV erforderlich. Das ist die zweite große technologische Herausforderung. Schließlich muss der Fusionsreaktor »gezündet« werden, d. h. das Plasma muss gebildet und auf die erforderliche Betriebstemperatur von 150 Mio. °C aufgeheizt werden. Das soll hauptsächlich mittels einer Art Mikrowellenheizung durch sogenannte *Gyrotrons* und eine Widerstandsheizung des Plasmas durch starke induzierte Ströme erfolgen – die dritte technologische Herausforderung.

Bisher hat man sich den Fusionsbedingungen über Jahrzehnte in einer Serie immer größer werdender Experimente angenähert. 2006 wurde beschlossen, in weltweiter Kooperation eine erste Fusionsanlage zu bauen, in der eine sich selbst erhaltende Fusionsreaktion über längere Zeit aufrechterhalten werden kann. Dieses Projekt »*ITER*« wird gegenwärtig in Cadarache in Frankreich gebaut (Abb. 3.20). ITER folgt dem Bauprinzip der sogenannten *Tokamaks*. In ihm werden die magnetischen Feldlinien, um die sich die geladenen Teilchen wie die Drähte einer Sprungfeder winden und dabei das reifenförmige Plasma bilden, durch ein System von drei Spulenarten erzeugt: stehende, gewaltig große D-förmige Magnete (Abb. 3.21), ringförmige Zusatzmagnete und noch einen gepulsten Zentralmagneten, der durch Induktion im Plasma einen starken Sekundärstrom erzeugt, der dieses weiter aufheizt. Letzterer muss nach einer gewissen Betriebsdauer abgeschaltet und wieder neu hochgefahren werden. Die dadurch entstehende Pause ist für die Stromerzeugung kein großes Problem, da sie durch die Wärmekapazität der Anlage überbrückt werden kann. Nachteilig ist aber der Effekt auf die Stabilität des Vakuumbehälters, der nun zusätzlich zu der extremen Neutronen-

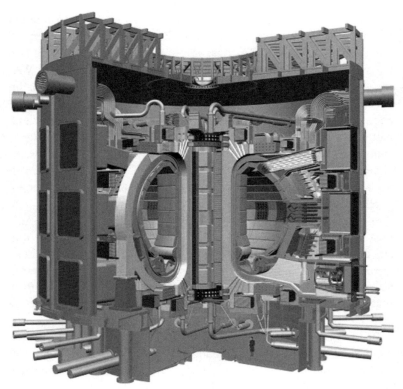

Abb. 3.20 Querschnitt durch ITER.

strahlung auch noch stündlich thermische Wechsel zu verkraften hat.

Vermeiden ließe sich das Problem durch den Bau des »*Stellarator*«-Typs, bei dem die das Vakuumgefäß umschließenden Magnete so geformt werden, dass sie die gewünschten gewundenen Feldlinien direkt erzeugen können; sie sehen aus wie das Vorderrad eines Fahrrads, das gegen eine Wand geprallt ist (Abb. 3.22). Durch ihre bizarre Form nehmen sie viel Platz ein und erschweren dadurch den Zugang zum Reaktorgefäß für Energieeinspeisung und Diagnostik. Ein Fusionsexperiment nach diesem Prinzip wird unter dem Namen *Wendelstein 7X* gegenwärtig in Greifswald errichtet.

Abb. 3.21 Testmagnet für ITER im KIT.

Welche Vorteile hätte nun ein Fusionsreaktor gegenüber einem Spaltungsreaktor, die diesen Aufwand rechtfertigen? Es gibt drei Vorteile:

- Der Fusionsreaktor erschließt durch das Erbrüten des benötigten Brennstoffs Tritium aus Lithium eine neue, nahezu unerschöpfliche Energiequelle für die Stromversorgung.
- Ein Fusionsreaktor ist kein Meiler, sondern enthält wie ein Motor stets nur die Menge an Material, das für den Fusionsprozess er-

Abb. 3.22 Spulenanordnung des Stellarators.

forderlich ist. Das reduziert das radioaktive Gefahrenpotenzial bei einer Zerstörung des Reaktors ganz erheblich. Das Potenzial von Strahlenschäden in der unmittelbaren Umgebung eines havarierten Fusionsreaktors ist jedoch nicht vernachlässigbar.
- Bei der Fusion entstehen praktisch keine langlebigen radioaktiven Stoffe, so dass der Fusionsreaktor nach internationalen Standards kein geologisches Endlager erfordert. Allerdings entstehen, je nach Standzeit der Materialien, große Mengen an schwach radioaktiven Abfällen mit kurzer Halbwertszeit, die in Deutschland in einem geologischen Lager (Konrad) entsorgt werden müssten.

Noch ist allerdings nicht sicher, dass der Fusionsreaktor je Realität wird und ob er zu wirtschaftlichen Bedingungen Strom erzeugen kann. Auch ist offen, ob diese andere Form nuklearer Energiegewinnung in Deutschland Akzeptanz finden wird. Für eine Antwort auf diese Fragen muss man sich in Geduld üben. Frühestens in 40 Jahren halten die Fusionsforscher nämlich den Bau eines ersten Fusionsreaktorkraftwerks für möglich [43], allerdings haben sie diese Prognose vor 40 Jahren auch schon abgegeben. Bleibt diese, in der Forschungspolitik oft als »Fusionskonstante« belächelte 40-jährige Zeitspanne bis zum Ziel trotz aller Bemühungen wirklich unverändert? Nein, denn die Fehlprognosen der Vergangenheit haben ihre Ursache darin, dass die Fusionsforschung über lange Jahre von Plasmaphysikern dominiert wurde, die die technologischen Herausforderungen notorisch unterschätzten. Inzwischen ist die Fusionsforschung mit ITER und mit dem endlich in Gang gekommenen Technologieprogramm, in dem das KIT in Europa und weltweit eine führende Stellung einnimmt, in eine entscheidende Phase getreten. Deshalb muss ITER ein Erfolg werden und die Voraussetzungen für den Bau eines Demonstrationskraftwerks schaffen.

Wer die Kapitel über die Chancen neuer Energietechnologien durch Forschung in diesem Buch zusammenfassend bewertet, muss zu dem Schluss kommen, dass wir nicht über viele große neue Ideen und Potenziale verfügen und zurzeit bei Weitem nicht in der Lage sind, künftigen Generationen einen Ersatz für die Ausbeutung der fossilen Schätze der Erde anzubieten. Ein so großes Potenzial, wie es die Fusionsforschung erschließen kann, darf nicht unerforscht bleiben. Ob die Fusion eine sinnvolle und akzeptable Lösung für einen Teil unseres Energieproblems bieten kann, ist erst zu beurteilen, wenn die Technik hinreichend entwickelt und damit bewertbar ist.

Exkurs 3   Was in Fukushima geschah

In Fukushima, einer Provinz 230 km nördlich von Tokio, befindet sich an zwei Standorten das größte Kernkraftwerk Japans, das aus zehn Reaktoren, Daiichi (Block 1 mit 439 MWe, Blöcke 2–5, jeweils mit 760 MWe, und Block 6 mit 1067 MWe) und Daini mit vier Reaktorblöcken besteht. Vor dem Erdbeben waren in Daiichi nur die Blöcke 1–3 in Betrieb; die Blöcke 4–6 befanden sich in Revision. In Block 4 waren die Brennelemente aus dem Reaktor entfernt und in das Lagerbecken gebracht worden. Was in Daiichi nach Erdbeben und Tsunami geschah, ist heute aus vielfachen Untersuchungen weitgehend bekannt, obwohl nach dem Tsunami viele Überwachungsstationen ausfielen. Viele Vorgänge in der Anlage wurden inzwischen durch japanische und internationale Experten aus den vorliegenden Daten, z. B. den gemessenen Ortsdosisleistungen rekonstruiert und auch quantifiziert. Zu einzelnen Aspekten werden in Veröffentlichungen auch abweichende Auffassungen vertreten; sie zu behandeln würde den Rahmen dieses Buches sprengen. Dieser Exkurs stützt sich auf die sehr detaillierte Darstellung des Unfalls und seiner Folgen durch die Gesellschaft für Anlagen- und Reaktorsicherheit (GRS), der zentralen technisch-wissenschaftlichen Expertenorganisation für alle Fragen der kerntechnischen Sicherheit und der nuklearen Entsorgung in Deutschland [44].

Am 11. März 2011 ereignete sich um 14:46 Uhr ein Erdbeben der Stärke 9,0; das Epizentrum lag 160 km östlich von Fukushima in 24 km

Tiefe. Als unmittelbare Folge wurden die im Betrieb befindlichen Reaktoren innerhalb 1 s automatisch abgeschaltet. Die horizontalen Beschleunigungen vor allem in west-östlicher Richtung überschritten bei allen Blöcken von Daiichi außer Block 4 und außer den Anlagen in Daini die Auslegungswerte deutlich, doch hatten nach den vorliegenden Informationen alle zehn Reaktoren das Erdbeben im Wesentlichen unbeschädigt überstanden. Allerdings hatte das Erdbeben die Stromleitungen zerstört, so dass die abgeschalteten Reaktoren für die Abfuhr der Nachzerfallswärme (Abschnitt 3.4.1), die unmittelbar nach dem Abschalten noch 5–10 % der Betriebsleistung entspricht, auf die Notstromaggregate angewiesen waren.

Eine Stunde nach den Erdstößen wurde Daiichi von einem 14 m hohen Tsunami überflutet. Das Gelände, auf dem die Reaktoren standen, war vor dem Bau künstlich auf ein Niveau von 10 m über dem Meeresspiegel abgesenkt worden, der Tsunami-Schutzwall, der vor dem Gelände im Meer errichtet worden war, hatte nur eine Höhe von 5,7 m über dem Meeresspiegel. Das Reaktorgelände wurde 4–5 m hoch überflutet. Die unter die Geländeoberfläche abgesenkten Notstromdiesel versagten sofort, mit einer Ausnahme: Ein Notstromdiesel von Block 6 blieb in Betrieb und konnte die Kühlung der separat angeordneten Blöcke 5 und 6 aufrechterhalten. Auf Bildern, die vor und nach dem Tsunami aufgenommen wurden, sieht man, dass Dieseltanks vor den Blöcken 1–4 weggeschwemmt wurden.

Tsunamis dieser Größe sind in Japan lange nicht so selten wie ein so extrem starkes Erdbeben. Auch kleinere Erdbeben können, je nach Topographie der Küste, noch höhere Tsunamis auslösen und haben dies in der Vergangenheit auch so oft getan, dass die statistische Wahrscheinlichkeit für einen über 10 m hohen Tsunami am Standort Daiichi zwischen einmal in 100–1000 Jahre abgeschätzt wird. Damit gehört der Reaktorunfall von Fukushima aber nicht in die Kategorie des Restrisikos, vielmehr hätte nach internationalen Sicherheitsstandards ausreichende Vorsorge getroffen werden müssen: durch eine viel höhere Schutzmauer, aber auch durch die Anordnung der Notstromdiesel und Öltanks auf größerer Höhe und durch wasserdichte Tore der Maschinenhallen. Durch Beachtung der internationalen Sicherheitsstandards durch Betreiber und Aufsichtsbehörde hätte der Mehrfachunfall vermieden werden können: Konstruktionsfehler Nr. 1.

Die Situation nach dem Tsunami muss für die Betriebsmannschaft traumatisch gewesen sein: Sie mussten um das Leben ihrer Angehörigen und ihr Hab und Gut fürchten, konnten aber wegen des Zusammenbruchs aller Kommunikationssysteme keinen Kontakt aufnehmen. Die Reaktorwarte wurde nur noch spärlich durch Batterien beleuchtet, die Mess- und Regeltechnik der Anlagen war außer Funktion. Für eine Weile konnte eine gewisse Kühlung der Reaktoren durch Batterien aufrechterhalten werden. Als sie erschöpft waren, blieben die Reaktoren sich selbst überlassen, ausgerechnet in der Zeit noch sehr hoher Nachzerfallswärme. Infolge der zerstörten Kommunikations- und Verkehrswege wurden erst am 13. März Maßnahmen zur Kühlung der Reaktoren ergriffen. Wegen der zerstörten Infrastruktur blieb nur die Möglichkeit, die Anlagen mit Meerwasser zu kühlen. Insgesamt waren Block 1 für 28 h und die Blöcke 2 und 3 für 3 bzw. 8 h ohne Kühlung. Dabei haben sich die vom Wasser nicht mehr bedeckten Teile der Brennelemente so stark erhitzt, dass sie geschmolzen sind. Durch Simulationsrechnungen wurde später ermittelt, dass der Kern von Block 1 mit hoher Wahrscheinlichkeit vollständig geschmolzen ist und sich durch den Boden des Reaktordruckbehälters in den darunterliegenden Beton gefressen hat, aber kurz vor Erreichen des Containments gestoppt werden konnte. Die Kerne der Blöcke 2 und 3 sind mit hoher Wahrscheinlichkeit mindestens zur Hälfte, vielleicht aber ebenfalls vollständig geschmolzen.

Eine Nebenwirkung der hohen Temperaturen war die Entstehung von Wasserstoff durch die katalytische Funktion des Hüllrohrmaterials Zirkalloy. Die Menge des produzierten Wasserstoffs wurde auf 300–600 kg in Block 1 und bis zu 1000 kg in den Blöcken 2 und 3 abgeschätzt. Die Erhitzung in den Reaktoren führte gleichzeitig zu einem Druckaufbau in den Sicherheitsbehältern, die die Reaktoren umgeben. Als man nach der früh eingeleiteten Evakuierung der Bevölkerung aus schrittweise vergrößerten Zonen um den Standort Daiichi eine Druckentlastung vornahm, um die Sicherheitsbehälter vor einem Versagen zu schützen, gelangte auch der erzeugte Wasserstoff in den Raum zwischen Sicherheitsbehälter und Dach der Anlagen. Jetzt rächte es sich, dass die Anlagen in Daiichi, wieder entgegen der internationalen Norm, nicht mit Rekombinatoren ausgerüstet waren, die den Wasserstoff unschädlich gemacht hätten: Konstruktionsfehler Nr. 2. Es kam zu spektakulären Explosionen in den Blöcken 1 und 3, die allerdings die Sicherheitsbehälter nicht beschädigten. Außerdem fehlte ein Notfallfilter, der in deutschen Kernkraftwerken nach dem Unfall von Tschernobyl zur Pflicht wurde. Es kann bei einer Druckentlastung den größten Teil der radioaktiven Stoffe zurückhalten und auch der von ihnen ausgehenden Wärme Stand halten: Konstruktionsfehler Nr. 3. Die Freisetzungen von radioaktiven Stoffen an die Luft aus den Blöcken 1–3 stammten entweder von den Druckentlastungen oder von den Wasserstoffexplosionen, hätten also bei besserer Auslegung der Anlage weitgehend vermieden werden können.

Vier Tage nach dem Tsunami ereignete sich eine weitere Wasserstoffexplosion in Block 4, obwohl sich dort kein Brennstoff im Reaktor befand. Zunächst vermutete man, dass auch hier mangels Kühlung, vielleicht auch durch vom Erdbeben verursachte Leckagen der Wasserspiegel im Brennelementlagerbecken so weit abgesunken war, dass die Brennelemente teilweise geschmolzen wären. Inzwischen ist die wahrscheinlichste Erklärung aber, dass der Wasserstoff über die gemeinsame Lüftung von Block 3 in Block 4 gelangte. Diese Annahme wird sowohl durch Messwerte in den Lüftungsleitungen wie auch durch Videoaufnahmen des Lagerbeckens gestützt, die keine Schäden an den Brennelementen zeigen, soweit sie wegen in das Becken gestürzter Trümmer sichtbar sind. Mit Hilfe einer Betonpumpe wurde dann das Becken wieder mit kühlem Wasser versorgt. Die Schäden an der Anlage sind in zahlreichen Bildern (Abb. 3.23) zu sehen.

Die weiteren Maßnahmen und Ereignisse in Daiichi sind in einem Bericht der *Nuclear Energy Agency der OECD* dokumentiert [45]. Bei einem Besuch eines Experten des *KIT* in Fukushima, ein Jahr nach dem Tsunami[12], waren dort über 1000 Mitarbeiter eingesetzt, um die Kühlkreisläufe aufrechtzuerhalten, weitere Sicherheitsvorkehrungen auszubauen und mit den Aufräumarbeiten zu beginnen. Sie sollen die Reaktoren in 40 Jahren bis zur grünen Wiese zurückbauen [46]. Zunächst erhalten die Blöcke, deren Dächer durch Explosionen zerstört wurden, neue Einhausungen, die auch weitere Freisetzungen von radioaktiven Stoffen verhindern, da die Luft im Zwischenraum zwischen altem und neuem Gebäude abgepumpt und gefiltert wird. Dann sollen die Brennelement-Lagerbecken geräumt werden. Die schwierigste Aufgabe ist die Bergung der geschmolzenen Kerne. Sie sollen von ferngesteuerten Maschinen unter Wasser in dem gefluteten Containment zerlegt und in Behälter gepackt werden, um die Strahlenbelastung gering zu halten. Für die übrigen radioaktiven Abfälle soll vor Ort ein Lager entstehen.

12) http://www.energie-fakten.de/html/fukushima-tromm.html, (15.04.2013)

Abb. 3.23 Fukushima Daiichi am 16. März 2011, Blöcke 1–4 von rechts nach links.

Was waren und sind die radiologischen Konsequenzen des Unfalls von Fukushima? Den besten Überblick geben die Daten des »National Institute of Radiological Sciences« (*NIRS*), das der Autor wegen der engen Kooperation zwischen KIT und NIRS im November 2010, also wenige Monate vor dem Unfall, besucht hat. Anders als das Krisenmanagement der Betreiberfirma TEPCO und auch das der Regierung, das auch von Fachleuten in Japan kritisiert wird, erfreut sich NIRS wegen seiner Kompetenz und der Transparenz seiner Arbeit eines hohen Ansehens. Wichtige Daten sind bereits in einem Bericht enthalten, den der Präsident des NIRS am 23. Mai 2011 in einer Konferenz des United Nations Scientific Committee on the Effects of Atomic Radiation (*UNSCEAR*) in Wien erstattete [47]. Sie werden ergänzt durch einen noch nicht veröffentlichten Bericht von M. Akashi (NIRS) auf der Tagung der Deutschen Gesellschaft für medizinischen Strahlenschutz am 30. Juni 2012 und Angaben im Bericht der GRS und bestätigt durch einen Bericht der Weltgesundheitsorganisation *WHO* [48].

Bei dem Mehrfach-Reaktorunfall in Fukushima wurden die radiologischen Konsequenzen durch zwei günstige Umstände gemildert: die Lage des Kraftwerks an der Küste und die vorwiegend aus Westen wehenden Winde, die den größeren Teil der Emissionen auf dem Pazifischen Ozean verteilten. Am 15. und 16. März sorgte jedoch ein aus Südosten wehender Wind für eine Kontamination in einem rund

50 km langen und 20 km breiten Streifen in nord-westlicher Richtung (Abb. 3.24). Dort wurde ein Maximalwert von über 100 Mikrosievert (µSv) pro Stunde gemessen. Hier sind also erhebliche Anstrengungen zur Dekontamination erforderlich. Die Kontamination dieser hochbelasteten Zone ist ähnlich hoch wie in der Umgebung von Tschernobyl, betrifft laut NIRS aber räumlich nur 3–4 % der Fläche, die bei dem Unfall in der Umgebung von Tschernobyl kontaminiert wurde, obwohl in Fukushima drei Reaktoren mit insgesamt nahezu der doppelten Gesamtleistung havariert waren. Ein Grund für diesen Unterschied liegt in dem Brand des Reaktorkerns in Tschernobyl, der wesentlich mehr Spaltprodukte, darunter auch Schwermetalle, freisetzte und durch den Kamineffekt weiträumig verteilte.

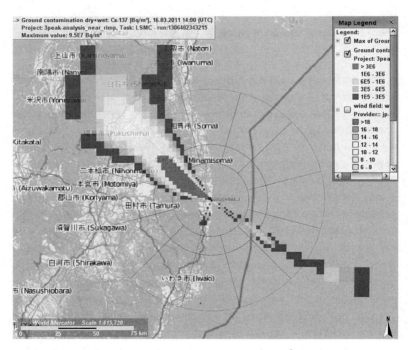

Abb. 3.24 Bodenkontamination mit Cäsium137 in Bq/m^2, berechnet mit dem KIT-Programm RODOS.

Durch die vorsorgliche Evakuierung wurde in Japan sogar die vorbereitete Einnahme von Jodtabletten nicht angeordnet, die eine Aufnahme des häufigen Spaltprodukts Jod131 verhindern können (Iod reichert sich in der Schilddrüse an. Durch eine Überdosierung von Iod durch Einnahme von Tabletten zum richtigen Zeitpunkt kann man eine Inkorporation von Iod131 weitgehend verhindern). Bis Mai 2011 wurden über 195 000 Personen strahlenmedizinisch untersucht, ohne dass Anzeichen auf gesundheitliche Beeinträchtigungen gefunden wurden. Bei 102 Personen wurde der Schwellenwert zur Durchführung von Maßnahmen zur Beseitigung von Kontaminationen überschritten, nach Anwendung dieser Maßnahmen aber in allen Fällen eingehalten.

Die Untersuchung der WHO [48] kommt zusammenfassend zu folgenden Abschätzungen der Effektivdosis für die Bevölkerung:

- in der Präfektur Fukushima von 1–10 mSv mit Ausnahme von zwei Regionen mit 10–50 mSv,
- in benachbarten Präfekturen 0,1–10 mSv; zum Vergleich erwähnt der WHO-Bericht, dass 10 mSv der Grenze für die Belastung von Wohnungen durch Radon entspricht,
- in anderen Präfekturen 0,1–1 mSv,
- in der übrigen Welt unter 0,01 mSv; dieser Wert entspricht laut WHO der mittleren natürlichen Strahlenbelastung von 1,5 Tagen.

Die Schilddrüsendosis beträgt

- in der am stärksten kontaminierten Zone der Provinz Fukushima mit 10–100 mSv, mit je einer Ausnahme mit 100–200 mSv bzw. 0,1–10 mSv,
- im Rest der Japans mit 1–10 mSv für Erwachsene und in Fukushima mit dem Zehnfachen davon für Kinder,
- im Rest der Welt unter 0,01 mSv.

Insgesamt sind nach Aussagen von Strahlenmedizinern, die auch im Bericht der GRS wiedergegeben werden, aufgrund der äußeren Strahlenexposition keine messbaren Gesundheitseffekte zu erwarten. Überwachungsbedürftig sind nach diesen Aussagen aber die Menschen und vor allem Kinder, die Iod131 aufgenommen haben, da für mögliche Fälle von Schilddrüsenkrebs bei früher Erkennung sehr gute Heilungschancen bestehen. Weiter überwachungsbedürftig sind Personen, die radioaktive Stoffe aufgenommen haben. Bei der Untersuchung von über 38 000 Personen wurden aber nur bei 26 Menschen kumulierte Effektivdosen über 1 mSv bis maximal 3 mSv gefunden. Vorsorglich wurde ein Gesundheitsüberwachungsprogramm gestartet, in dem in mehreren Stufen Daten zur Strahlenexposition und zum aktuellen Gesundheitszustand von rund zwei Mio. Menschen aus der Provinz Fukushima erfasst und langfristig verfolgt werden.

Nicht nur durch seewärts wehende Winde, sondern vor allem auch durch unabsichtliche und geplante Einleitungen von kontaminiertem Wasser gelangten auch erhebliche Mengen an Radioaktivität in den Pazifik. Sie haben nach dem Unfall zu starken Kontaminationen von Fischen und Meeresfrüchten geführt. Nach Modellrechnungen des Helmholtz-Zentrums für Ozeanforschung in Kiel[13] sorgt die starke Vermischung durch ozeanische Wirbel für eine rasche Verdünnung des radioaktiven Wassers. Ein Jahr nach dem Unfall konnten radiologisch relevante Konzentrationen nur noch in unmittelbarer Nähe des Standorts Daiichi nachgewiesen werden.

Für das Personal am Standort selbst hatte das zuständige japanische Ministerium mit Rücksicht auf die Schwere des Unfalls und die Gefahr für die Umgebung den Grenzwert für die maximale Dosis des beruflich strahlenexponierten Personals für Daiichi von 100 mSv/Jahr auf 250 mSv/Jahr erhöht, damit die Obergrenze der internationalen Strahlenschutzkommission von 500 mSv/Jahr aber nicht ausgeschöpft. Von März bis Dezember kamen in Daiichi insgesamt fast 20 000 Menschen zum Einsatz. In 167 Fällen wurde der alte Grenzwert von 100 mSv überschritten; in sechs Fällen wurde laut NIRS auch der neue Grenzwert nicht eingehalten. Diese Aussagen stehen unter einem gewissen Vorbehalt, weil in den ersten Tagen nach dem Tsunami nicht mehr genügend Dosimeter verfügbar waren und meist nur der Leiter eines Arbeitstrupps ein solches Gerät trug. Ab 1. April 2011 war wieder für jeden Beschäftigten ein Dosimeter verfügbar. Auch die Untersuchungsmöglichkeiten auf mögliche Inkorporationen von radioaktiven Stoffen waren anfangs lückenhaft. Ab August wurden dann vorrangig die Einsatzkräfte der ersten Wochen in Ganzkörperzählern auf Inkorporationen untersucht, so dass dazu inzwischen ein kompletter Überblick vorliegt. Durch diese verspätete Messung konnte allerdings nicht mehr die Dosis ermittelt werden, die die Beschäftigten durch Iod131 erhalten haben können, weil es wegen seiner kurzen Halbwertszeit von 8 Tagen inzwischen bereits weit abgeklungen war.

Unter den sechs Personen, bei denen der Grenzwert von 250 mSv überschritten wurde, sind zwei Arbeiter, die in kontaminiertem Wasser

---

13) www.geomar.de/news/article/fukushima-wo-bleibt-das-radioaktive-wasser/, (15.04.2013).

stehend ein Kabel verlegten. Sie haben hauptsächlich an den Beinen eine hohe Dosis von 466 mSv überwiegend von Betastrahlern erhalten. Sie wurden bei NIRS dekontaminiert und zwei Wochen überwacht. Anzeichen für eine Verbrennung oder Reizung der Haut, wie sie bei hohen Betadosen auftritt (Abschnitt 1.2.4.2), waren nicht zu beobachten. Bei den anderen Fällen mit einer Überschreitung des Grenzwerts, im höchsten Fall auf 680 mSv, handelt es sich um Mitarbeiter, die während der Freisetzungsphasen im beschädigen Kontrollraum tätig waren. Nicht nur in der Bevölkerung, auch unter den Einsatzkräften wurde kein Fall von akuter Strahlenkrankheit festgestellt. Drei Todesfälle sind unter den Beschäftigten in Daiichi eingetreten: ein Arbeiter starb vor Erschöpfung und zwei Beschäftigte wurden, wie insgesamt fast 19 000 Menschen, unmittelbar Opfer des Tsunamis.

Insgesamt sind nach den bislang vorliegenden Daten weder für die Einsatzkräfte noch für die Bevölkerung irgendwelche messbaren gesundheitlichen Konsequenzen aus dem Mehrfach-Unfall zu erwarten. Die Betonung liegt in diesem Satz auf dem Wort »messbaren«. Nach den Dosis-Wirkungs-Beziehungen (Abschnitt 1.2.4.2) können zusätzliche Krebserkrankungen auftreten. In einer Modellrechnung, die an der Stanford University in Kalifornien durchgeführt wurde [49], ermitteln die Autoren als Folge der Reaktorkatastrophe eine wahrscheinliche Zahl von 130 Krebstoten weltweit (mit breiter Unsicherheit zwischen 15 und 1100) – nicht pro Jahr, sondern insgesamt. Laut Krebsstatistik sterben in Japan allein jährlich 353 000 Menschen an Krebs,[14] von den ca. zwei Mio. Einwohnern von Fukushima demnach etwa 5880. Ob die von den kalifornischen Wissenschaftlern rechnerisch ermittelte Zahl von zusätzlichen Krebstoten zutrifft, die sich über viele Jahre verteilen würden, wird innerhalb dieser hohen spontanen Krebsrate nicht festzustellen sein.

Diese Aussage mag überraschen angesichts der Tatsache, dass in der Berichterstattung in Europa die Tsunami-Katastrophe, die 19 000 Opfer forderte, nach dem Reaktorunfall kaum noch Erwähnung fand. Sie hat jedenfalls nichts zu tun mit einer immer wieder geargwöhnten Schönfärberei des Unfalls durch Regierung und Verantwortliche in Japan. Angesichts der offenen und kritischen japanischen Gesellschaft und der vielen internationalen Experten, die sich mit dem Unfall be-

---

14) http://ganjoho.jp/public/statistics/backnumber/2011_en.html, (13.02.2013).

schäftigen, die zum großen Teil auch selbst Daten aufgenommen haben und denen Fälschungen in den japanischen Daten nicht verborgen geblieben wären, kann man diese Unterstellungen nicht ernst nehmen. Es gab einiges Glück in diesem vielfachen Unglück, das dafür sorgte, dass der Unfall für die Bevölkerung in der Umgebung in Bezug auf die radiologischen Gefahren so glimpflich ausgegangen ist. Dies ist vor allem der raschen Evakuierung zu verdanken, für die die Betroffenen allerdings einen hohen Preis zahlen mussten. Günstig wirkte sich die Lage des Kernkraftwerks an der Küste aus, das dadurch nur auf einer Seite an bewohntes Gebiet grenzte, hinzu kamen fast durchweg meerwärts gerichtete Winde, ohne die die Kontamination an Land wesentlich höher ausgefallen wäre. Auch ist es keinesfalls selbstverständlich, dass in allen drei Fällen Reaktordruckbehälter und Containment der in der entscheidenden Phase sich selbst überlassenen Reaktoren eine Kernschmelze so halbwegs heil überstehen, dass sie ihre Rückhaltefunktion noch weitgehend erfüllen können.

Evakuierungen sind immer mit Risiken, vor allem für alte, kranke oder auf besondere Hilfsmittel angewiesene Personen verbunden. Unter den Bedingungen nach der Tsunami-Katastrophe waren viele Evakuierte bei Minustemperaturen und angesichts der zerstörten Infrastruktur besonderen Belastungen ausgesetzt. In mehreren Schritten bis zur Ausdehnung der Evakuierungszone auf 20 km mussten 78 000 Menschen kurzfristig ihre Wohnungen verlassen. Später kamen noch weitere freiwillige Flüchtlinge aus der Zone bis 30 km und der nach Nordwesten ausgedehnten Kontaminationszone hinzu. In der oben zitierten kalifornischen Veröffentlichung wird eine Zahl von 600 Toten durch die Evakuierung genannt, die allerdings nicht belegt und deshalb nicht nachprüfbar ist. Wenn das zutrifft, dann wäre es tragisch, dass viel mehr Menschen durch die Evakuierung zu Tode gekommen als insgesamt rechnerisch Opfer durch die Strahlenbelastung zu befürchten sind. Dennoch sollte man die Entscheidung zur Evakuierung nicht kritisieren, denn die Verantwortlichen mussten auch mit einem schwereren Verlauf des Reaktorunfalls rechnen. Im November 2011 lebten rund 93 000 Evakuierte noch in Häusern und Wohnungen außerhalb der gesperrten Gebiete. Unabhängig davon lebten in Japan ein Jahr nach dem Tsunami nach Presseberichten noch 326 000 Menschen in Behelfsunterkünften.

Hinzu kommen soziale Probleme durch die Entwurzelung und durch die Unsicherheit über die gesundheitlichen Folgen, die von widersprüchlichen Aussagen vieler unterschiedlicher »Experten« angeheizt wird. Radioaktive Strahlung löst in besonderem Maße solche Ängste aus, weil man für sie keinen Sensus hat, und weil meist auch die Zusammenhänge und Größenordnungen nicht verstanden werden. Manchmal werden Menschen, die aus der Präfektur Fukushima kommen, sogar diskriminiert, z. B. wird berichtet, dass Autos mit dem Kennzeichen von Fukushima aus Angst vor »Verstrahlung« an Tankstellen nicht bedient werden.

Abschließend kann man zwei »Was wäre, wenn ...«-Fragen stellen, die in ganz unterschiedliche Richtungen führen. Die erste Frage ist, was passiert wäre, wenn Auslegungsfehler Nr. 1 vermieden worden wäre, die (oder wenigstens einige) Notstromdiesel und Tanks also in mindestens 10 m Höhe über dem Gelände aufgestellt worden wären: kleinere Schäden oder Probleme, wie sie auch in den Blöcken 5 und 6 oder in den Blöcken 1–4 in Daini aufgetreten sind – nichts, worüber wir je etwas erfahren hätten. Die beklemmende andere Frage ist, was noch Schlimmeres hätte passieren können: Eine weitaus größere Freisetzung von radioaktivem Material hätte verbunden mit einer unglücklichen Wetterkonstellation aus Wind und Niederschlägen zu einer Kontamination in Tokio führen können, deren Folgen man sich kaum vorstellen kann.

Die Lehre aus Fukushima ist also einfach: Wer weiter Kernkraftwerke nutzen möchte, sollte jetzt anfangen, die alten Anlagen zu ersetzen, die vor 50 Jahren als erste Schritte in die so grundlegend neue Nukleartechnik entwickelt worden waren. Heute könnten Anlagen der dritten Generation von Kernkraftwerken gebaut werden, in denen eine Kernschmelze weitgehend ausgeschlossen werden kann, die sie aber innerhalb der Anlage beherrschen könnten, sollten sie durch eine Verkettung unglücklicher Umstände doch eintreten, ohne dass die weitere Umgebung evakuiert werden müsste. Nur eine Technik, die sich immer weiter entwickelt, bei der fortschrittlichere Anlagen immer wieder die vorhandenen verdrängen, hat eine Zukunft. Natürlich kann man das Risiko vermeiden, wenn man aus der Kernenergienutzung aussteigt, jedenfalls könnte Japan diesen Weg gehen. In Deutschland bleibt auch nach dem Ausstieg das Risiko der Anlagen, die um uns herum und teilweise für unseren Bedarf in Europa betrieben werden, auf deren Sicherheitsniveau wir aber keinen Einfluss haben.

4
Erneuerbare Energien

Auch wenn die Lage bei den Ressourcen von Kohle, Öl, Gas und Uran heute wesentlich komfortabler aussieht, als man vor 40 Jahren erwartete, der Zeit, in der die »Grenzen des Wachstums« heraufbeschworen wurden, es bleibt eine letztlich unverantwortliche Tatsache, dass wir vielleicht nicht unseren Kindern, sicher aber deren Kindern und Enkeln eine von den leicht erreichbaren Rohstoffen weitgehend ausgeplünderte Erde hinterlassen. Schon deshalb müssen große Anstrengungen unternommen werden, unseren Energiebedarf durch natürliche Prozesse zu decken, die niemals erschöpft werden können, solange menschliches Leben auf der Erde möglich ist. Selbst wer nicht an die Klimaerwärmung durch die Verbrennung fossiler Energieträger glaubt, wird diesem Argument nicht widersprechen können, das aber in der Energiepolitik, national wie international, nie eine Rolle gespielt hat. Erst die Sorge vor einer Klimaveränderung, obwohl weniger sicher vorhersehbar als die Erschöpfung der Ressourcen, hat zu einer höheren Priorität für die Nutzung erneuerbarer Energien geführt.

Wir verwenden den bis in die Gesetzessprache eingeführten Terminus »erneuerbare Energien« – auch international spricht man von »Renewables« – obwohl er unzutreffend ist, wenn wir es mit der Physik ganz genau nehmen. Diese Energien sind zwar aus menschlicher Perspektive unerschöpflich, aber physikalisch wird keine von ihnen »erneuert«. Die Sonnenenergie steht aus der Sicht der Erde jeden Tag neu zur Verfügung, doch die *Sonne* wandelt große, aber letztlich begrenzte Vorräte von Wasserstoff in Helium um. Dieser Hinweis ist zugegebenermaßen ein wenig pedantisch, denn die Sonne wird noch Milliarden von Jahren scheinen, langsam immer wärmer werden und nach 5 Mrd. Jahren erkalten. Die Erdwärme stammt aus der Entstehungszeit der Erde und aus der abklingenden Radioaktivität im Erdinneren, und die *Gezeiten* beziehen ihre Energie durch die Gravitationswechselwirkung des Mondes und der Sonne mit der Erde; die Reibungsverluste der ausgelösten Tiden des Meeres, wozu auch Gezeitenkraftwerke beitragen würden, gehen zu Lasten der Rotationsenergie der Erde (Abschnitt 1.2.2). Alle diese Energien stehen zwar für sehr lange Zeiträume zur Verfügung – doch physikalisch pingelig gesehen – erneuerbar sind sie nicht.

Neu sind die »erneuerbaren« schon gar nicht, lange waren sie es, die mit dem Verbrennen von Holz (neudeutsch: Biomasse) neben Wind- und Wasserkraft die Entwicklung der menschlichen Zivilisation ermöglicht haben (siehe Abschnitt 1.1). Die Entwicklung der Technik, die zu immer höheren Leistungsdichten der Energietechnik führte, hat die »alten« erneuerbaren Energien weitgehend verdrängt, den Windantrieb von Schiffen und Mühlen ebenso wie den Wasserantrieb von Mühlen und Sägewerken. Nachwachsende Biomasse hat als Wärmequelle fast nur in den Entwicklungsländern überdauert. Nur die Wasserkraft hat in der technisierten Welt für die Stromerzeugung eine wichtige Stellung behauptet. Als vor 40 Jahren unter dem Eindruck der ersten Energiekrise weltweit eine breit angelegte Energieforschung begann, da war man überzeugt, dass es möglich sein müsse, mit den modernen Methoden der Großforschung »neue« erneuerbare Energiequellen zu entwickeln, die zugleich wirtschaftlich, ressourcenschonend und umweltfreundlich wären.

4.1 Segen und Fluch

Der Segen der erneuerbaren Energien ist eindeutig und überzeugend: Anstatt begrenzte Vorräte der Erde aufzubrauchen, nutzen wir einen Teil des Überflusses, den vor allem die Energie der Sonne zur Verfügung stellt, denn die Sonne strahlt pro Jahr etwa das 10 000-Fache des Gesamtenergieverbrauchs der Welt in Höhe von 12 Mrd. t Öläquivalent oder $1,5 \times 10^{11}$ kWh auf die Erdoberfläche. Nur mit Hilfe der erneuerbaren Energien kann eine wirklich nachhaltige Energieversorgung verwirklicht werden, allerdings auch nur dann, wenn es gelingt, die wirtschaftlichen Nachteile gegenüber den ressourcengebundenen Energien weitgehend auszugleichen.

Der »Fluch« besteht in dem Dilemma, dass Mensch und Natur grundsätzlich anders mit Energie umgehen. Die Natur arbeitet mit niedrigen Energiedichten, niedrigen Temperaturen und sehr kleinen

Wirkungsgraden. Das, und die zeitlich unberechenbare Verfügbarkeit der Energie waren ja die Gründe dafür, dass sich der Mensch im Laufe seiner Geschichte von den natürlichen Energiequellen abwandte und seine eigene Technik schuf, die nach immer höheren Energieflüssen, Temperaturdifferenzen und Wirkungsgraden strebte. Auch mit den modernsten Technologien gelingt es nicht, dieses Grunddilemma zu kompensieren. Am deutlichsten wird dies bei der direkten Nutzung der Sonnenenergie, von der im Mittel 342 W/m² auf der Erdoberfläche ankommen. Je intelligenter und damit auch teurer eine Technologie zur Nutzung dieser Energie ist, desto gravierender fällt die unabänderliche Notwendigkeit ins Gewicht, diese Technologie auf großen Flächen zu realisieren, um die breit verteilt eintreffende Energie zu »ernten«. Effektiver wird die indirekte Nutzung der Sonnenenergie bei den natürlichen Quellen, in denen sie bereits in Materieströmungen der Luft und des Wassers umgewandelt ist und die sich unmittelbar in mechanische Energie umsetzen lassen. Tatsächlich entspricht die Hierarchie der Wirtschaftlichkeit der erneuerbaren Energien ihrer Energiedichte: Wasserkraft ist wirtschaftlich, Windenergie bedarf geringer, direkte Sonnenenergienutzung, aber hoher Subventionen.

Ein zweiter »Fluch« betrifft die zeitliche Verfügbarkeit der Energie. Während geothermische Kraftwerke grundlastfähig sind, Biomasse und Wasserkraft sich gut speichern lassen, ist bei den wetterabhängigen Quellen Solarenergie und Wind die Verfügbarkeit sowohl mengenmäßig wie auch zeitlich unzuverlässig. Die durchschnittliche Auslastung von Photovoltaik-Anlagen in Deutschland beträgt 10–11 %, die des Wind-Kraftwerksparks 18 %, obwohl sie bei der Einspeisung ins Netz absoluten Vorrang haben. Die Folge dieser Unberechenbarkeit des Energieangebots ist der Zwang, über ausreichend viele Reservekraftwerke zu verfügen. So entstehen große Überkapazitäten für die Stromerzeugung mit geringem Auslastungsgrad. Die Natur zwingt uns ihren Grundsatz niedriger Effizienz auf.

Für den dritten Nachteil der erneuerbaren Energien sind die Menschen verantwortlich, weil ihre Zentren des Energiebedarfs meist fernab von den Zonen liegen, in denen die erneuerbaren Energien ihre maximale Leistung offerieren. Vielleicht gibt es in Zukunft ja einmal schwimmende Fabriken unter den Windenergieanlagen eines Off-Shore-Windparks, doch für die Versorgung der bestehenden Lastzentren entsteht ein großer Bedarf an Ferntransport von elektrischer Energie.

Bisher hat der Ansatz, die Probleme der wetterabhängigen erneuerbaren Energie durch Hochtechnologien zu lösen, nur begrenzte Erfolge vorzuweisen; vielleicht muss man in der Zukunft zu biologischen Verfahren übergehen, um den Gesetzmäßigkeiten der Natur besser entsprechen zu können.

4.2 Perspektiven der erneuerbaren Energien – international und in Deutschland

International wächst das Interesse an den erneuerbaren Energien von Jahr zu Jahr. Das erwartete Wachstum des Strombedarfs der Welt bis 2035 um 70 % soll nach den neuesten Zahlen der IEA vom November 2012 [50] bereits zur Hälfte durch erneuerbare Energien gedeckt werden. Dafür wird in erster Linie Windenergie eingesetzt. Auch die Biomasse wird weiter ausgebaut, während Sonnenenergie und Geothermie international noch keine große Bedeutung erlangen.

4.2.1 Wasserkraft

Die *Wasserkraft* ist die einzige erneuerbare Energie, die nie aus der Mode gekommen ist. Mit der Einführung der elektrischen Energie wurden die vielen dezentralen Wasserantriebe von Mühlen, Sägewerken und Hammerschmieden zwar von elektrisch betriebenen Anlagen verdrängt, dafür etablierte sich die Wasserkraft aber als wichtige Quelle der Stromversorgung. Es gibt zwei Arten von Wasserkraftwerken; solche, die eine große Höhendifferenz zwischen einem künstlich aufgestauten See in großer Höhe über einem Tal ausnutzen, meist mit hoher Leistung, und andere, meist kleinere, die Strömung in einem Fluss, mit oder ohne Anstauung, zum Antrieb von Turbinen einsetzen.

4.2.1.1 Segen und Fluch

Der Segen der Wasserkraft besteht zunächst darin, dass sie als einzige erneuerbare Energie eine hohe, technisch gut nutzbare Energiedichte erreicht. Staukraftwerke zeichnen sich auch durch hohe Wirkungsgrade von über 90 % aus, die sie bezogen auf die potenzielle Energie des Wassers erreichen. Ein weiterer Vorteil ist die gute Regelbarkeit der Anlagen, die ein sehr rasches Anfahren ermöglicht und die Wasserkraft aus Stauseen deshalb auch für die lukrative Deckung der Spitzenlast prädestiniert. Laufwasserkraftwerke sind dagegen immer in der Grundlast eingesetzt und führen mit den geringsten Erzeugungskosten die »Merit Order« (Abschnitt 5.1.2) an.

Der »Fluch« der Wasserkraft liegt einerseits in den notwendigen Eingriffen in die Landschaft, die einem weiteren Ausbau enge Grenzen setzen. Aber wir haben es bei Staudämmen auch wieder mit großen Mengen an gespeicherter Energie zu tun, deren Freisetzung verheerende Folgen haben kann. Ähnlich wie bei Kernkraftwerken, doch ohne deren Langzeitwirkung, handelt es sich um Ereignisse mit sehr großem Schadenspotenzial, aber sehr niedriger Eintrittswahrscheinlichkeit. Das Versagen von Staudämmen ist äußerst selten, ihm kann durch Überwachung des Bauwerks auch gut vorgebeugt werden. Dass auch ohne Versagen des Staudamms große Schäden möglich sind, zeigte die Katastrophe von *Longarone* in Norditalien im Jahre 1963. Dort hat ein Bergrutsch in den Stausee eine gewaltige Flutwelle ausgelöst, die sich über den Staudamm ergoss, zu Tal raste und den am Gegenhang gelegenen Ort Longarone auslöschte.

4.2.1.2 Internationale Perspektiven der Wasserkraft

Wasserkraft wird in 160 Ländern der Erde genutzt; in einigen Ländern, so in Brasilien, Kanada, Österreich, der Schweiz und Venezuela deckt die Wasserkraft mehr als die Hälfte des Strombedarfs, in Norwegen sogar 100 %. Das bisher größte Wasserkraftwerk in Itaipu (Brasilien) mit einer Leistung von 14 Mio. kW (14 GW) wird von dem im Bau befindlichen Jangtse-Kraftwerk in China mit 18,2 GW übertroffen werden. Mit einem Anteil von rund 16 % ist die Wasserkraft heute eine wichtige Säule der Stromversorgung der Welt (Abb. 4.1).

Nach Ansicht der IEA wird die Wasserkraftkapazität der Welt bis 2035 auf das Vier- bis Fünffache der heutigen ansteigen. Wie alles Wachstum im Energiebereich wird auch dieses überwiegend außerhalb der IEA-Länder, hauptsächlich in China, Indien und Brasilien stattfinden.

4.2.1.3 Perspektiven der Wasserkraft in Deutschland

In Deutschland sind insgesamt etwa 7500 Wasserkraftanlagen (Speicher- und Laufwasserkraftwerke) in Betrieb. Die Gesamtkapazi-

Abb. 4.1 Staudamm des Kraftwerks Itaipu.

tät ist zwischen 2007 und 2011 von 4,72 nur auf 4,78 GW gewachsen. Die Stromproduktion hat in dieser Zeit – witterungsbedingt – sogar von 21,2 auf 19 Mrd. kWh (TWh) abgenommen (Abb. 4.2).

Durch die hohen Zielwerte für die erneuerbaren Energien ist das Interesse der Energiewirtschaft an der mit Abstand wirtschaftlichsten Wasserkraft noch weiter gestiegen. Allerdings beschränken der hohe Landnutzungsgrad, der Naturschutz und lokale Akzeptanzprobleme in Deutschland das Ausbaupotenzial erheblich. An vielen Stellen wird jedoch versucht, bestehende Anlagen zu größerer Leistung auszubauen. Einen großen Beitrag zum gewünschten Aufwuchs der erneuerbaren Energien kann die Wasserkraft in Deutschland aber nicht leisten.

4.2.1.4 Potenziale der Forschung für die Wasserkraft

Die seit Langem ausgereifte Technik der Wasserkraftwerke ist durch Forschung kaum noch zu verbessern. Aber der Beitrag der Wasserkraft kann durch ein besseres Ablauf-Management der Stauseen wesentlich gesteigert werden: einerseits durch bessere Voraussagen kommender Niederschlagsmengen durch regionale Klimamodelle

Abb. 4.2 Laufwasserkraftwerk im Schwarzwald.

und präzise Wettervorhersagen, andererseits durch intelligente Methoden zur Messung der Feuchtigkeit in Böden oder Schnee oberhalb der Stauseen.

4.2.2 Windenergie

Die *Windenergie*, die vor rund hundert Jahren für den Antrieb von Mühlen oder Pumpen praktisch vollständig durch elektrische Antriebe ersetzt und beim Antrieb von Schiffen auf den Freizeitbereich verdrängt wurde, erlebt heute eine Renaissance [51]. Hier hat der Einsatz von modernen Technologien und Materialien Früchte getragen. Moderne Windenergieanlagen haben heute eine Leistung von einigen Tausend kW und übertreffen damit die alte Holland-Windmühle um das Hundertfache. Sie nutzen nicht mehr den Luftwiderstand der Rotorfläche in der Richtung der Anströmung, sondern die dazu senkrechte Auftriebskomponente, die durch die aerodynamische Form der Rotorblätter entsteht [8, S. 165]. Damit erzielen moderne *Windenergieanlagen* Wirkungsgrade von mehr als 50 %. Die vom Rotor angetriebene Welle treibt einen Generator an. In herkömmlichen

Anlagen sorgt ein Getriebe dafür, dass der Generator unabhängig von der Drehzahl des Rotors mit 1500 Umdrehungen pro Minute läuft, was dann zu einem Wechselstrom mit 50 Hz führt. Moderne Anlagen lassen eine größere Variabilität der Drehzahl zu, damit die Windturbine nahe an ihrem aerodynamischen Optimum laufen kann [51, S. 165]. Die Leistung einer Windenergieanlage steigt proportional mit der vom Rotor überstrichenen Fläche, aber mit dem Quadrat der Windgeschwindigkeit. Hier liegt der Grund für den Trend zu immer größeren Leistungseinheiten; denn dadurch wächst einerseits die Rotorfläche, andererseits aber auch die Bauhöhe der Anlagen, die damit auch in größere Höhen mit meist größerer Windgeschwindigkeit aufragen. Allerdings ist die nutzbare Windgeschwindigkeit begrenzt, oberhalb einer Geschwindigkeit von 25 m/s müssen Windkraftwerke aus Sicherheitsgründen abgeschaltet werden. Die Bedeutung der Windgeschwindigkeit ist der erste Grund, weshalb die Wahl des Standorts einer Anlage entscheidend für ihre Wirtschaftlichkeit ist. Der zweite Grund ist die zeitliche Verfügbarkeit von starken Winden. Spitzenwerte, wie sie an der Atlantikküste Marokkos mit über 5000 h pro Jahr erreicht werden, sind selten. Aber das Potenzial der Windenergie ist weltweit sehr groß, obwohl nur knapp 1 % der auf der Erde eintreffenden Sonnenenergie in Wind umgesetzt wird [4, S. 239]. Windenergie ist deshalb zurzeit die am schnellsten wachsende Primärenergiequelle der Stromerzeugung.

4.2.2.1 Internationale Perspektiven der Windenergie

Im Jahr 2011 überschritt die gesamte Leistung der installierten Windenergieanlagen der Welt die 200 GW-Schwelle, das entspricht etwa 5 % der gesamten Stromerzeugungskapazität, die aber nur mit etwa 2 % zur Stromversorgung beiträgt. Nach den Prognosen der IEA soll dieser Beitrag bis 2035 auf 7 % steigen [6, S. 179]. 2010 war die EU mit ca. 80 GW Spitzenreiter vor China und den USA mit je 40 GW, in 2035 sieht die IEA China und die EU gleichauf bei gut 300 GW, gefolgt von den USA mit 175 GW.

4.2.2.2 Perspektiven der Windenergie in Deutschland

Auch in Deutschland ist die Windenergie zum wichtigsten »Arbeitspferd« unter den erneuerbaren Energien geworden. Ende 2011 lag die Gesamtkapazität der Windenergie in Deutschland bei 29 GW aus 22 300 Anlagen, Ende 2012 allerdings kaum wesentlich höher. Die Stromerzeugung durch Windenergie trug mit 46,5 Mrd. kWh 7,6 % zur Stromversorgung bei [52]. Das bedeutet aber, dass statistisch betrachtet die Gesamtleistung im Durchschnitt nur zu 18 % verfügbar war.

Der weitere Ausbau der Windenergie soll vor allem off-shore erfolgen, wo mit stetigerem und stärkerem Wind zu rechnen ist. Diesen Vorteilen stehen allerdings die Kosten der komplizierten Gründung der Anlagen unter Wasser sowie ihrer Verkabelung und Netzanbindung, die erschwerte Wartung der Anlagen und Korrosionsprobleme gegenüber. Erste Off-Shore-Windparks sind inzwischen in Betrieb, doch tragen sie noch Prototypcharakter. Ob die Windenergie off-shore den Erfolg im Inland wiederholen kann, ist noch nicht sicher. In den ersten Jahren nach Vorlage des Energiekonzepts 2010 blieb der Off-Shore-Ausbau hinter den Erwartungen zurück (Abschnitt 6.5). Die insgesamt für Deutschland realisierbare Kapazität off-shore wird erheblich eingeschränkt durch die innerhalb der nutzbaren Wassertiefe bestehende Flächen-Nutzungskonkurrenz mit Verkehrswegen, Naturschutz und militärischen Übungsgebieten.

4.2.2.3 Segen und Fluch

In Deutschland gibt es, wie Abb. 4.3 zeigt, hohe Werte der Verfügbarkeit von Wind wie sonst in Europa nur im hohen Norden oder in den Pyrenäen, allerdings nur an den Küsten und off-shore in Nord- und Ostsee. Eindeutig ist die Küstenregion Deutschlands besonders für die Windenergienutzung geeignet. Daneben gibt es auf den Mittelgebirgen einige Insellagen mit noch gut nutzbaren Windgeschwindigkeiten.

Ein »Fluch« der Windenergie ist zunächst einmal, dass der Wind, wie jeder aus Erfahrung weiß, selten stark, meistens schwach und oft gar nicht weht. Dies zeigt sich auch in Abb. 4.4. Vor allem on-shore sind hohe Leistungen selten, nur etwa 1000 h, weniger als ein Achtel eines Jahres, ist durchschnittlich mehr als die Hälfte der Kapazität verfügbar. Off-shore liegt diese Marke bei 3000 h, hier ist die Windausbeute also wesentlich ertragreicher. Diese Stunden sind sehr ungleich über das Jahr verteilt. On-shore schwankt das durchschnittliche monatliche Stromangebot zwischen 45 % im Dezember und etwa

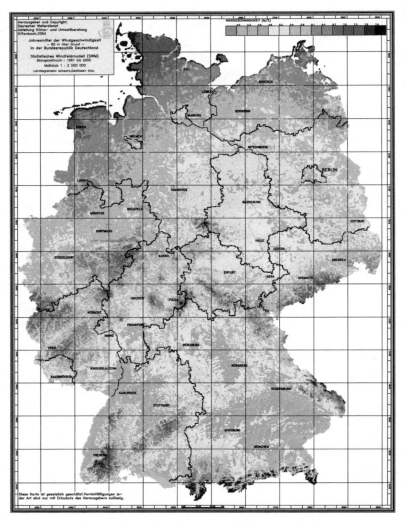

Abb. 4.3 Durchschnittliche Windgeschwindigkeit in 80 m Höhe in m/s in Deutschland.

15 % im Juni. Off-shore liegen beide Werte mit 55 % im Dezember und etwa 30 % im Juni deutlich höher [53].

Die Schwankungen in der zeitlichen Verfügbarkeit der Windenergie sind in Deutschland groß, wie Abb. 4.5 für das erste Halbjahr 2008 exemplarisch zeigt. Man sieht fast nur vertikale Linien, also

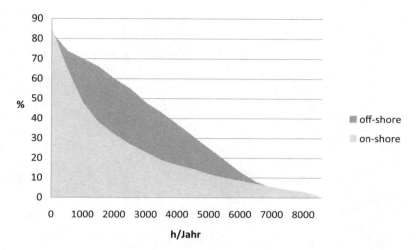

Abb. 4.4 Leistungsdauerlinie 2011 on- und off-shore in % der installierten Gesamtleistung [54].

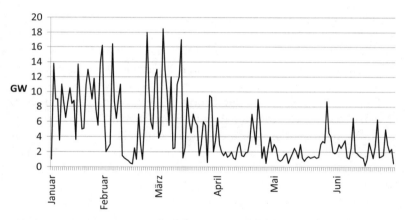

Abb. 4.5 Windenergieeinspeisung pro Tag (gemittelt) in Deutschland im ersten Halbjahr 2008 [53].

krasse Wechsel im Energieangebot. Horizontale Linien, die ein zeitlich konstantes Angebot bedeuten würden, finden sich fast nur nahe der Null-Linie. Selbst im Winter, Mitte Februar, zeigt sich eine einwöchige Flaute. Der Grund für das sehr häufige und heftige Schwanken der Leistungskurve ist die meteorologische Situation Deutschlands, die im Allgemeinen von einem einheitlichen Windregime (Tiefdruck-

Abb. 4.6 On-Shore-Windpark.

gebiet, Hochdruckrücken) geprägt ist, in dem die räumlichen Unterschiede kleiner sind als die zeitlichen infolge der Verlagerung dieser Windregimes. Aus diesem Grund führt auch die Addition des Windenergieangebots durch viele, räumlich verteilte Windparks nur zu einer geringen Verstetigung.

Ein weiterer »Fluch« ist die begrenzte Baugröße einer einzelnen Windenergieanlage und der daraus erwachsende Zwang, sehr viele Anlagen zu errichten, um zu einem nennenswerten Beitrag zur Stromversorgung zu gelangen. So gibt es an der Küste, aber auch im Inland etliche Regionen, in denen der gesamte Horizont von Windanlagen beherrscht wird (Abb. 4.6); nachts überstrahlen die aus Gründen der Flugsicherung vorgeschriebenen Blinklichter den Sternenhimmel. Es grenzt an ein Wunder, dass bisher größere Akzeptanzprobleme ausgeblieben sind.

Mit dem Naturschutz kommt die Windenergie nicht nur durch die Beeinträchtigung des Landschaftsbilds bei Tag und bei Nacht in Konflikte. Windkraftwerke fordern auch zahlreiche Opfer unter Vögeln und Fledermäusen. Vögel werden in unterschiedlicher Weise beeinträchtigt: Nistende Vögel werden von Windparks verdrängt, andere Arten, vor allem große Raubvögel kollidieren häufig mit der Rotorblättern [55]. *Fledermäuse* verunglücken in relativ großer Zahl (bis zu 50 Fledermäuse pro Jahr und Windenergieanlage); sie werden zum

Teil von den Rotorblättern erschlagen, oft aber auch Opfer der Druckschwankungen in der Nähe der Rotorblätter, die ihre Gefäße platzen lassen [56].

4.2.2.4 Potenziale der Forschung für die Windenergie

In Deutschland ist die Windenergie aus einem 1975 begonnenen Forschungsprogramm des Bundes hervorgegangen. Bereits 1983 wurde eine erste Anlage mit 1,5 MW in Angriff genommen. Ob es an dem etwas unernsten Namen GROWIAN (Abb. 4.7) lag? Jedenfalls wurde dem Forschungsministerium allen Ernstes vorgeworfen, damit eine Negativ-Demonstration anzustreben, um eine Konkurrenz zur Kernenergie zu verhindern, typisch für die energiepolitische Diskussion in Deutschland, in der über Jahrzehnte alle Fragen der Energiepolitik vorrangig danach bewertet wurden, ob sie der Kernkraft nutzen oder schaden. GROWIAN wurde tatsächlich kein Erfolg, aber nur, weil er technisch falsch konstruiert war. Der Schritt in diese Leistungsklasse war jedoch richtig, sie ist heute Standard. Inzwischen sind sogar Anlagen mit 7,5 MW (Abb. 4.8) serienreif.

Die Windtechnologie ist ausgereift, aber die Forschung kann helfen, durch bessere Prognosen der Windentwicklung die Auslastung

Abb. 4.7 Windenergieanlage Growian.

Abb. 4.8 Windenergieanlage mit 7,5 MW.

der Wind-Kraftwerksparks und die Bereithaltung der Reservekapazitäten zu verbessern.

Etwas futuristisch anmutende Konzepte befassen sich mit Ideen, mit Hilfe von Drachen stetige Winde in 800–1000 m Höhe oder sogar die in Höhen von 6000–12 000 m sehr stark und stetig von West nach Ost wehenden »Jetstreams« zu nutzen.

4.2.3 **Sonnenenergie**

Sonnenenergie kann sowohl zur Versorgung mit warmem Wasser und Raumwärme wie auch zur Stromerzeugung in thermischen Kraftwerken und mittels Photovoltaik genutzt werden. Der Segen der Sonnenenergie ist ihre Verfügbarkeit in einem breiten Gürtel der Erde vom Äquator bis in mittlere Breitengrade. Ihr Fluch ist die geringe Intensität der Strahlung, die große Flächen zu ihrer technischen Gewinnung erfordert, aber auch ihr begrenztes Energieangebot, das stark von Wetterbedingungen und der Jahreszeit abhängt. Außerdem ist das Fehlen eines ausreichenden Angebots von Sonnenenergie meist gerade der Grund für zusätzlichen Energiebedarf in Form von Licht und Wärme. Segen und Fluch zugleich ist ihre gleichmäßige Verteilung über die beschienene Fläche, die einerseits zu einer starken Verdünnung des Energieflusses führt, andererseits aber eine dezentrale Verwendung erlaubt.

4.2.3.1 Passive Nutzung der Sonnenenergie

Die wirkungsvollste und wirtschaftlichste Nutzung der Sonnenenergie ist die Berücksichtigung der Sonneneinstrahlung in modernen Architekturkonzepten. Räume, in denen man sich tagsüber aufhält, werden konsequent nach Süden orientiert und mit möglichst großen und vor allem hohen Fenstern ausgestattet, um die im Winter flach einfallende Sonne tief in die Räume scheinen zu lassen. Dachvorsprünge über diesen Fenstern verhindern im Sommer das Eindringen der Sonnenstrahlung. So kann man den Bedarf an Heizung und Kühlung mit anderen Energiequellen erheblich reduzieren.

4.2.3.2 Solare Wärme

Die Warmwasserbereitung ist in heißen Ländern in einfachen Anwendungsformen weit verbreitet. In vielen Ländern wird Solarenergie auch zur Klimatisierung genutzt, weil für diese Anwendung eine sehr gute Übereinstimmung von Energiebedarf und -angebot besteht. Auch in Deutschland können solarthermische Kollektoren wirkungsvoll zur Warmwasserbereitung und Heizung beitragen. Leider ist diese Möglichkeit in Deutschland durch die starke Förderung der solaren Stromerzeugung ins Hintertreffen geraten.

Die Stromerzeugung aus Solarenergie steht international noch am Anfang. In diesem Bereich konkurrieren zwei Konzepte: von der Sonne beheizte Wärmekraftwerke und die photovoltaische Direktumwandlung.

4.2.3.3 Solarthermische Kraftwerke

Großtechnisch lässt sich die Sonnenwärme durch *Solarthermische Kraftwerke* nutzen. Dazu muss die Sonnenstrahlung stark konzentriert werden. Die einfachste Lösung dafür bieten Parabolkollektoren

Abb. 4.9 Parabolrinnen-Kraftwerk in Kalifornien.

(Abb. 4.9), die Sonnenlicht auf eine im Inneren verlaufende Röhre fokussieren, in der Wasser oder eine Salzlösung kursiert. Das aufgeheizte Wasser treibt dann eine Turbine an, wie in jedem Wärmekraftwerk. Es gibt verschiedene Systeme mit feststehenden oder der Sonneneinstrahlung nachgeführten Kollektoren. Eine Alternative bietet das Turmkonzept (Abb. 4.10), in dem viele Spiegel auf einen Strahlungsempfänger in einem Turm ausgerichtet werden. Hier können je nach Größe der Spiegelfläche auch sehr hohe Temperaturen für industrielle Prozesse erreicht werden [57]. Schließlich kann man auch Aufwindkraftwerke bauen; dazu wird eine große Fläche mit einer transparenten Folie überspannt. Die darunter erwärmte Luft strömt dann durch einen in der Mitte aufgestellten Kamin noch oben und kann dabei eine Turbine antreiben [58]. Für alle diese Technologien wurden im Rahmen der Zusammenarbeit in der IEA bereits seit Ende der siebziger Jahre des vorigen Jahrhunderts Versuchsanlagen in *Almeria* (Spanien) errichtet und betrieben. Die dort gesammelten Erfahrungen haben in Spanien zu ersten kommerziellen Solarkraftwerken mit Parabolkollektoren geführt. Weitere dieser auch Farmtyp genannten Anlagen, aber auch einige Turmanlagen wurden in Kalifornien errichtet.

Abb. 4.10 Solarturmanlage in Sevilla (Spanien).

Von einem internationalen Durchbruch der thermischen Solarkraftwerke kann jedoch keine Rede sein. *Solarthermische Kraftwerke* spielen mit insgesamt etwas über 1000 MW (hauptsächlich in den USA und Spanien) noch keine bedeutende Rolle in der Stromerzeugung. Ihr weiterer Ausbau trifft auf wachsende Konkurrenz durch die Photovoltaik, deren Kosten mit größeren Absatzmengen schneller geringer werden als bei den solarthermischen Kraftwerken.

In Deutschland haben solarthermische Kraftwerke wegen der geringen Intensität der Sonneneinstrahlung geringe Chancen. 2005 hat das Deutsche Zentrum für Luft- und Raumfahrt (DLR) in einer Studie das Potenzial von Solarkraftwerken im Raum südlich des Mittelmeers untersucht [59]. Dank der Spitzenwerte der Sonneneinstrahlung könnten photothermische Kraftwerke in dieser Region früher konkurrenzfähig werden. Theoretisch würden nur wenige Prozent der Wüstenzonen dieser Länder ausreichen, um die ganze Welt mit Strom zu versorgen. Praktisch könnte über eine Hochspannungs-Gleichstrom-Verbindung auch Mitteleuropa mit Solarstrom aus der Wüste versorgt werden. Dazu hatte sich unter dem Namen »Desertec« eine Interessengemeinschaft gebildet, zunächst ohne konkrete Folgen. Im Juni 2010 erschien in der Süddeutschen Zeitung ein Bericht, in dem behauptet wurde, zahlreiche deutsche Unternehmen, darunter der größte Elektrokonzern und einige große Energieversorger, hätten ein Konsortium gebildet, um mit dem Desertec-Konzept Deutschland mit Solarstrom aus der Wüste zu versorgen. Daraufhin geschah etwas höchst Ungewöhnliches: Statt zu dementieren, bildeten die meisten der genannten Unternehmen tatsächlich in wenigen Wochen die »*Desertec Industrial Initiative* (DII)«, der sich zunächst noch weitere, auch internationale Unternehmen anschlossen. Aus der Zeitungsente wurde Wirklichkeit. In jüngster Zeit haben aber die großen Technologiepartner in Deutschland DII wieder verlassen. Auch die Energiewende hat nicht dazu geführt, dass der Gedanke wieder aufgegriffen worden wäre. DII existiert weiter, beschäftigt sich aber vornehmlich mit Konzepten zum Aufbau einer nachhaltigen Energieversorgung in den Ländern der Region selbst. Spätestens nach den Revolten in den Ländern des Nahen Ostens und den daraus entstandenen Umbrüchen ist eine starke Abhängigkeit von Stromlieferungen aus einer so instabilen Region inakzeptabel geworden; denn anders als bei Öl und Gas können für die Stromversorgung keine strategischen Reserven gebildet werden. Eine solche Abhängigkeit wird auch von der Deutschen Netzagentur kategorisch abgelehnt [60].

Die Forschung für solarthermische Kraftwerke wird fortgesetzt und beschäftigt sich u. a. mit der Frage, wie durch Aggregatzustandswechsel in Salzspeichern die tagsüber anfallende Überschussenergie in die Abend- und Nachtstunden übertragen werden kann.

4.2.3.4 Photovoltaik

Die photovoltaische Direktumwandlung von Sonnenenergie in Strom (Abschnitt 1.2) ist eine sehr elegante Form der Stromerzeugung. Sie kommt ohne bewegliche Teile aus. Schon lange entwickelt sich der Markt für photovoltaische Anlagen sehr positiv. Sie sind – ganz ohne Subvention – überall dort wirtschaftlich, wo kleine Leistungen in großer Entfernung von einer Steckdose gebraucht werden. Dieses wirtschaftlich konkurrenzfähige Einsatzgebiet reicht von Armbanduhren bis zu Raumstationen, von Berghütten bis zu Parkautomaten.

Hergestellt werden die *photovoltaische Zellen* aus einer mit Fremdatomen zur Ausbildung der Halbleiterstruktur »vordotierten« Siliziumschmelze durch Drehziehen mit Hilfe eines Mutterkristalls. Das klingt kompliziert und ist es auch. Da die Erzeugung eines großen Siliziumkristalls sehr langwierig, energieintensiv und teuer ist, wird der Prozess abgekürzt. Durch langsames Erkalten der Schmelze entsteht ein Material mit vielen Kristalliten, das als polykristallines Silizium bezeichnet wird. Dieses Material wird in 0,2 mm dünne Platten zersägt; dabei gehen 50–60 % des kostbaren Materials verloren [61]. Anschließend erhalten die Zellen eine waffeleisenähnliche Strukturierung zur Vermeidung von Reflexionsverlusten, danach werden die Halbleiter-Grenzschicht und die Metallkontakte aufgebracht [8, S. 139].

Fast alle Photovoltaik-Anlagen bestehen heute aus diesem Material (Abb. 4.11). Der Wirkungsgrad dieser Solarzellen liegt bei maximal 15 %. In der Praxis treten allerdings noch Verluste auf durch Erwärmung, Verschmutzung und Leitungswiderstände, so dass der effektive Wirkungsgrad meist bei 13 % liegt.

Der »Segen« der Photovoltaik liegt in den Umweltvorteilen bei der Stromerzeugung. Bezieht man allerdings den gesamten Produktionsprozess mit seinem großen Materialaufwand ein, so relativiert sich das Bild etwas und die Photovoltaik steht bei den Auswirkungen auf

Abb. 4.11 Polykristalline Solarzellen.

die menschliche Gesundheit ähnlich da wie Erdgas und ungünstiger als Kern- und Windenergie (Abb. 4.23).

Der »Fluch« der Photovoltaik ist zunächst ihre nach wie vor geringe Wirtschaftlichkeit. Das liegt einerseits an dem komplizierten Herstellungsprozess und andererseits an dem schlechten Wirkungsgrad. Gerade wegen des Flächenbedarfs ist es das große Problem der Photovoltaik, dass der Gesamtwirkungsgrad nur wenig über 10 % liegt. Die Kosten für Photovoltaik-Anlagen sind zwar von 5000 €/kW im Jahr 2006 bis auf 2200 €/kW Ende 2011 gesunken [62], aber wie der wissenschaftliche Pionier der Halbleitertechnik in Deutschland, Hans-Joachim Queisser, sagt, müssten Photovoltaik-Zellen umsonst zu haben sein, wenn sie nur einen Wirkungsgrad von 10 % haben. Denn die Kosten für die Struktur des Systems und seinen Anschluss schöpfen dann bereits das für eine konkurrenzfähige Stromversorgung verfügbare Investitionsbudget aus [63]. Ein weiterer Nachteil der Photovoltaik ist die Beeinflussung des Erscheinungsbilds historischer Gebäude (Abb. 4.12) oder des Stadtbildes.

Abb. 4.12 Fachwerkhaus mit Photovoltaik-Anlage bei Bonn.

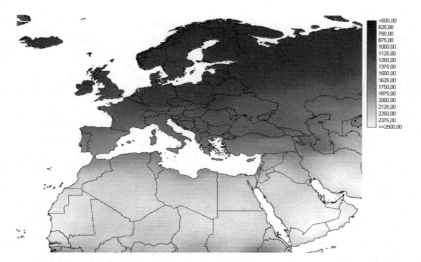

Abb. 4.13 Sonneneinstrahlung in Europa und im Nahen Osten in kWh pro Jahr und m². [1]

Weltweit waren im Jahr 2010 Photovoltaik-Anlagen mit insgesamt 39,5 Mio. kW (39,5 GW) installiert, der Löwenanteil davon in der Europäischen Union, nur etwa 2 GW waren 2010 in den USA und knapp 4 GW in Japan in Betrieb. Die IEA erwartet, dass sich bis 2035 die Kapazität in der EU auf über 120 GW mehr als vervierfacht, dass aber Indien, China und die USA auch in den Bereich von 60–80 GW vorstoßen. Damit würde die Photovoltaik in der Welt bis 2035 etwa ein Drittel der erwarteten Windenergiekapazität erreichen und knapp 2 % des Zuwachses des Strombedarfs bis 2035 decken. Bezogen auf die gesamte Stromerzeugung ist der Beitrag aber auch dann noch so gering, dass er in den Statistiken der IEA nicht gesondert ausgewiesen wird [6, S. 185].

Wie Abb. 4.13 zeigt, gibt es bei der Verfügbarkeit der Sonnenenergie in Europa erwartungsgemäß ein ausgeprägtes Süd-Nord-Gefälle. Während in den Wüsten Nordafrikas Spitzenwerte um 2500 kWh/m² im Jahr erreicht werden, könnten in Südeuropa immerhin bis zu 2200 kWh/m² im Jahr »geerntet« werden. Der deutsche Rekord liegt mit 1250 kWh/m² im Südwesten; er erreicht damit die Hälfte der

---

1) http://www.dlr.de/tt/med-csp.

nordafrikanischen Spitzenwerte. Das Minimum liegt im Nordwesten bei 850 kWh/m², also bei nur einem Drittel des Spitzenwertes. Da Solaranlagen keine Brennstoffkosten kennen, ist ihre Wirtschaftlichkeit direkt abhängig von der Auslastung der Investition, also unmittelbar proportional zur Sonneneinstrahlung. In Deutschland ist solare Energie also doppelt so teuer wie in Südeuropa.

Dennoch führt Deutschland in der Photovoltaik mit großem Abstand vor allen anderen Ländern. Im Jahr 2010 hatte Deutschland einen Anteil von 43,5 % der weltweit betriebenen Photovoltaik-Anlagen, hatte also fast die Hälfte der Photovoltaik-Kapazität der Welt installiert. Die Ursache für diese Welt-Spitzenstellung unseres nicht besonders von der Sonne verwöhnten Landes liegt in der starken Förderung durch das Erneuerbare-Energien-Gesetz (*EEG*, Abschnitt 5.1.3). Bis 2012 hat sich die installierte »Peak«-Leistung – die maximale Leistung bei optimaler Sonneneinstrahlung – in Deutschland auf 32,5 GW fast verdoppelt, aber weltweit war das Wachstum seit 2010 noch schneller und katapultierte die gesamte Peak-Leistung auf knapp über 100 GW.[2] Im Jahr 2012 hat die stärker als je zuvor gewachsene Kapazität der Photovoltaik-Anlagen in Deutschland 27,9 TWh erzeugt und damit 5 % zur der Gesamt-Stromerzeugung beigetragen [64]. Bezieht man diesen Ertrag auf den Mittelwert der Kapazitäten 2011 und 2012, also etwa den Durchschnittswert im Jahr 2012, so ergibt sich eine mittlere Auslastung der Gesamtkapazität von 11 %. Die Aufteilung dieser Stromerzeugung aus Photovoltaik (Abb. 4.14) verläuft über das Jahr genau umgekehrt wie der Bedarf an elektrischer Energie, aber sie verläuft damit auch umgekehrt zum Angebot der Windenergie, so dass sich beide Energiequellen ergänzen können. Bei der Photovoltaik gibt es eine Übereinstimmung der Maxima der Leistung mit dem Scheitelpunkt der Bedarfskurve, während das Windangebot über Tag und Nacht verteilt ist.

In der Forschung gibt es noch Potenziale, die photovoltaische Direktumwandlung zu verbessern [65]. Leider hat die Forschung von der EEG-Förderung nicht profitiert: Die vom Bund bereitgestellten Forschungsmittel entsprachen nur 2 % der Mittel, die über dass EEG für die Markteinführung zur Verfügung gestellt wurden. Das wichtigste Forschungsziel ist, Dünnschichtzellen zu entwickeln, die wesentlich

---

2) http://de.wikipedia.org/wiki/Photovoltaik, (14.02.2013).

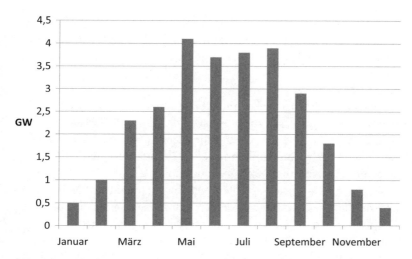

Abb. 4.14 Monatliche Stromerzeugung aus Photovoltaik in Deutschland im Jahr 2012 [64].

kostengünstiger hergestellt werden können. Erste Dünnschichtmodule auf Cadmium-Tellur-Basis hatten 2010 bereits einen Marktanteil von 8 % erreicht; enthalten aber das giftige Cadmium (Cd), es lässt sich bei dieser Technologie nicht substituieren. Es gibt alternative Dünnschicht-Technologien auf Basis von amorphem Silizium- oder Kupfer-Indium-Selenid (CIS), die kein oder sehr wenig Cd enthalten. Aber auch das Selen ist als giftig eingestuft [11]. Große Hoffnungen richten sich auf biologische Solarzellen, die photochemische Reaktionen an organischen Molekülen, z. B. Farbstoffen nutzen. Organische Zellen könnten preiswert in großen Mengen hergestellt werden. Probleme bereiten heute noch die niedrigen Wirkungsgrade um 5 % bis maximal 10 % und die geringe Standzeit des Materials. Aber es lohnt sich auf jeden Fall, mehr in die Forschung für neuartige Solarzellen zu investieren, um das Verhältnis von Aufwand zu Ertrag zu verbessern.

4.2.4 Biomasse

Holzreste, Abfälle aus der Landwirtschaft oder aus Haushalten, Klärschlämme, aber auch eigens angebaute Energiepflanzen zählen zu den erneuerbaren Energien. Bei ihrer Verbrennung wird zwar auch CO_2 freigesetzt, aber diese Menge an CO_2 wurde bei der Entstehung der Biomasse, sofern sie natürlich gewachsen ist, der Atmosphäre entzogen.

4.2.4.1 Fluch und Segen

Gegenüber den bisher behandelten erneuerbaren Energien hat Biomasse den »Segen«, gut speicherbar und dadurch bedarfsgerecht einsetzbar zu sein. Wie alle chemischen Energiespeicher ist Biomasse universell nutzbar, aus ihr können alle Sekundärenergieträger, Strom, Gas und flüssige Brennstoffe gewonnen werden.

Wegen dieser Vorteile richten sich international große Hoffnungen auf diesen scheinbar vielversprechenden Sektor der erneuerbaren Energien. Auch die Landwirtschaft sieht hier einen neuen interessanten Absatzmarkt. Dabei muss man zwischen dem gezielten Anbau von »Energiepflanzen« und der Nutzung von Abfällen aus der Landwirtschaft und anderen Quellen sorgfältig unterscheiden.

Beim Anbau von Biomasse besteht der Fluch in dem unvermeidlichen Konflikt zwischen »Tank und Teller«. Denn bei Saatgut, bei vielen landwirtschaftlichen Produkten und bei den Anbauflächen hat der Ernährungssektor nun Konkurrenz bekommen. Die entstehenden Preissteigerungen spüren die Ärmsten der Armen zuerst. Solange jeder achte Mensch auf der Erde unterernährt ist, muss man mit dieser Form der erneuerbaren Energien äußerst vorsichtig umgehen.

Der zweite Fluch bei der Erzeugung von Energieträgern aus dafür eigens angebauten Pflanzen hat seine Ursache in dem geringen Wirkungsgrad der Photosynthese (Abschnitt 1.2): Nur etwa ein Prozent der Sonnenenergie, die auf eine landwirtschaftliche Fläche fällt, wird von den Pflanzen in nutzbare Kohlenwasserstoffe umgewandelt. Der Gesamtwirkungsgrad des Anbaus von Energiepflanzen liegt am Ende stets unter 0,1 % [9, S. 84].

Nun könnte man gelassen darauf hinweisen, dass die Natur mit diesen niedrigen Wirkungsgraden ja gut zurechtkommt. Ein Problem entsteht aber, wenn sich durch den Einsatz moderner Agrartechnik die Strategien der Natur und des Menschen ins Gehege kommen. Denn diese extrem niedrigen Ausbeuten lassen die Energiebilanz des Biomasseanbaus sehr rasch schlecht oder gar negativ werden, wenn der Aufwand an Treibstoff für die Bearbeitung und der Energieeinsatz für die Herstellung des aufgebrachten Düngers berücksichtigt werden. Normalerweise müsste sich eine schlechte oder gar negative Energiebilanz auch in einer schwachen Wirtschaftlichkeit des Verfahrens spiegeln, aber in stark subventionierten Märkten werden solche Regeln außer Kraft gesetzt.

Noch schlechter als die Energiebilanz fällt die CO_2-Bilanz aus, so dass ein Beitrag zum Klimaschutz durch den Anbau von Energiepflanzen grundsätzlich bezweifelt werden muss [66, S. 67–70]. Die Klimaverträglichkeit des Biomasseanbaus wird zusätzlich durch Düngung in Frage gestellt, denn das vom Stickstoffdünger erzeugte Lachgas (N_2O) kann bis zum 1,7-Fachen schädlicher für das Klima sein als normaler Dieseltreibstoff [67].

Ganz anders fällt die Bewertung der Biomasse aus, wenn es um die Nutzung von Abfällen aus der Land- und Forstwirtschaft geht. Beide Flüche, die Konkurrenz zur Ernährung und die schlechte Effektivität des Biomasseanbaus werden vermieden. Noch besser wird das Ergebnis, wenn man diese Abfälle in Verfahren der zweiten Generation zur Erzeugung von Gas (»Bio to Gas«, kurz BTG,) oder synthetischen flüssigen Brennstoffen (»Bio to Liquid«, kurz BTL) nutzt [66, S. 69].

Diese wissenschaftlichen Grundsatzüberlegungen werden in der Praxis aber meistens ignoriert.

4.2.4.2 Internationale Perspektiven der Biomasse

Im Jahr 2010 trug die Biomasse mit 1277 Mio. Tonnen Öläquivalent (MtOe) rund 10 % zum Primärenergieaufkommen der Welt bei. Abbildung 4.15 zeigt die Herkunft der Biomasse im Jahr 2010 und in der Prognose der IEA für das Jahr 2035. Werden heute mehr als zwei Drittel der Biomasse durch den Anbau von Pflanzen gewonnen, so sinkt dessen Anteil bei etwa gleichbleibender Menge bis 2035 zugunsten der Verwendung von Abfällen aus der Land- und Forstwirtschaft auf die Hälfte. Damit steigen die Anteile, die man als klimaneutral bewerten kann.

Über die Verwendung der Biomasse gibt Abb. 4.16 Auskunft. Die traditionelle Verwendung der Biomasse, die heute noch fast 60 % beansprucht, schrumpft bis zum Jahr 2035 zugunsten der Nutzung als Treibstoff im Verkehr, aber auch der Stromerzeugung – leider, weil der Verkehrssektor viel weniger Alternativen zum Erdöl hat als der Stromsektor.

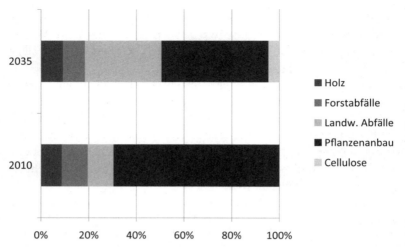

Abb. 4.15 Zusammensetzung der Biomasse 2010 und 2035 [12, S. 224].

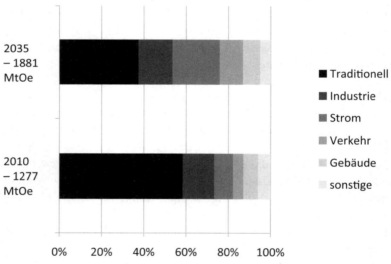

Abb. 4.16 Verwendung der Biomasse 2010 und 2035 [12, S. 219].

Zwischen 2010 und 2035 erwartet die IEA eine Zunahme der Biomasse um etwa die Hälfte. Dieses Wachstum geht diesmal nicht von China, sondern ausnahmsweise hauptsächlich von der EU aus. Bei diesem Thema macht sich die nach wie vor starke Position der Landwirtschaft in der EU bemerkbar [12, S. 219].

4.2.4.3 Perspektiven der Biomasse in Deutschland

In Deutschland gibt es drei Instrumente zur Förderung der Markteinführung der Biomasse: die Beimengung von Bioethanol zum Benzin und von Biodiesel zu Dieselkraftstoffen, die allgemeinen Subventionen für die Landwirtschaft sowie das Erneuerbare-Energien-Gesetz, das auch die Stromerzeugung aus Biomasse fördert (Abschnitt 5.1.3). Die im Jahr 2010 beschlossene Erhöhung der Beimengung von Bioethanol zum Benzin von 5 % auf 10 % gilt in der Mineralölwirtschaft als Misserfolg, weil der Marktanteil von »E10« bei 20 % stagniert anstatt auf die erwarteten 80 % zu klettern.[3] (Exkurs 4 »E10 – hält nicht, was es verspricht«)

4.2.4.4 Potenziale der Forschung

Die Entwicklung der sogenannten Verfahren der zweiten Generation soll die Konkurrenz zum Ernährungssektor vermeiden, entweder durch Nutzung von Reststoffen aus Land- und Forstwirtschaft oder durch Entwicklung speziell angepasster Pflanzen, die unter extremen klimatischen Bedingungen gedeihen, die für die Nahrungsmittelproduktion ungeeignet sind. Auch wird angestrebt, möglichst hochwertige Energieträger zu gewinnen.

Das fortschrittlichste Verfahren dieser zweiten Generation von Biotreibstoffen wird gegenwärtig im *KIT* in Karlsruhe entwickelt: *BIOLIQ* [68] (Abb. 4.17). Das KIT hat sich für die Demonstration des Verfahrens dem am schwierigsten energetisch zu verwertenden Abfall aus der Landwirtschaft zugewandt, dem Stroh, das durch geringe Energiedichte und hohen Aschegehalt gekennzeichnet ist. Aus der verfügbaren Menge von Abfallstroh – zur Erhaltung der biologischen Kreisläufe darf nicht die gesamte Abfallmenge energetisch genutzt werden – könnten immerhin etwa 5 % des Treibstoffbedarfs gedeckt werden. Wenn Stroh als Bioabfallstoff beherrscht wird, kann die Technologie leicht auf andere Reststoffe übertragen werden, wodurch das Potenzial moderner Biotreibstoffe im Verkehr noch deutlich größer würde. Da wegen der niedrigen Energiedichte der Bioabfälle weiträumige Transporte sofort zur Unwirtschaftlichkeit führen würden, ist der BIOLIQ-Prozess zweistufig konzipiert. In der ersten Stufe wird das Stroh in kleinen, dezentral errichteten Pyrolyse-Anlagen durch

---

3) www.welt.de/newsticker/news3/article106421390/Biosprit-E10-laut-%
09Total-relativer-Misserfolg, (28.01.2013).

Abb. 4.17 BIOLIQ-Anlage des KIT.

kurzzeitiges Erhitzen auf 400–500 °C in einem Sandbett zu einem Öl-Teer-Gemisch umgewandelt, das leicht lager- und pumpbar ist und in seinem Energiegehalt dem Erdöl nahekommt. Deshalb wird der Stoff auch BioSynCrude genannt. In einer zweiten Stufe kann daraus in einer großen zentralen Anlage zunächst Synthesegas, eine Mischung aus Kohlenstoffmonoxid (CO) und Wasserstoff, gebildet werden, aus dem durch die aus der Kohleverflüssigung bekannten *Fischer-Tropsch-Synthese* gesättigte und ungesättigte Kohlenwasserstoffe erzeugt werden können. Das Ziel ist es, auf diese Weise die aus Rohöl nicht mehr gewinnbaren, anspruchsvollen Treibstoffe für die künftige Generation noch effizienterer Motoren herzustellen.

In der Forschung für die zweite Generation der Biomassenutzung werden auch andere Wege zur Erzeugung von Synthesegas gesucht, vor allem aber wird an der Erzeugung »maßgeschneiderter Kraftstoffe« durch gezielte chemische und biochemische Umwandlung gearbeitet [69]. Aber auch nachwachsende Stoffe, die nicht zur Ernährung genutzt werden können, wie Zellulose oder Algen könnten als Quelle für Biosprit erschlossen werden [66, S. 67 ff.].

Die Forschung zur Biomasse beschäftigt sich auch mit der Untersuchung der Möglichkeit, dem Klimawandel dadurch entgegenzuwirken, dass bereits in der Atmosphäre vorhandenes CO_2 von Pflanzen zu Kohlenwasserstoffen umgewandelt wird, die dann aber nicht als Energiequelle genutzt, sondern künstlich »verkohlt« werden [70]. So könnte man die jahrhundertelange Freisetzung von CO_2 aus Kohle teilweise rückgängig machen. Allerdings kollidiert auch dieses Konzept mit den grundsätzlichen Problemen des Anbaus von Energiepflanzen, auch ist schwer vorstellbar, dass die Menschheit sehr viel Geld für die Herstellung und geologische Lagerung künstlicher Kohle ausgeben wird.

4.2.5 Erdwärme

Die in der Erde gespeicherte Wärme kann auf verschiedene Weise genutzt werden.

4.2.5.1 Oberflächennahe Erdwärme

Sehr verbreitet ist inzwischen die Nutzung der oberflächennahen Erdwärme durch *Wärmepumpen* (Abschnitt 1.2.6), die auch Erdreich mit Temperaturen um 10 °C, wie sie in Deutschland in einer Tiefe unter 5 m ziemlich konstant anzutreffen sind, noch Energie entziehen kann. Alternativ zu solchen erdgekoppelten Wärmepumpen vermögen Luft-Wasser-Wärmepumpen Wärme auch der Umgebungsluft zu entziehen. Bezogen auf die elektrische Antriebsleistung kann die Wärmepumpe in günstigen Fällen die fünffache Wärmeleistung liefern. In Verbindung mit guter Wärmeisolation des Hauses stellt dieses Verfahren eine sehr wirtschaftliche und umweltschonende Lösung für die Raumheizung dar.

In Deutschland nimmt der Anteil der *Wärmepumpenheizungen*, vor allem seit dem Anziehen des Erdöl- und Erdgaspreises rasch zu. Im Jahr 2010 wurde bereits fast jeder vierte Neubau mit einer Wärmepumpenheizung ausgestattet.[4]

4.2.5.2 Geothermie aus der Tiefe

Mit der *Geothermie* nutzt man die Erdwärme bei höheren Temperaturen entweder direkt für die Wärmeversorgung oder für den Antrieb von Wärmekraftmaschinen. Insgesamt ist in der Erde die gewaltige Menge von $2{,}8 \times 10^{24}$ kWh Energie gespeichert, die neben einer

---

[4] http://de.wikipedia.org/wiki/Wärmepumpenheizung#Luftwärmepumpe, (13.02.2013).

Abb. 4.18 Geothermie-Kraftwerk in Island.

Restwärme aus ihrer Entstehungszeit vor allem aus dem radioaktiven Zerfall der natürlichen Bestandteile Radium, Thorium233, Uran238 und Kalium40 stammen (Abschnitt 4.2.4.2). Der Wärmefluss an die Erdoberfläche ist mit 60 Milliwatt (mW)/m^2 im Vergleich zur durchschnittlichen Sonneneinstrahlung von 342 W/m^2 jedoch sehr gering. Unter normalen Bedingungen trifft man erst bei Tiefen von 15 km auf Temperaturen, die von Wärmekraftmaschinen genutzt werden können. Die Nutzung geothermischer Energie konzentriert sich deshalb vor allem auf geologische Anomalien [8, S. 211].

Derartige Anomalien gibt es an vielen Stellen der Erde, man unterscheidet Dampfkavernen mit Temperaturen von 200–250 °C bei Drücken um 10 bar in Tiefen bis zu 2500 m und Heißwasserkavernen nahe 100 °C. Dampfkavernen können unmittelbar für die Erzeugung elektrischer Energie genutzt werden. Sie kommen in Island (Abb. 4.18) vor, in Kalifornien, wo das größte geothermische Kraftwerk der Welt mit 725 MW betrieben wird, und in Italien; dort ist bereits seit 1904 in Larderello ein Kraftwerk mit 550 MW in Betrieb.

Bei Heißwasservorkommen ist ein erheblicher Aufwand erforderlich: Wegen der geringen Temperaturdifferenz müssen hier spezielle Verfahren mit Kühlmitteln, die einen niedrigen Siedepunkt haben, zum Einsatz kommen, wie der *Organic Rancing Cycle*, der mit organischem Kühlmittel oder der *Kalina-Prozess*, der mit Ammoniak arbeitet. Da diese Stoffe nicht ins Grundwasser gelangen dürfen, ist ein Wärmetauscher erforderlich, der die ohnehin kleine nutzbare Temperaturdifferenz noch weiter verringert [4, S. 247]. Außerdem haben die Kraftwerke mit Korrosion durch die Salzfracht des geförderten Wassers zu kämpfen, auch treten unwillkommene gasförmige Kontaminationen in Form von CO_2, Schwefelwasserstoff, Ammoniak, Methan und Wasserstoff auf. Bei diesen Geothermie-Kraftwerken muss man sich mit Wirkungsgraden von maximal 12 % begnügen.

Ein Potential für Geothermie-Kraftwerke bieten in Deutschland drei Regionen: das Norddeutsche Becken, das Süddeutsche Molassebecken und den Oberrheingraben. Dort gibt es in ca. 3000 m Tiefe heißwasserführende Grundwässer (Aquifere). In einem geothermischen Kraftwerk wird dieses Wasser über eine Förderbohrung nach oben gebracht, wo es über einen Wärmetauscher seine Energie an eine Turbine abgibt. In einiger Entfernung, meist um 1 km wird das abgekühlte Wasser durch eine Injektionsbohrung wieder in den Aquifer zurückgepresst [71, S. 58–66].

Die Geothermie spielt bisher in der Energieversorgung der Welt eine Nebenrolle: Im Jahr 2009 waren geothermische Kraftwerke mit einer Kapazität von 10,7 GW in Betrieb. Das Interesse an der Geothermie hat aber jüngst wieder zugenommen, da sie eine der wenigen unter den erneuerbaren Energien ist, mit der bedarfsgerecht Strom erzeugt werden kann.

In Deutschland ging das *Geothermie-Kraftwerk Landau* (Abb. 4.19) als bislang größte Anlage dieser Art 2007 in Betrieb. Es liefert im Grundlastbetrieb 3000 kW an elektrischer Energie und im Winter Fernwärme bis zu 5000 kW. Es arbeitet mit einem Organic-Ranking-Cycle-Verfahren. Trotz guter Betriebserfahrungen hat dieses Kraftwerk einen »Fluch« der Geothermie demonstriert: Im Sommer 2009 kam es in Landau zu zwei Erdbeben der Stärken 2,7 und 2,4 auf der Richter-Skala, die nach einem Gutachten der Bundesanstalt für Geowissenschaften und Rohstoffe sehr wahrscheinlich von dem Kraftwerksbetrieb, nämlich durch das Zurückverpressen des geförderten Thermalwassers verursacht wurden. Der Betrieb wird von weiteren Mikrobeben begleitet. In Leonberg hat eine Geothermie-Probebohrung zu einem Aufquellen einer Gipsschicht geführt, das durch das Anheben des Untergrunds erhebliche Schäden an Gebäuden verursacht hat. Diese Vorkommnisse haben der Akzeptanz

Abb. 4.19 *Geothermie-Kraftwerk Landau.*

der Geothermie erheblichen Schaden zugefügt und den geplanten weiteren Ausbau gebremst.[5]

4.2.5.3 Potenziale der Forschung

Für die *Geothermie-Forschung* bieten viele Problemfelder, z. B. die Nutzung niedriger Temperaturdifferenzen, die Vermeidung von Korrosion und die Seismik Ansatzpunkte, die Chancen zu verbessern.[6] Mit dem Hot-Dry-Rock-Verfahren soll Wärme aus größeren Tiefen für die Erzeugung elektrischer Energie künstlich erschlossen werden [71, S. 63]. Dies stößt allerdings auf das schwer lösbare Problem, das die geringe Wärmeleitfähigkeit von Gestein darstellt. Für einen raschen Wärmeübergang auf das injizierte Wasser kann man durch Zertrümmerung des unterirdischen Gesteins noch sorgen, aber die Nachfuhr der Wärme aus der Umgebung beansprucht Jahre [8, S. 214]. Trotz dieser Probleme lohnt es sich weiter zu forschen, denn der Bedarf an einer grundlastfähigen erneuerbaren Energiequelle ist groß.

---

5) http://de.wikipedia.org/wiki/Geothermiekraftwerk_Landau, (27.01.2013).
6) www.geothermie.de/wissenswelt/forschung/forschungsbedarf.html. (14.02.2013).

4.2.6 Energie aus den Ozeanen

Den vielen Ansätzen, Energie aus den Ozeanen zu gewinnen [72], gemeinsam sind die Probleme durch die Zerstörungskraft der Wellen und die korrosive Atmosphäre, die eine Erschließung dieses Potenzials bisher behindert haben.

4.2.6.1 Gezeiten

Die von den Gezeiten verursachten Strömungen werden schon seit Jahrhunderten genutzt. Dabei konzentrierte sich das Interesse auf die Regionen, in denen hohe Tidenunterschiede über 10 m eine wirtschaftliche Stromerzeugung ermöglichen. In diesen Gebieten könnten zusammengenommen theoretisch 30 GW gewonnen werden [72, S. 243] bisher sind jedoch erst vier Gezeitenkraftwerke in Betrieb, das größte davon in der Rance-Mündung in Frankreich mit 240 MW. Die Technologie der Stromerzeugung ist ähnlich der bei der normalen Wasserkraft, mit dem Unterschied, dass die Turbine meist in beiden Fließrichtungen genutzt wird. Beim Bau des Staudamms kommt es darauf an, die Eigenfrequenz des Schwingungssystems, das Wasser und Bucht bilden, nicht zu verstimmen, weil das den Tidenhub verringern würde [72, S. 243]. Das Potenzial dieser Form der Gezeitenenergie ist weltweit bei Weitem noch nicht ausgeschöpft. In Deutschland haben Gezeitenkraftwerke wegen des geringen Tidenhubes keine Chancen.

Jenseits dieser großen Gezeitenkraftwerke gibt es auch Ansätze, die Strömung der Gezeiten durch Turbinen zu nutzen, die man als Windrad unter Wasser bezeichnen kann. Allerdings sind die technischen Herausforderungen wesentlich höher, denn die Turbinen müssen periodisch wechselnde Strömungen nutzen, gut abgedichtet und vor Korrosion geschützt sein; sie müssen ohne Schmieröl auskommen, sicher an das Stromnetz angeschlossen und, nicht zuletzt, wiederauffindbar sein. Deshalb stellen diese Gezeitenströmungsturbinen eher eine Kreuzung zwischen Windmühle und U-Boot dar [73].

4.2.6.2 Wellenenergie

Auch für die Nutzung der Energie der Wellen sind viele Konzepte entwickelt worden. Sie versuchen entweder die potenzielle Energie der Wellenhübe oder die kinetische Energie von Brandungswellen zu nutzen. Versuchsanlagen in der Größe von einigen Tausend kW sind in den letzten Jahren in Portugal, Spanien und Schottland errichtet worden [74]. Die Standardtechnik beruht heute auf der »Oszillierenden Wassersäule« (Oscillating Water Column, *OWC*) (Abb. 4.20).

Bei diesem Prinzip komprimieren und dekomprimieren die Wellen die Luft in einer Druckkammer, die unter Wasser von den Wellen angeströmt wird; die ein- und ausströmende Luft der Druckkammer treibt eine Turbine an.

Konkurrenz bekommt dieses Verfahren durch den »Wellen-Drachen« (*Wave Dragon*), bei dem die Wellen in einen Trichter hineinlaufen und sich in ein über dem Meeresspiegel schwimmendes Becken ergießen, aus dem sie über eine Turbine zurück ins Meer fließen.

Allen Konzepten gemeinsam ist die Notwendigkeit einer sehr robusten Bauweise, denn die Wellenenergie wächst mit dem Quadrat der Wellenhöhe. Deshalb wird die Bauweise nicht von der normalen nutzbaren Wellenenergie, sondern von der Vorsorge gegen hundertfach höhere Wellenenergien bestimmt, was die Wirtschaftlichkeit erheblich beeinträchtigt.

Abb. 4.20 Wellen-Kraftwerk mit 500 kW in Schottland.

4.2.6.3 Gradienten der Temperatur und des Salzgehalts

Der Vollständigkeit halber soll erwähnt werden, dass noch andere Themen der Erforschung harren, so könnte man z. B. Temperaturgradienten in den Ozeanen, die etwa 10 °C pro 50 m Wassertiefe betragen können [8, S. 156] mit Hilfe von Wärmepumpen nutzen oder die Versalzung eines Süßwasserstroms bei der Mündung in das Meer in Osmosekraftwerken [75] zur Stromerzeugung einsetzen, also den Prozess der Meerwasserentsalzung umkehren. In sogenannten *Solar Ponds* kann man durch die Schichtung von Wasser mit unterschiedlichen Salzgehalten die thermische Konvektion unterbinden und damit am Boden des Teiches die höchsten Temperaturen erhalten, die dann technisch genutzt werden könnten. Aber große Erwartungen verbinden sich mit diesen Ideen nicht

Es gibt noch viele andere Vorschläge zur Gewinnung regenerativer Energie; die meisten sind seit 40 Jahren und mehr bekannt, haben bislang aber keine Früchte getragen.

4.3 Vergleichende Betrachtungen

Wie schwer die Bewertung der großen Primärenergiequellen ist, zeigt eine vergleichende Betrachtung unter verschiedenen Aspekten.

4.3.1 Leistungsdichte

Die Unterschiede zwischen der vom Menschen geschaffenen Technik und den natürlichen Prozessen sollen hier zusammenfassend an den Leistungsdichten dargestellt werden.

Man erkennt in Abb. 4.21 die gewaltigen Unterschiede: Die Leistungsdichten der konventionellen Energiequellen liegen mehr als einen Faktor 1000 über denen der erneuerbaren Energien und diese wieder einen Faktor 1000 über den rein natürlichen Leistungsdichten.

4.3.2 Klimarelevanz

Wie stark die einzelnen Primärenergieträger die CO_2-Bilanz beeinflussen zeigt Abb. 4.22.

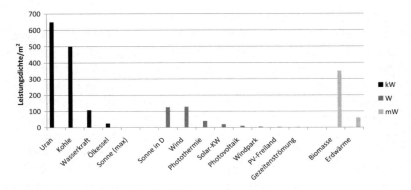

Abb. 4.21 Leistungsdichten verschiedener Energiequellen in kW/m² (links), in W/m² (Mitte) und in mW/m² (rechts), zwischen benachbarten Gruppen liegt ein Faktor 1000, zwischen der linken und der rechten Gruppe ein Faktor von 1 Mio. (Die Dichte der Sonneneinstrahlung in Deutschland ist als »Sonne in D« angegeben.)[7]

Innerhalb der fossilen Energiequellen gibt es dabei durchaus bedeutende Unterschiede. Dass Braunkohle ungünstiger abschneidet als Steinkohle liegt an ihrer niedrigeren Energiedichte und an den

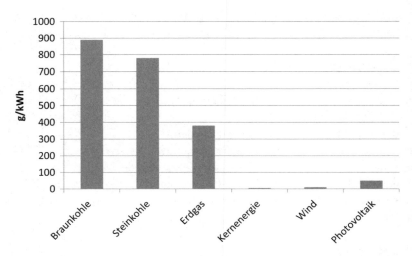

Abb. 4.22 Relative Beiträge der Primärenergieträger zum Treibhauseffekt (Mittelwerte) [76].

7) http://de.wikipedia.org/wiki/Leistungsdichte, (15.04.2013).

großen Mengen von Erde und Wasser, die zu ihrer Gewinnung bewegt werden müssen. Die Hierarchie Kohle–Öl–Erdgas ist auf das unterschiedliche Mischungsverhältnis von Kohlenstoff und Wasserstoff zurückzuführen: Je reicher die Moleküle an Wasserstoff sind, umso geringer ist der Beitrag zum Treibhauseffekt. Beim Erdgas ist dieser Beitrag so niedrig, dass es durchaus ein Potenzial in der Klimaschutzpolitik hat, soweit man nicht die Klimaerwärmung durch vollständigen Verzicht auf fossile Energie ganz stoppen will. Bei den erneuerbaren Energien wird bei derartigen Untersuchungen berücksichtigt, dass bei der Gewinnung der Rohstoffe für die Herstellung der Anlagen einschließlich der Transportvorgänge überwiegend fossile Energien zum Einsatz kommen. Der große Aufwand, der für die Herstellung der polykristallinen Siliziumzellen getrieben werden muss, ist der Grund, warum die Photovoltaik nicht so glänzend dasteht, wie das weithin vermutet wird.

4.3.3 Gesundheitskosten und externe Kosten

Ähnlich wie bei den Vergleichen des Beitrags zum Treibhauseffekt wird in sozialwissenschaftlichen Untersuchungen versucht, die Gesundheitskosten der einzelnen Primärenergieträger zu vergleichen. Dazu muss für jeden Umwandlungsschritt jeder Energiequelle die Zahl der Todesfälle durch Unfälle und der Gesundheitsschäden mit Langzeitwirkung ermittelt werden. Berücksichtigt werden die Folgen der Emissionen, die beim Betrieb von Kraftwerken, aber auch bei Gewinnung, Transport und Anwendung der Energien eintreten, weiter Unfälle bei Transport und Hantierung der Ausgangsstoffe und schließlich auch die Todesraten, die entsprechend der Wahrscheinlichkeit schwerer Unfälle, etwa bei Kernkraftwerken oder Wasser-Staudämmen, auftreten. Zusätzlich müssen die Arbeitsrisiken im Kraftwerk bewertet werden. Umgerechnet werden diese Effekte in »verlorene Lebensjahre pro Mrd. Kilowattstunden (GWh)« erzeugter Elektrizität aus den verschiedenen Primärenergieträgern. Abbildung 4.23 zeigt das Ergebnis derartiger Berechnungen, die im Wesentlichen auch mit Untersuchungen anderer Autoren übereinstimmen.

Den größten Beitrag zu den verlorenen Lebensjahren liefern die Emissionen der fossilen Energien, vor allem aufgrund der großen Mengen an Schwermetallen und anderen gesundheitsschädlichen

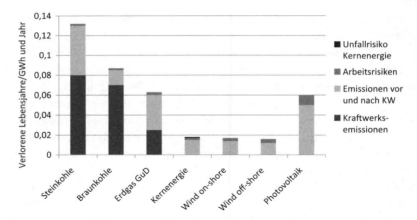

Abb. 4.23 Gesundheitswirkungen der verschiedenen Primärenergieträger in verlorenen Lebensjahren pro GWh und Jahr [77] (GuD steht für die besonders effizienten Gas- und Dampfkraftwerke auf der Basis von Erdgas.)

Stoffen, die emittiert werden. Bei allen Energien zeigt sich der Effekt, dass die Unfallrisiken bei Abbau und Transport einen großen Beitrag zum Gesamtrisiko leisten, der zum Materialaufwand proportional ist. Überraschend gering sind die Gesundheitskosten der Kernenergie in derartigen Untersuchungen, obwohl dabei Reaktorkatastrophen entsprechend ihrer statistischen Wahrscheinlichkeit berücksichtigt werden.

Weitergehende Untersuchungen ermitteln auch die gesamten sozialen Kosten der einzelnen Energieträger, indem sie zusätzlich zu den Gesundheitswirkungen auch die Klimaschädlichkeit, den Landverbrauch sowie Ernteschäden und die Verringerung der Biodiversität betrachten (Abb. 4.24). Hier muss man also quasi »Äpfel und Birnen« addieren, also sehr unterschiedliche Auswirkungen zueinander in Relation setzen.

Bei allem Unbehagen, das man bei solchen Berechnungen empfindet, eine gewisse Orientierung über die Stärken und Schwächen der einzelnen Energietechnologien können sie aber doch geben.

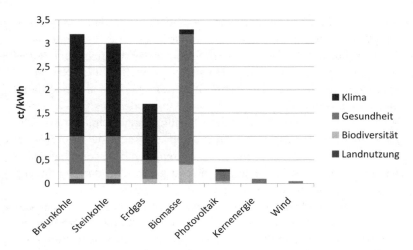

Abb. 4.24 Externe Kosten von Stromerzeugungssystemen für neue Anlagen (2025) [78].

Exkurs 4   E10 – hält nicht, was es verspricht

Much Ado about Nothing

(Komödie von W. Shakespeare)

Mit der 10. Verordnung über die Beschaffenheit von Kraftstoffen zum Bundes-Immissionsschutzgesetz, die am 14 Dezember 2010 in Kraft trat, wurde in Deutschland die Beimischungsgrenze für Ethanol im Benzin von 5 % auf 10 % erhöht. Der neue Kraftstoff E10 wird jedoch nur von wenigen Autofahrern angenommen. Mitte 2012, 15 Monate nach der Einführung, lag der Marktanteil von E10 bei nur 20 %. Die Mineralölindustrie spricht von einem Misserfolg[8] (Abschnitt 4.2.4.3).

Die Ursache dafür ist nur zum Teil die Sorge um die Verträglichkeit mit dem eigenen Auto. Auch der Umweltvorteil ist umstritten. Das liegt daran, dass es keine genauen Öko- oder Energiebilanzen zu E10 gibt. Es kann sie auch nicht geben, weil die Energieeffizienz der Biomasse, die ja nur einen geringen Energieinhalt pro Masse bzw.

---

8) www.welt.de/newsticker/news3/article106421390/Biosprit-E10-laut-%
09Total-relativer-Misserfolg.html, (05.03.2013).

Volumen aufweist, sehr stark von den individuellen Bedingungen abhängt, unter denen sie produziert, transportiert und verarbeitet wird. Deshalb hat die Bundesregierung 2009 die Verordnung über Anforderungen an eine nachhaltige Herstellung von Biokraftstoffen erlassen, nach der die Erzeuger nachweisen müssen, dass ihr Bioethanol ein Treibhausgas-Minderungspotenzial von mindestens 35 % aufweist. Aber woher weiß der Erzeuger das eigentlich, angesichts der Komplexität einer Berechnung der Energie-, und erst recht der Klimabilanz, und wer kann die Behauptung kontrollieren? Nach wissenschaftlichen Untersuchungen ist der Energieaufwand gerade bei der Herstellung von Ethanol besonders hoch: 80–90 %, in Extremfällen sogar 125 % der im Bioethanol enthaltenen Energie müssen dafür aufgewendet werden [9, S. 83–84]. Nimmt man noch die für die Klimaschutzbilanz besonders schädlichen Lachgasemissionen aus dem eingesetzten Stickstoffdünger (Abschnitt 4.2.4.1) hinzu, so erscheint der Grenzwert von 35 % Treibhausgas-Minderungspotenzial aus wissenschaftlicher Sicht als frommer Wunsch. Aber selbst wenn man an die 35 %ige Klimaneutralität glaubt, ergibt sich daraus für den Treibstoff E10 nur eine CO_2-Ersparnis von 3,5 %.

Da Ethanol pro Volumeneinheit nur 65 % des Energiegehalts von Benzin hat, ergibt sich für E10 gegenüber reinem Benzin ein Mehrverbrauch von rund 3 %.[9] Weil dieser aber auch auf das zu 90 % enthaltene normale Benzin entfällt, löst sich die Einsparung von 3,5 %, die man glaubt garantieren zu können, in Luft auf.

E10 ist also kein Segen, aber es ist mit einem Fluch belastet: Das zu 10 % beigemischte Bio-Ethanol wird aus Getreide (Weizen und Roggen) und Zuckerrüben (in Brasilien sehr viel günstiger aus Zuckerrohr) gewonnen; es ist also, einfach gesagt, ein hochprozentiger Schnaps aus Korn und Zuckerrüben. Moralisch bedenklich ist, dass dieser Biosprit der ersten Generation vollständig aus Nahrungsmitteln erzeugt wird. Solange auf der Erde 1 Mrd. Menschen Hunger leidet und alle drei Sekunden ein Mensch, meistens noch als Kind, an Hunger stirbt, ist es da verantwortbar, Nahrungsmittel in Sprit für unsere Autos zu verwandeln, nur um sie dadurch scheinbar klimaverträglicher zu machen?

---

9) www.adac.de/infotestrat/tanken-kraftstoffe-und-antrieb/benzin-und-diesel/e10/default.aspx?tabid=tab3, (28.01.2013).

Durch die Entwicklung noch modernerer Motoren kann der Spritverbrauch weitaus effizienter gesenkt und damit dem Klimaschutz besser gedient werden. Diese künftige Motorengeneration kann aber mit E10 nicht betrieben werden, nicht einmal mit reinem Raffineriebenzin. Sie benötigt Designer-Brennstoffe, die nur aus Erdgas oder mit fortschrittlichen Verfahren der zweiten Generation aus Biomasse gewonnen werden können.

5
Energieumwandlung, Transport, Speicherung und Effektivität

Von der verfügbaren Primärenergie werden in Deutschland etwa zwei Drittel dem Verbraucher als unmittelbar nutzbare »Endenergie« zur Verfügung gestellt (Abb. 5.1).

Etwa 24 % der Primärenergie gehen bei der Umwandlung in Sekundärenergieträger als Wärme verloren, 12 % werden exportiert und 6 % zu nichtenergetischen Zwecken eingesetzt. Die verbleibende Endenergie wird zu gleichen Teilen in den Sektoren Industrie, Verkehr und Haushalt sowie mit einem geringeren Anteil im Bereich Gewerbe, Handel und Dienstleistungen verwendet. Insgesamt wird die Endenergie zu etwa 44 % als mechanische Energie, zu 25 % für Raumwärme, zu 23 % für industrielle Prozesswärme, zu 5 % für Warmwasser und zu 3 % für Beleuchtung eingesetzt. Im Sektor Industrie domi-

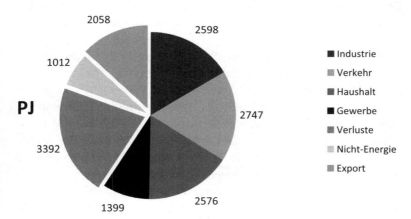

Abb. 5.1 Aufteilung der Primärenergie (15 892 PJ) in Endenergie (9060 PJ) sowie Verluste, Export – unterteilt in die Sektoren Industrie, Verkehr, Haushalt und Gewerbe – und nichtenergetischer Verbrauch (links) in Deutschland 2010, PJ = Petajoule = 1 Billiarde Joule [80].

Deutschlands Energiezukunft. Erste Auflage. Manfred Popp.
© 2013 WILEY-VCH Verlag GmbH & Co. KGaA.

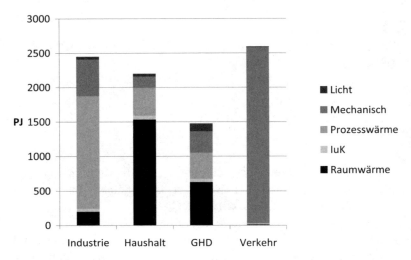

Abb. 5.2 Einsatz der Endenergie in den Sektoren Industrie, Haushalt, Gewerbe, Handel und Dienstleistungen (GHD) sowie Verkehr für Deutschland (2007) in PJ für Raumwärme, Information und Kommunikation (IuK), Prozesswärme, mechanische Energie und Beleuchtung [81], PJ = Petajoule = 1 Billiarde Joule.

niert der Bedarf an Prozesswärme, in den Haushalten wird über 70 % der Endenergie für die Raumwärme verwandt und der Endenergiebedarf des Verkehrs besteht nahezu ausschließlich aus mechanischer Energie (Abb. 5.2).

Mit Ausnahme des Erdgases, das nur einer Reinigung unterzogen werden muss, müssen die anderen Primärenergien in Sekundärenergien umgewandelt werden, damit sie vom Verbraucher eingesetzt werden können. Es gibt dafür vielfältige Umwandlungsverfahren. Die wichtigste Sekundärenergie ist der elektrische Strom, der aus allen Primärenergien hergestellt werden kann. Flüssige Treibstoffe für Autos, Flugzeuge und Schiffe sowie Heizöl werden überwiegend in Raffinerien aus Mineralöl hergestellt, können aber auch aus Kohle gewonnen werden, wie in Deutschland im Zweiten Weltkrieg mit der *Fischer-Tropsch-Synthese* oder heute in Südafrika mit dem daraus abgeleiteten *Sasol*-Prozess. In den neuerdings verwendeten englischen Bezeichnungen für die Energie-Umwandlungsprozesse heißt das »Coal to Liquid«. Sie können aus Biomasse stammen (Bio to Liquid) und in der ersten Generation Ethanol als Benzinersatz und Rapsöl als Dieselsurrogat bereitstellen. In der zweiten Generation können künftig aus Biomasse hochwertige Designer-Kraftstoffe für die nächste Motorengeneration hergestellt werden, die aber auch aus Erdgas gewonnen werden können (Gas to Liquid). Für weitere gasförmige Energieträger kann Synthesegas aus Kohle oder Biomasse (Coal to Gas, Bio to Gas) gewonnen oder mit Hilfe von Strom per Elektrolyse Wasserstoff produziert werden (Power to Gas). Mechanische Energie kann mit Elektro-, Benzin-, Diesel- oder Gasmotoren für Fahrzeuge bereitgestellt werden. Flugzeugturbinen werden mit Kerosin betrieben, einem Raffinerieprodukt, das in seinen Eigenschaften zwischen Benzin und Diesel liegt.

Aus Abschnitt 1.2 ist noch in Erinnerung, dass Wärme, oft unfreiwillig, die Endform aller Energieumwandlungen ist; sie kann also aus allen Energieträgern gewonnen werden. Transportieren kann man Wärme in Form von heißem Wasser als *Fernwärme*; über kurze Entfernungen geht es eleganter und effizienter mit der »*Heat Pipe*«, die mit einem Phasenübergang arbeitet: In einem inneren Rohr wird Wasserdampf transportiert, der beim Verbraucher nicht nur seine fühlbare Wärme abgibt, sondern auch die Kondensationswärme, denn auf dem Rückweg zur Wärmequelle wird in einem äußeren Rohr das Wasser in flüssiger Form transportiert. Heat Pipes können die drei- bis vierfache Wärmeleistung eines gleich dicken Kupferstabs transportieren, obwohl elektrisch leitende Metalle immer auch gute Wärmeleiter sind.

Diese verschiedenen Gruppen von Sekundärenergieträgern haben unterschiedliche Eigenschaften (Tab. 5.1) [82, S. 249]. Ein Blick auf die »Zeugnisnoten« in der Tabelle zeigt sofort den Vorteil der chemischen Energieträger Öl und Gas und des elektrischen Stromes. Die hervorragende Regelbarkeit, die hohe Energiedichte und der ein-

Tab. 5.1 Eigenschaften der Sekundärenergieträger.

Eigenschaft	Chemisch	Elektrisch	Mechanisch	Thermisch
Transport	sehr gut	sehr gut	gut	schlecht
Regelbarkeit	gering	sehr gut	sehr gut	gering
Energiedichte	sehr hoch	hoch	gering	gering
Speicherbarkeit	Sehr gut	gering	schlecht	gering

fache Transport haben dazu geführt, dass seit Langem und anhaltend der Stromverbrauch schneller wächst als der Gesamtenergieverbrauch; Strom verdrängt also nach und nach andere Energieträger. Leider lässt sich Strom nur sehr schwer speichern, was bei der Erzeugung aus erneuerbaren Energien zu erheblichen Problemen führt.

5.1 Elektrische Energie

Der Bedarf der Welt an elektrischer Energie wächst kontinuierlich seit über hundert Jahren. Betrug der Weltbedarf 1990 noch gut 10 000 TWh – das entspricht 10 Trillionen kWh –, so ist diese Zahl bis 2009 bereits auf 17 217 TWh gestiegen. Anders als bei der Primärenergie haben die *IEA*-Mitglieder, also die Länder der hochentwickelten Welt, ebenfalls zu diesem Wachstum beigetragen, wenn auch nicht so viel wie der andere Teil der Welt. Bis 2035 erwartet die IEA in ihrem realitätsnahen »New Policies«-Szenario ein Anwachsen auf 31 722 TWh [6, S. 177 ff.]. Die künftige Entwicklung in Deutschland wird in Kapitel 6 behandelt.

5.1.1 Die Quellen der Stromerzeugung

Aus welchen Primärenergien dieser Strom erzeugt wird, zeigt Abb. 5.3. Weltweit werden 2009 noch rund 70 %, 2035 fast noch 60 % des Stroms aus fossilen Energiequellen gewonnen.

Immerhin werden aber bereits jetzt rund 20 % der elektrischen Energie aus erneuerbaren Energien bereitgestellt, wobei die klassische Wasserkraft den Löwenanteil beiträgt. Auch die Biomasse dürfte überwiegend in traditioneller Weise genutzt werden, so dass der Beitrag der »neuen« erneuerbaren Energien mit insgesamt rund 3 % noch bescheiden ausfällt. Innerhalb dieses Bereichs dominiert die Windenergie; der Beitrag der Photovoltaik ist international, auch noch in der Prognose für 2035, zu gering, um eigens ausgewiesen zu werden.

In der Prognose der IEA, die von anderen Voraussagen gestützt wird (siehe Kapitel 2), nimmt der Stromverbrauch von 2009 auf 2035 um fast 80 % zu. Abbildung 5.3 zeigt die Anteile der einzelnen Primärenergieträger an der Stromerzeugung in Prozent, einmal bezogen auf 2035 und einmal, um die Entwicklung der einzelnen Bei-

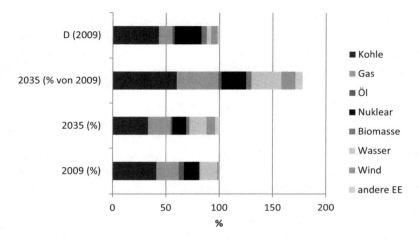

Abb. 5.3 Stromerzeugung aus Primärenergien der Welt 2009 (unten) und IEA-Prognose für 2035 in Prozent [6, S. 179]. Zur Verdeutlichung des Wachstums ist die Prognose darüber auch in Prozent bezogen auf die Stromerzeugung im Jahr 2009 wiedergegeben. Die vierte Darstellung oben zeigt zum Vergleich die Zusammensetzung der Stromerzeugung in Deutschland (D) im Jahr 2009 (oben)[1] (EE = erneuerbare Energien).

träge vergleichen zu können, in Prozent bezogen auf die Gesamt-Stromerzeugung von 2009. Man sieht, dass der Beitrag der erneuerbaren Energien von 20 % auf 30 % steigt. Dabei wächst der Anteil des Windes auf das Achtfache, der der anderen erneuerbaren Energien sogar auf das 14-Fache an, alle zusammen decken dann aber immer noch erst 12 % der Stromerzeugung ab. Die Wasserkraft nimmt zwar um 70 % zu, kann damit aber mit dem Gesamtwachstum um 80 % nicht ganz Schritt halten. Unter den fossilen Energien macht das Erdgas das Rennen; sein Einsatz in der Stromerzeugung steigt etwas schneller als die Gesamterzeugung, während Kohle und Kernenergie nur knapp hinter dem Gesamtwachstum zurückbleiben. Aber dies bedeutet immer noch, dass die Kapazität von Kohle- und Kernkraftwerken bis 2035 um über 70 % steigen soll! Eindeutiger Verlierer ist das Erdöl, dessen Beitrag bis 2035 nicht nur relativ, sondern auch absolut deutlich zurückgehen soll.

1) http://de.wikipedia.org/wiki/Stromerzeugung, (16.02.2013).

Die 2009 noch weitgehend traditionelle Zusammensetzung der Primärenergiequellen in Deutschland ähnelte dem Weltdurchschnitt, abgesehen von einem geringeren Anteil der Wasserkraft und einem damals noch höheren Anteil der Kernenergie.

5.1.2 Wirtschaftliche Aspekte der Stromversorgung

International gibt es große Unterschiede bei den Kosten der elektrischen Energie. Wie Abb. 5.4 zeigt, hat Deutschland im internationalen Vergleich sehr hohe Kosten bei den normalen Tarifen für private Haushalte. Innerhalb der EU hat nur Dänemark noch höhere Strompreise. In Frankreich zahlen die privaten Stromkunden fast nur die Hälfte und die Industriekunden ein Drittel weniger als in Deutschland.[3] Auch im weltweiten Vergleich liegen Dänemark und Deutsch-

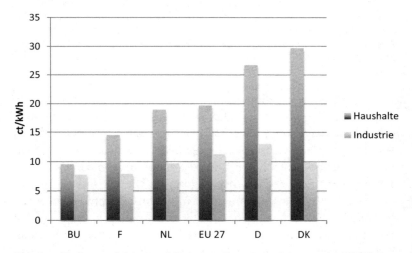

Abb. 5.4 Kostenvergleich der elektrischen Energie im Jahr 2011 in ct/kWh für Haushalte und Industrie in ausgewählten Europäischen Ländern (Bulgarien (BU), Frankreich (F), Niederlande (NL), Deutschland (D) und Dänemark (DK)) sowie Durchschnitt der Europäischen Union (EU 27) im ersten Halbjahr 2012.[2]

---

2) http://epp.eurostat.ec.europa.eu/statistics_explained/index.php/Electricity_and_natural_gas_price_statistics, (4.9.2013).
3) http://de.wikipedia.org/wiki/Strompreis

land an der Spitze der Strompreise.[4] Da diese Statistik auf Daten der zweiten Jahreshälfte 2011 beruht, kann Deutschland in den nächsten Jahren die Spitzenposition einnehmen, wenn die Kosten für die Einspeisung von Strom aus erneuerbaren Energien und den Netzausbau weiter zunehmen.

Die Ursache dieses hohen Strompreises ist, wie Abb. 5.5 zeigt, eine hohe Abgabenlast durch Konzessionsabgaben, Ökostromsteuer, Mehrwertsteuer und *EEG*-Umlage, die den Strompreis fast verdoppelt. Im Jahr 2013 haben die steigenden Netzkosten die gesunkenen Erlöse an der Börse für die Stromerzeugung überholt und die Abgaben und Steuern einen Anteil von rund 50 % erreicht.

Wie werden die nicht vom Staat verursachten Preisanteile festgelegt? Die Zeiten, in denen die großen Stromversorgungsunternehmen regionale Monopole innehatten und ihre Tarife von den Wirtschaftsministern der Länder genehmigen lassen mussten, sind vorbei. Seit der Liberalisierung des Strommarktes in der EU, die Deutschland schon 1998 in nationales Recht umsetzte, wird Strom

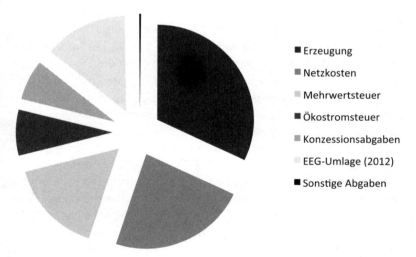

Abb. 5.5 Zusammensetzung des Strompreises eines durchschnittlichen Privathaushalts in Deutschland im Jahr 2012.[3]

---

4) http://www.euaa.com.au/wp-content/uploads/2012/03/
INTERNATIONAL-ELECTRICITY-PRICE-COMPARISON-19-MARCH-2012.pdf
(19.08.2013)

wie andere Güter frei gehandelt. In Europa sind dafür verschiedene *Strombörsen* entstanden, von denen für Deutschland die Leipziger Börse European Energy Exchange (*EEX*) von besonderer Bedeutung ist. Ihr Handelsvolumen liegt beim 2,5-Fachen des deutschen Stromverbrauchs. Da der Bedarf an Strom zeitlich schwankt, unterscheiden sich die verschiedenen »Produkte«, die an der Börse gehandelt werden, hauptsächlich durch ihre Laufzeit. Die Grundversorgung wird an der Börse bis zu drei Jahre im Voraus kontraktiert. Auf dem »Spot-Markt« werden die Strommengen für den folgenden Tag gehandelt. Während des laufenden Tages findet dann noch ein »Intraday«-Handel im Viertelstundentakt statt. Dabei versuchen die Unternehmen bei Überschusslagen eingegangene Lieferverpflichtungen durch Zukauf von preiswerten Angeboten statt durch Eigenerzeugung zu bedienen oder bei Verknappungen mehr Strom zu höheren als langfristig vereinbarten Preisen zu verkaufen.

Die Preisbildung folgt der sogenannten »*Merit Order*«. Sie legt fest, dass die verfügbaren Kraftwerke nach den flexiblen Anteilen der Stromerzeugungskosten eingesetzt werden. Kosten für Investitionen und Personal der Anlagen bleiben dabei also unberücksichtigt. Unter diesen Bedingungen beginnt die Hierarchie der Merit Order mit den Laufwasserkraftwerken, die immer am Netz sind, deren Kapazität aber leider sehr begrenzt ist. Seit der Verkündung der Energiewende (Abschnitt 6.4) folgen an zweiter Stelle die Braunkohlenkraftwerke – bis auf einige wenig effizientere ältere Anlagen mit schlechterem Wirkungsgrad. Sie haben die Kernkraftwerke aus ihren zuvor angestammten Spitzenplätzen verdrängt, weil die nuklear erzeugte Kilowattstunde durch die Brennelementesteuer wesentlich verteuert wurde und weil zusätzlich der Verfall des Preises der Emissionszertifikate von 20 € auf 4 € pro Tonne CO_2 die Braunkohle weiter begünstigt. Damit ist eine Verschlechterung der Klimabilanz der deutschen Energieversorgung verbunden – eine wenig beachtete Nebenwirkung der Energiewende, die doch eigentlich dem Klimaschutz dienen sollte. Nach den Kernkraftwerken kommen die Steinkohlekraftwerke zum Einsatz, und für die Spitzenlast werden schließlich die teuren Erdgaskraftwerke zugeschaltet. Bei besonders hohem Bedarf können dann noch sehr teure ältere Anlagen oder auch Ölkraftwerke mobilisiert werden. Der Preis wird durch das jeweils teuerste Kraftwerk bestimmt, das zur Deckung der Nachfrage benötigt wird.

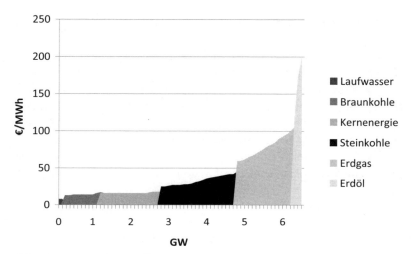

Abb. 5.6 Merit Order 2013[5].

Abbildung 5.6 zeigt ein kapitales Dilemma der deutschen Energie- und Klimaschutzpolitik. Abgesehen von der mutwillig nach hinten verschobenen Kernkraft, die in den nächsten Jahren auslaufen wird, und dem geringen Beitrag der Laufwasserkraftwerke verhält sich die Hierarchie der Merit Order wie ein Geisterfahrer des Klimaschutzes: Zuerst kommt die besonders schädliche Braunkohle, dann die Steinkohle und zuletzt das klimaschonende Erdgas (Abb. 4.22). Ändern ließe sich das nur durch sehr viel höhere Kosten der CO_2-Zertifikate, die aber international wegen der verloren gegangenen Dynamik des Klimaschutzes nicht durchsetzbar sind.

In Deutschland gilt die Merit Order nicht für die erneuerbaren Energien, da ihr vorrangiger Einsatz vom Gesetz erzwungen wird (Abschnitt 5.1.3).

Bei den Kosten der Verteilung der elektrischen Energie findet das Wettbewerbsprinzip ein Ende, weil es nur ein Netz gibt. Hier müssen die *Übertragungsnetzbetreiber* und die regionalen *Verteilnetzbetreiber* in einem staatlich regulierten Raum arbeiten und mit Preisen zurechtkommen, die von der Bundesnetzagentur genehmigt werden.

---

5) http://www.verein-kohlenimporteure.de/download/2012/Prognos_Studiezur%09Bedeutungder%09thermischen%09Kraftwerke_SPERRFRIST_2012_11_20_9_Uhr.pdf, (12.03.2013).

5.1.3 Stromerzeugung aus erneuerbaren Energien

In Deutschland konzentriert sich die Förderung der erneuerbaren Energien auf die Stromversorgung; Beiträge zur Substitution von Erdöl und Erdgas sind bescheiden ausgefallen. Dank des Gesetzes zur Energieeinspeisung aus erneuerbaren Energien (*EEG*)[6] aus dem Jahr 2000 hat die Stromerzeugung aus Sonne, Wind, Biomasse, Wasserkraft und Geothermie einen enormen Aufschwung genommen. Bereits vorher wurde die Einspeisung von Strom aus erneuerbaren Energien gefördert[7], doch lange nicht in dem Umfang, den das EEG eröffnete.

Das EEG garantiert den Investoren von neuen Stromerzeugungsanlagen auf der Basis von Windenergie (on-shore und off-shore), solarer Strahlungsenergie (hauptsächlich Photovoltaik), Wasserkraft, Geothermie, Biomasse sowie Deponie-, Gruben- und Klärgas eine bestimmte Vergütung, die für 20 Jahre zuzüglich des restlichen Jahres der Inbetriebnahme, also im Mittel für etwa 20,5 Jahre, konstant bleibt. Die Höhe dieses Betrages wird für neue Investitionen von Jahr zu Jahr verringert, um die Förderung an den technisch-wirtschaftlichen Fortschritt anzupassen. Außerdem regelt das EEG, dass Strom aus erneuerbaren Energien Vorrang bei der Einspeisung hat; konventionelle Kraftwerke müssen also in dem Maße vom Netz genommen werden, wie Strom aus EEG-Anlagen verfügbar ist. Die Kostendifferenz zwischen der zugesagten Vergütung und den Stromerlösen wird durch eine Umlage auf den Strompreis erstattet.

Von der EEG-Umlage sind Großverbraucher, die mehr als 1 GWh pro Jahr verbrauchen, und der Schienenverkehr ausgenommen, sie zahlen nur 0,05 ct/kWh (Stand 2012). Damit ist etwa die Hälfte des Strombedarfs der Industrie (46,6 %) von der Umlage ausgenommen. Die andere Hälfte des Industrieverbrauchs unterliegt zusammen mit dem Verbrauch der Haushalte sowie des Sektors Gewerbe, Handel und Dienstleistungen der Umlage. Sie bezieht sich deshalb nur auf 386 TWh und nicht auf den Gesamtverbrauch von 615 TWh.

Das EEG wird zwar von der Politik und der Energiewirtschaft gelobt, steht aber nicht im Einklang mit den marktwirtschaftlichen Prin-

---

6) http://de.wikipedia.org/wiki/Erneuerbare-Energien-Gesetz, (04.02.2013).
7) http://de.wikipedia.org/wiki/Erneuerbare-Energien-Gesetz#Stromeinspeisungsgesetz_.281991.29, (04.03.2013).

zipien der deutschen Wirtschaftspolitik. Denn es fördert nicht abstrakte Ziele, sondern konkrete Technologien. Aber ein marktwirtschaftliches Instrument, wie es mit dem Zertifikatehandel begonnen hat, hätte beim heutigen Preisniveau lange nicht so viel bewegen können.

Ebenso wie einst der »Kohlepfennig« werden die vom EEG verursachten Kosten durch eine Umlage auf den Strompreis finanziert und nicht etwa aus dem Bundeshaushalt. Nur so ist auch zu erklären, warum diese Förderung so komfortabel ausgefallen ist und in der Gesamthöhe nicht begrenzt wurde. Die jährliche EEG-Umlage ist zwischen 2000 und 2009 kontinuierlich auf 5 Mrd. € gestiegen, dann aber sehr steil emporgeschnellt. Für das Jahr 2013 wurde sie auf 20,36 Mrd. € festgelegt; dadurch verteuert sich jede Kilowattstunde um 5,28 ct.[8)]

Abbildung 5.7 zeigt, wie sich die Zahlungsverpflichtungen Jahr für Jahr akkumulieren, so dass die Graphik wie ein Gebirge mit jährlichen, jeweils um ein Jahr versetzten Sedimentschichten aussieht, die stets 21 Jahre lang sind. Man erkennt die Steigerung der Umlage nach Inkrafttreten des Gesetzes im Jahr 2000 bis zum Jahr 2013, in dem die Umlage auf 20,4 Mrd. € angestiegen ist, und die Langzeit-

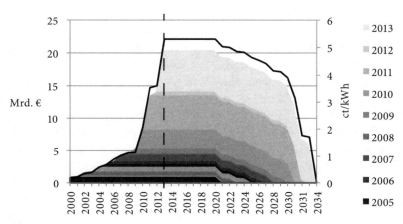

Abb. 5.7 2000–2013 entstandene Zahlungsverpflichtungen durch das EEG, jährliche Kosten in Mrd. € (linke Achse) und Umlage in ct/kWh (rechte Achse, schwarze Linie).

---

8) www.eeg-kwk.net/de/EEG-Umlage.htm, (04.02.2013).

wirkung der künftigen Zahlungsverpflichtungen bis 2033. Um der weiteren Entwicklung nicht vorzugreifen, wird in Abb. 5.7 nur die bis einschließlich 2013 eingetretene Entwicklung dargestellt. So verliefe die Entwicklung aber nur, wenn das EEG ab 2014 außer Kraft gesetzt würde und die 2013 tatsächlich eingetretenen Kosten nicht von der Prognose der Netzbetreiber abweichen. Tatsächlich werden ab 2014 wohl noch weitere Schichten von Umlagesteigerungen das EEG-Kostengebirge weiter wachsen lassen. Die dickere oberste Kurve, die den Preisaufschlag auf die Kilowattstunde wiedergibt, folgt dem Profil des Gebirges, solange sich an dem Verteilungsschlüssel auf die Stromverbraucher nichts ändert.

Die bis einschließlich 2013 entstandenen Zahlungsverpflichtungen belaufen sich in der Summe bis 2033 auf 428 Mrd. €, von denen bis einschließlich 2012 rund 64 Mrd. € bezahlt worden sind. Die verbleibenden Verpflichtungen betragen bis 2033 noch 364 Mrd. €. Mit jedem Jahr, in dem das EEG in Kraft bleibt, steigen sie weiter an.

Geringer werden können die künftigen Zahlungsverpflichtungen nur sehr begrenzt, da die Investoren einen Rechtsanspruch auf gleichbleibende Vergütungen für 21 Jahre haben. Mit steigenden Strompreisen dürfte es aber für die Betreiber von Photovoltaik-Anlagen vorteilhafter sein, möglichst viel des erzeugten Solarstroms selbst zu nutzen und nicht ins Netz einzuspeisen; dies trifft zunächst nur für 2013 errichtete Neuanlagen zu, kann in Zukunft aber nach und nach auch die früher errichteten Anlagen mit noch höheren Vergütungen betreffen. Da aber nur der tagsüber entstehende Bedarf teilweise aus den Photovoltaik-Anlagen gedeckt werden kann, dürfte diese Entlastung das Gesamtbild nur wenig verändern. Eine echte Entlastung der Stromkunden ist damit ohnehin nicht verbunden, da es letztlich unwichtig ist, aus welchen Gründen der Strompreis steigt. Eine wirksame Kostenentlastung der Stromkunden wäre eine stärkere Einbeziehung der stromintensiven Betriebe in die EEG-Umlage, allerdings eine volkswirtschaftlich riskante Maßnahme. Schließlich ist zu beachten, dass das EEG zu einer Senkung des Einsatzes fossiler Energien führt, so dass die externen Kosten der Stromversorgung (Abb. 4.24) sinken. Da dies hauptsächlich den Klimaschutz betrifft, ist der finanzielle Gegenwert allerdings heute kaum zuverlässig zu beziffern.

Die bisher schon entstandenen Verpflichtungen erscheinen in keiner Schuldenstatistik, ja, sie sind den Bundesbürgern gar nicht bewusst, denn eine Gesamtschau der Kosten der EEG-Umlage, wie sie

Abb. 5.7 wiedergibt, ist bisher weder von den verantwortlichen Ressorts der Bundesregierung noch von den Netzbetreibern veröffentlicht worden. Addiert man diese bis 2033 wirkenden Festlegungen, so ergibt sich für die 21 Jahre von 2013–2033 eine EEG-Umlage von insgesamt mindestens 0,95 €/kWh – allein aufgrund der Festlegungen bis 2013. Der durchschnittliche deutsche Haushalt mit einem Jahresverbrauch von 3500 kWh hat also eine künftige Zahlungsverpflichtung für die EEG-Umlage von mindestens 3200 €, im Grunde eine Schuldenlast, die den betroffenen Stromkunden in der Höhe nicht bekannt ist.

Im Internet finden sich zahlreiche Zitate von Politikern und Experten der Solarbranche zu den Kosten des EEG, die dort auch belegt sind.[9] So versprach 2004 der damalige Umweltminister Trittin, »dass die Förderung der erneuerbaren Energien einen durchschnittlichen Haushalt nur rund 1 € im Monat kostet – so viel wie eine Kugel Eis«. Das stimmte nicht einmal im aktuellen Jahr 2004, in dem die Belastung eines Durchschnittshaushalts schon fast zwei Eiskugeln betrug. DLR, Zentrum für Sonnenenergie- und Wasserstoff-Forschung Baden-Württemberg und Wuppertal Institut für Klima, Umwelt, Energie verkündeten im Dezember 2005: »Insgesamt ist zu erwarten, dass die monatliche EEG-Umlage eines Durchschnittshaushalts bis zum Jahr 2017 auf maximal rund 2,82 € pro Monat (0,97 ct/kWh) ansteigt und bis 2020 auf 2,72 € pro Monat (0,93 ct/kWh) zurückgeht.« Die Umlage, die vor 2020 nicht zurückgehen kann, ist in der Eiskugelwährung aber nicht bei diesen knapp drei stehen geblieben, sondern bis 2013 auf 16 Kugeln pro Monat gestiegen. Schließlich wünschte sich Bundeskanzlerin Merkel: »Die EEG-Umlage soll nicht über ihre heutige Größenordnung hinaus steigen; heute liegt sie bei etwa 3,5 ct/kWh«. Ende 2012 wurde dann die Umlage für 2013 auf 5,28 ct/kWh erhöht. Die Zitate sind hier nicht zur Erheiterung wiedergegeben, sondern weil sie belegen, dass das EEG offensichtlich in Fehleinschätzung seiner finanziellen Folgen beschlossen wurde.

Wie hat sich das EEG nun ausgewirkt? Insgesamt ist der Anteil der erneuerbaren Energien an der Stromerzeugung von 6,8 % im Jahr

---

9) http://de.wikipedia.org/wiki/Erneuerbare-Energien-Gesetz#Stromeinspeisungsgesetz_.281991.29, (04.03.2013).

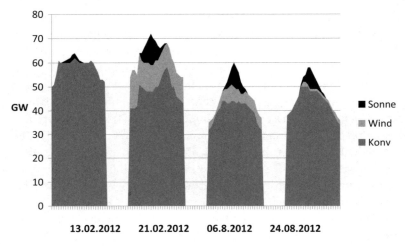

Abb. 5.8 Bereitstellung der elektrischen Leistung durch konventionelle Kraftwerke, Windenergieanlagen und Photovoltaik-Anlagen für die Tage im Februar und August 2012 mit den jeweils höchsten und geringsten Beiträgen der erneuerbaren Energien [64].

2000 auf 20,3 % im Jahr 2011 gestiegen.[10] Wie sich das im Strommix auswirkt, zeigt Abb. 5.8 am Beispiel von je zwei Tagen im Winter und Sommer mit jeweils starker oder geringer Einspeisung aus Wind- und Solaranlagen. Die Säulen erinnern an schlecht gespitzte Bleistiftstummel: Die Spitze repräsentiert die Photovoltaik, das angeschrägte Holz den Windbeitrag und der mittellange Griff den Sockelbeitrag der konventionellen Kraftwerke.

Abbildung 5.9 zeigt die Beiträge der vom EEG geförderten Technologien zur Stromerzeugung. Den größten Beitrag liefert die Windenergie (bis dahin fast ausschließlich aus On-Shore-Anlagen), gefolgt von der Biomasse und der Photovoltaik, die erst in den letzten Jahren stark gewachsen ist und die vom EEG geförderte neue Wasserkraft im Jahr 2008 überholte. Die restlichen Technologien wie Gas, Geothermie und Wind off-shore spielen noch keine bedeutende Rolle.

---

10) www.erneuerbare-energien.de/unser-%09service/mediathek/
downloads/detailansicht/artikel/entwicklung-der-%09erneuerbaren-%
09energien-in-deutschland-im-jahr-%092011/?tx_ttnews%5bbackPid%5d=1,
(15.02.2013).

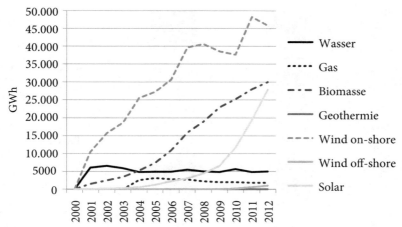

Abb. 5.9 Einspeisemengen des EEG-Stroms in GWh.[11]

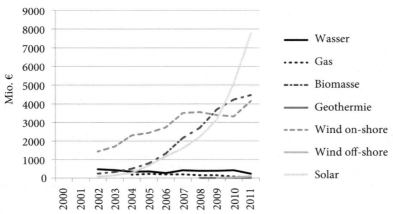

Abb. 5.10 Vergütungszahlungen nach dem EEG in Mio. €.[11]

Die Aufteilung der jährlichen Gesamtkosten des EEG auf diese Technologien zeigt Abb. 5.10. Hierbei erreichen die Kosten für die Photovoltaik fast das Doppelte der Kosten für On-shore-Windenergie und Biomasse.

Wie wenig Kosten und Ertrag in Balance sind, zeigt Abb. 5.11. Nur bei der Biomasse sind die Anteile bei Kosten und Ertrag identisch.

---

11) http://de.wikipedia.org/wiki/Erneuerbare-Energien-Gesetz, (04.02.2013).

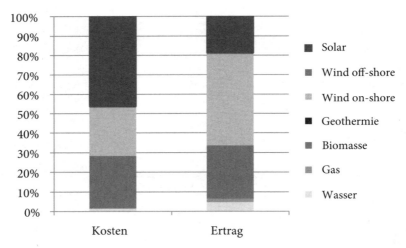

Abb. 5.11 Anteile der EEG-Technologien an den Kosten und am Ertrag in Prozent.[12]

Bei der Windenergie ist der Anteil an den Kosten halb so groß wie ihr Beitrag zum EEG-Strom. Noch günstiger sind, auf niedrigem absoluten Niveau, Gas und Wasserkraft. Dagegen beansprucht die Photovoltaik gemessen am Ertrag den 2,5-fachen Anteil an den Kosten. Nimmt man die Kosteneffizienz der Windenergie als Maßstab, so ist die Photovoltaik pro erzeugter Kilowattstunde fast fünfmal teurer. Seit sich dieses Missverhältnis nach den ersten Jahren der Förderung durch das EEG abzeichnete, haben alle Bundesumweltminister versucht, zu mehr Fördergerechtigkeit zu kommen, aber ihre Vorstöße sind im politischen Alltag stark abgeschwächt worden.

Erst mit der Steigerung der Umlage auf über 5 ct/kWh begannen von Seiten der Presse, des Verbraucherschutzes und aus der Politik Bestrebungen, die künftige Förderung der erneuerbaren Energien zu begrenzen. Erklären lässt sich dieses späte Erwachen der Verbraucher nur dadurch, dass die monatliche Stromrechnung einer Durchschnittsfamilie etwa einer Tankfüllung des Autos entspricht, und daher bisher zu wenig beachtet wurde.

---

12) http://www.bmu.de/service/publikationen/downloads/details/artikel/zeitreihen-%09zur-entwicklung-der-erneuerbaren-energien-in-deutschland/, (06.02.2013).

Auch in der Industrie wächst die Sorge vor den Kosten des EEG. Seit seiner letzten Änderung im Jahr 2012 sind energieintensive Betriebe mit einem Verbrauch von mehr als 1 GWh pro Jahr weitgehend befreit, sie zahlen nur einen festen Beitrag von 0,05 ct/kWh. Mit dieser Regelung soll verhindert werden, dass solche Betriebe bei steigenden Strompreisen auswandern und die Arbeitslosigkeit zunimmt. Alle anderen Betriebe, vor allem der Mittelstand und das Handwerk müssen die Kosten des EEG anteilig mittragen. Es ist deshalb damit zu rechnen, dass die von jeder EEG-Umlage befreite Eigenerzeugung der Industrie zunimmt, um von dem immer teurer, möglicherweise auch unzuverlässiger werdenden öffentlichen Netz weitgehend unabhängig zu werden.

Der Strompreis wird für Betriebe und Privatkunden auch zusätzlich zum EEG noch weiter steigen, weil die Kosten des Netzausbaus einschließlich der Reservekraftwerke auf alle Verbraucher umgelegt werden.

An der Strombörse entstehen durch den Vorrang der erneuerbaren Energien bei der Einspeisung ins Netz Preisvorteile, weil sich die kostenlos bereitgestellten erneuerbaren Energien in der Merit Order (Abschnitt 5.1.2) an vorderster Stelle einreihen und so die teureren konventionellen Kraftwerke verdrängen. Diese Preisentlastung kann etwa 2 ct/kWh betragen. Diese oft als Vorteil des EEG genannte Preissenkung ist aber keine Einsparung, weil der geringere Marktpreis zu einer höheren Differenz zur zugesagten Vergütung und damit zu einem weiteren Anwachsen der EEG-Umlage führt. Im Extremfall kann die Einspeisung von sehr viel Wind- und Solarstrom an der Börse auch zu negativen Preisen führen; dann müssen die Stromerzeuger also noch etwas draufzahlen, um ihre überschüssige elektrische Energie loszuwerden. Der insgesamt an der Börse eingetretene Preisverfall sorgt dafür, dass kein Anreiz mehr zum Bau von neuen Gas- oder Kohlekraftwerken besteht, obwohl sie als Reserve für die häufigen Zeiten geringen Wind- oder Sonnenangebots dringend benötigt werden. Auch solche Anlagen werden künftig nur errichtet und betriebsbereit gehalten, wenn diese Bereitstellung von Reserveleistung vergütet wird. Die Systemkosten der Stromversorgung steigen also an vielen Stellen als Folge des Ausbaus der erneuerbaren Energien.

Wie wird sich die Förderung des EEG in der Zukunft entwickeln? Eine Prognose ist sehr schwierig, nicht nur wegen der erwähnten schlechten Erfahrungen von Politikern und Experten. Denn eine Reihe von Randbedingungen wandelt sich. So haben sich bei der Photovoltaik 2012 die steigende Linie der Strompreise und die sinkende Kurve der EEG-Vergütung geschnitten. Von da an ist es günstiger, die hauseigene Solaranlage zunächst zur Deckung des Eigenbedarfs zu nutzen und nur den Überschussstrom ins Netz einzuspeisen. Unklar ist auch, wie sich diese Veränderung auf das künftige Investitionsklima in der Solarbranche auswirken wird. Der Windenergie-Ausbau hat 2012 an Land stagniert und ist off-shore noch nicht richtig in Schwung gekommen. Diese Unsicherheiten wurden in einer Prognose der Übertragungsnetzbetreiber, zu der sie gesetzlich verpflichtet sind, berücksichtigt. Danach erwarten sie einen weiteren Anstieg der EEG-Umlage bis 2017 auf insgesamt 25,4 Mrd. €,[13] was bei gleicher Verteilung auf die Verbraucher einer Umlage von 6,7 ct/kWh entsprechen würde. Wahrscheinlich werden diese Prognosen jedoch durch politische Eingriffe in die Förderinstrumente des EEG relativiert, die angesichts der Sorgen über die ausufernden Kosten des EEG, gerade in einem Wahljahr wie 2013 nicht unwahrscheinlich sind.

Das EEG hat in 12 Jahren entscheidend dazu beigetragen, das Ziel eines Anteils der erneuerbaren Energien von 20 % an der Stromversorgung bis 2010 zu erreichen, wenn auch für einen sehr hohen Preis. Uneingeschränkt erfolgreich war es für den Ausbau der Windenergie on-shore. Auch die Biomasse wurde mit einem Anteil von 30 % des EEG-Stroms erfolgreich etabliert, wobei man dies, da die Biomasse überwiegend aus gezieltem Anbau von Energiepflanzen stammt, kaum als Beitrag zum Klimaschutz verbuchen kann. Auch kann man sich fragen, ob es klug ist, die Biomasse durch die Vorzugsbedingungen des EEG so stark auf den Stromsektor zu lenken, statt sie als Alternative zu Mineralölprodukten zu entwickeln, wo es viel weniger klimaneutrale Alternativen als bei der Stromerzeugung gibt. Geothermie und Ausbau der Windenergie off-shore stehen noch am Anfang. Die Photovoltaik hat fast die Hälfte der Förderung des EEG beansprucht, trägt aber weniger als 20 % zu seinem Ergebnis bei. Vor allem dieser großzügige Umgang mit Fördermitteln hat zu einer Gefährdung der Zukunft des EEG durch die Kostenentwicklung beigetragen.

---

13) www.eeg-kwk.net/de/Jahres-Mittelfristprognosen.htm, (25.02.2013).

Der Ausbau der erneuerbaren Energien ist in Deutschland inzwischen so weit fortgeschritten, dass sie allein das Bedarfsmaximum sogar im Winter decken könnten, wenn sie alle mit voller Leistung am Netz wären, was freilich so gut wie nie vorkommt. Aber an einem windreichen, klaren Mittag im Juli, wenn durch Urlaubsabwesenheit und Grillen im Freien die mittägliche Strombedarfsspitze schwach ausfällt, könnten Wind- und Solarenergie allein bereits zu einer Überversorgung führen. Die gleiche Kapazität steht noch einmal als konventioneller Kraftwerkspark zur Verfügung, und das muss für den Bedarf in sonnen- und windarmen Zeiten im Wesentlichen auch so bleiben. Deutschland leistet sich also mehr als eine Verdoppelung der erforderlichen Stromerzeugungskapazität. Schon deshalb sollte sich niemand über die hohen Strompreise wundern.

5.1.4 Intelligente Netze

Der Transport der elektrischen Energie erfolgt im Allgemeinen als Wechselstrom über ein abgestuftes System von *Hochspannungsleitungen*, die mit 380 000 V für größere, mit 220 000 V für mittlere Entfernungen und bei niedrigeren Spannungen für die regionale Verteilung betrieben werden. Für den Transport großer Leistungen über große Entfernungen ist seit einigen Jahren die *Hochspannungs-Gleichstrom-Übertragung* (HGÜ) kommerziell einsetzbar. Die zur Verteilung errichteten und in Europa zusammengewachsenen *Stromnetze* waren ursprünglich nur als ein System von Einbahnstraßen konzipiert, die den Strom von den Kraftwerken zu den Verbrauchern leiteten. In einigen Fällen wurden Eigenerzeugungsanlagen von Industrieunternehmen in den Verbund einbezogen. Mit zunehmendem Wachstum übernahmen die Netze auch die Aufgabe, Leitungsengpässe oder -überschüsse durch Ferntransport zu kompensieren (Abb. 5.12).

Mit dem Ausbau der dezentralen Wind- und Solarenergie entsteht jetzt aber eine neue Situation. Nun können einzelne Verbraucher, etwa abgelegene Bauernhöfe, aus einer Solaranlage zeitweise viel mehr Strom ins Netz einspeisen als sie normalerweise konsumieren; viele Leitungen müssen also verstärkt werden. Die räumlich gleichmäßige Verteilung der Solaranlagen und die nach Windverfügbarkeit optimierte Standortwahl bei den Windkraftwerken nimmt, anders als bisher die Planung für konventionelle Kraftwerke, keine Rücksicht auf die geographische Verteilung der Lastzentren. Vor allem beim

Abb. 5.12 380 000 V-Hochspannungsleitung.

Windenergieausbau off-shore entsteht ein neuer Bedarf für den Ferntransport größerer Leistungen. Der Ausbau der Photovoltaik lässt ein dichtes Netz von Anschlüssen entstehen, die ständig ihre Rolle zwischen Kunde oder Lieferant wechseln. Ein solches System erinnert an das Internet, das aus einer Vernetzung von Sendern und Empfängern von Informationen besteht. Und tatsächlich ist das Internet ein Vorbild für die intelligenten Netze der Zukunft. Denn es müssen nicht nur Anlagen und Abnehmer miteinander vernetzt werden; je höher der Anteil schwankend verfügbarer Energieeinspeisung wird, umso wichtiger wird im Netz auch der Faktor Information. Dieser Informationsbedarf umfasst die Verfügbarkeit von Reservekapazität im In- und Ausland, Vorhersagen über die Lastentwicklung, Wetterinformationen über die Verfügbarkeit von Wind- und Sonnenenergie und selbstverständlich auch die Kenntnis der Kosten verschiedener Alternativen der Energiegewinnung.

Intelligente Netze, »smart grids«, werden auch nicht am Zähler des Kunden enden. Da es unmöglich ist, die Schwankungen der erneuerbaren Energiequellen, wenn sie einen hohen Anteil an der Stromversorgung erreichen sollen, vollständig zu kompensieren, wird auch eine intelligente Steuerung auf der Verbrauchsseite erforderlich. Vorbei sind dann die Zeiten, in der jedermann jederzeit beliebig viel Leistung aus dem Netz abrufen konnte. Möglichst viele Dienstleistungen der elektrischen Energie müssen zeitlich verschiebbar werden, damit Windflauten überbrückt und Starkwindphasen besser genutzt werden können. Es kann also durchaus sein, dass man eines Tages bei der abendlichen Rückkehr nach Hause feststellt, dass die Waschmaschine noch immer nicht gelaufen ist, dafür aber nachts vom Wummern des Schleudergangs geweckt wird. Statt des Zuschaltens von Lasten bei guter Versorgungslage kommt auch das Abschalten bei Engpässen in Frage, etwa das stundenweise Abschalten von Kühlaggregaten, was wegen der guten Isolierung ohne Folgen bleibt. Das »Interface« zwischen Netz und Verbraucher wird ein *intelligenter Zähler* (»Smart meter«), der die bedarfsseitige Steuerung und die Abrechnung der mit dem Leistungsangebot schwankenden Strompreise ermöglicht. Innerhalb eines Hauses kann die Steuerung der Geräte über Funk, künftig sogar über das Internet erfolgen; die neuen Übertragungsmöglichkeiten erlauben eine IP-Adresse pro Quadratmater. Das reicht, damit jeder Kunde seinen Park von Elektrogeräten vom PC oder Smartphone aus programmieren kann. Dann zeigt eine »App« an, ob man es sich leisten kann, seine Hemden zu bügeln oder ob man damit besser auf eine günstigere Gelegenheit wartet.

Bei der Installation der intelligenten Zähler ist man in Deutschland sehr vorsichtig. Während in Italien bereits jeder Haushalt mit einem »contatore elettronico« ausgestattet wurde, was dort bei einer normalen Anschlussleistung eines Durchschnittshaushalts mit einer maximalen Kapazität von 3 kW auch dringlicher als anderswo erscheint, wird in Deutschland noch mit begrenzten Feldversuchen die Reaktion der Verbraucher getestet.

Alle diese Maßnahmen führen zu zusätzlichem Aufwand, den man zu den Systemkosten der erneuerbaren Energien rechnen muss – ein weiterer Grund, warum die Strompreise steigen werden.

5.2 Flüssige und gasförmige Energieträger

Vor allem im Verkehrsbereich fehlen Alternativen zu Mineralölprodukten. Während man vielleicht einen Teil des Straßenverkehrs auf elektrische Antriebe umstellen kann, gibt es im Flugverkehr keine Alternative zu Kerosin: Es gibt deshalb auch die Forderung, Biotreibstoffe primär oder ausschließlich für den Flugzeugantrieb einzusetzen.[14]

---

14) www.energieundklimaschutzbw.de/de/veranstaltung/Erneuerbare Energien/112, (17.02.2012).

Aber auch für den Fernverkehr auf Straßen sind flüssige Treibstoffe als Energiespeicher nicht zu ersetzen.

5.2.1 Brennstoffe aus Biomasse

Wie Abb. 4.15 zeigt, werden 70 % der Bio-Treibstoffe aus dem gezielten Anbau von Pflanzen gewonnen und nur 20 % stammen eindeutig aus Abfällen der Land- und Forstwirtschaft. Die Erzeugung von Treibstoffen aus dafür eigens angebauten Pflanzen hat zwei gravierende Probleme (Abschnitt 4.2.4.1): die Konkurrenz von »Tank und Teller« und den miserablen Wirkungsgrad. Es gibt folgende Bio-Kraftstoffe der ersten Generation:

- Biodiesel wird in Deutschland aus den Samen der Rapspflanze gewonnen. Man gewinnt 1200 l pro Hektar Land mit einem Energieinhalt von 11 GWh, das entspricht einem Wirkungsgrad von 0,11 % bezogen auf die Sonneneinstrahlung.
- Biogas wird meist aus Mais gewonnen, was bereits jetzt in vielen Regionen, auch in Deutschland, zu einer »Vermaisung« der Landschaft geführt hat (Abb. 5.13). Nach der Fermentation der gehäckselten Pflanze verwandeln anaerobe Bakterien die Biomasse in 60 % Methan und 40 % CO_2. Pro Hektar können 4600 m^3 Methan mit einem Brennwert von 46 GWh erzeugt werden, aus dem mit einem Wirkungsgrad um 30 % Strom erzeugt wird. Damit liegt die Ausbeute des Verfahrens bezogen auf das eingefallene Sonnenlicht bei 0,17 %.
- Bioethanol wird aus Vergärung von Getreide, Zuckerrüben (in Europa), Mais (in den USA) und Zuckerrohr (in Brasilien) mit anschließender mehrfacher Destillation gewonnen; pro Hektar gewinnt man 3000 l, die 17,7 GWh entsprechen; der Wirkungsgrad liegt bei 0,18 %.

Alle hier genannten Wirkungsgrade werden durch den Aufwand für Bearbeitung und Düngung noch einmal halbiert, liegen also durchweg unter 0,1 % [9, S. 84]. Die Energiebilanzen ergeben einen gewissen Nettogewinn, der bei der Herstellung von Bio-Ethanol am geringsten ausfällt. Die CO_2-Bilanz ist dagegen nur dann positiv, wenn die Energie zur Bearbeitung selbst aus erneuerbaren Energien oder aus Kernenergie stammt, in allen anderen Fällen kann sie negativ werden. Einen merklichen positiven Beitrag zum Klimaschutz

Abb. 5.13 Biogas-Anlage in Schleswig-Holstein.

liefert der Energiepflanzenanbau auf keinen Fall; diesen Teil der erneuerbaren Energien kann man also nicht generell als Beitrag zum Klimaschutz werten [9].

Anders fällt die Bewertung aus, wenn Abfälle aus der Land- und Forstwirtschaft genutzt werden. Auf dieser Grundlage können bald Biotreibstoffe der zweiten Generation (Abschnitt 4.2.4.4) einen wesentlich höherwertigen und eindeutig klimaneutralen Beitrag zur Gewinnung von modernsten synthetischen Brennstoffen für den Antrieb von Flugzeugen und Autos leisten. Das Potenzial dieser Abfälle schätzt die *IEA* auf 600 Mio. t Öläquivalent (MtOe) [12, S. 222].

5.2.2 Wasserstoff

Wasserstoff kommt in atomarer oder molekularer Form in der Natur nicht vor, er kann als Sekundärenergieträger eingesetzt werden, wenn er zuvor aus den verfügbaren Primärenergien hergestellt worden ist. Sein »Segen«, der immer wieder in Wortprägungen wie »Wasserstoffwirtschaft« beschworen wurde, hat drei Gründe, die aber alle auch von »Flüchen« begleitet werden:

- Bei der Verbrennung von Wasserstoff entsteht nur Wasser, er ist vor Ort also ebenso umweltneutral einsetzbar wie elektrische Energie; die Umweltbilanz ist bei beiden Energieträgern aber davon abhängig, wie sie hergestellt werden.
- Wasserstoff kann in *Brennstoffzellen* auch elegant in Strom umgewandelt werden; da er aber klimaneutral praktisch nur mit Hilfe von Strom hergestellt werden kann, beißt sich hier die Katze in den Schwanz. Dies kann also nur eine Lösung für spezielle Fälle, vor allem die Speicherung von Überschuss-Strom sein.
- Wasserstoff ist ein leistungsfähiger chemischer Energiespeicher, aber die Speicherung ist nicht einfach.

Wasserstoff war früher der energetisch wesentliche Inhaltsstoff des aus Kohle erzeugten Kokereigases, mit dem im 19. Jahrhundert die erste leitungsgebundene Energieversorgung realisiert wurde (Abschnitt 1.1.3). Insofern gibt es durchaus Erfahrungen im Umgang mit Wasserstoff als Energieträger. Dennoch ist es erforderlich, für den Umgang mit Wasserstoff eine anspruchsvolle Sicherheitstechnik zu entwickeln. Denn die »*Knallgas-Explosion*« von Wasserstoff-Luft-Gemischen (Abschnitt 1.2.3) ist mit erheblicher Energiefreisetzung verbunden. Deshalb wird im *KIT* auch ein großes Technikum betrieben, in dem die Durchmischung von freigesetztem Wasserstoff mit Luft untersucht und moderne Sicherheitskonzepte entwickelt werden (Abb. 5.14).

Im industriellen Maßstab wird Wasserstoff heute vor allem durch Dampfreformierung unter hohem Druck aus Kohlenwasserstoffen hergestellt, bei der Synthesegas, eine Mischung aus Wasserstoff und Kohlenmonoxid, entsteht. Künftig kann das Synthesegas auch aus Biomasseverfahren der zweiten Generation erzeugt werden. Allerdings werden die begrenzten Ressourcen von Biomasseabfällen, die dafür in Frage kommen, besser zur Herstellung flüssiger Treibstoffe genutzt, die wesentlich leichter als Wasserstoff gespeichert werden können. Für schwierig zu verwendende nasse Biomasseabfälle, wie etwa Klärschlämme, wird im KIT die Abtrennung von Wasserstoff, aber auch die Spaltung des Wassermoleküls im überkritischen Zustand bei Temperaturen bis 700 °C und Drücken bis 340 bar untersucht.[15]

---

15) www.ikft.kit.edu/138.php, (17.02.2013).

Abb. 5.14 Wasserstoff-Technikum des KIT.

Wenn Kohle und Erdöl als Primärenergiequelle aus Klimagründen ausscheiden und Biomasse nicht in ausreichendem Umfang zur Verfügung steht, dann bleibt für die Herstellung von Wasserstoff nur die *Wasser-Elektrolyse*, bei der moderne Anlagen Wirkungsgrade von 70–80 % erreichen. Daraus folgt zunächst zwingend, dass Wasserstoff wegen der Energieverluste und der Prozesskosten der Elektrolyse deutlich teurer als elektrische Energie sein muss. Damit kommt Wasserstoff nur für Anwendungen in Betracht, in denen er Vorteile gegenüber dem elektrischen Strom hat.

Klimaneutral kann Wasserstoff nur mit Strom aus Kernenergie oder aus erneuerbaren Energien gewonnen werden. Da die Erzeugung aus Kernenergie in Deutschland ausscheidet, bleibt nur die Nutzung erneuerbarer Energien, und hier eröffnet sich jetzt tatsächlich eine Chance für Wasserstoff. Denn in Zukunft kann die Wasserstofferzeugung bei Überangeboten von Strom aus erneuerbaren Energien interessant werden. Mit dem weiteren Ausbau von Wind- und Solarenergie werden immer häufiger Situationen eintreten, in denen das Stromangebot den aktuellen Bedarf übersteigt und auch nicht mit Gewinn exportiert werden kann. Die Wasser-Elektrolyse könnte helfen, sonst nicht nutzbaren und auch nicht speicherbaren

Strom aus Überschusssituationen in eine besser speicherbare Energieform zu überführen.

Leider ist die *Speicherung von Wasserstoff* aber nicht so einfach, wie die von flüssigen Treibstoffen. Zwar enthält Wasserstoff pro Kilogramm mit 33 kWh fast dreimal so viel Energie wie Dieselöl (11,8 kWh/kg), aber pro Liter enthält Wasserstoffgas bei Normaldruck nur 3 Wattstunden (Wh), also 3 Tausendstel kWh. Um Wasserstoff zu speichern, muss man ihn entweder durch Abkühlung auf $-253\,°C$ verflüssigen oder bei hohen Drücken um 800 bar komprimieren. Dabei treten allerdings auch wieder Verluste auf, etwa 10 % bei der Kompression und 25–30 % bei der Verflüssigung. Für den Treibstoffvorrat eines Autos hat die komplizierte Speichertechnik gravierende Konsequenzen: Während für eine Reichweite von 400 km ein Dieselvorrat von 23 kg nur einen Tank von 30 kg Gewicht und 32 l Volumen benötigt, beansprucht der Wasserstoffbedarf von 4,5 kg für die gleiche Entfernung bei Verflüssigung 120 l und bei Kompressionsspeicherung 200 l, in beiden Fällen steigt das Gewicht des Tanks auf über 90 kg [82, S. 267]. Ein weiterer Nachteil von Wasserstofftanks mit flüssigem Wasserstoff sind die Verluste von einem bis mehreren Prozent pro Tag, Versuche zur Wasserstoffspeicherung in Metallhydriden oder Kohlenstoff-Nanostrukturen haben noch geringere Speichermengen pro Volumen oder Gewicht erbracht.

5.3 Energiespeicherung

Solange Holz, Kohle und Öl die wichtigsten Energiequellen waren, war ein angemessener Vorrat für den Energiebedarf eines Hauses oder eines Betriebes selbstverständlich. Erst mit dem Übergang zu den leitungsgebundenen Energien Strom, Gas und Fernwärme begab man sich in die vollständige Abhängigkeit von Versorgungsunternehmen. Dezentrale Energievorräte wurden nur noch für den mobilen Bereich benötigt. Die Versorgungsunternehmen mussten allerdings Speicher errichten: beim Strom für den Ausgleich kurzzeitiger Schwankungen des Bedarfs, beim Erdgas wegen der Importabhängigkeit als Vorsorge gegen Lieferengpässe.

Mit dem Übergang zu erneuerbaren Energien kommen jetzt ganz neue Anforderungen auf das Energiesystem zu. Das Energieangebot der Sonne ist von ihrem Tagesgang und von jahreszeitlichen Schwankungen geprägt. Das mittägliche Maximum kann aber wetterbedingt auch längere Zeit schwach ausfallen. Sehr große Unterschiede in der Verfügbarkeit kennzeichnen die Windenergie (Abb. 4.5). Dadurch entsteht ein großer Bedarf für *Energiespeicher*, die eine gewaltige Bandbreite abdecken müssen. Man benötigt Speicher für

- den kurzfristigen Ausgleich zur Stabilisierung des Netzes,
- die Kompensation rascher Schwankungen des Wind- und Sonnenangebots im Stromnetz,
- den Ausgleich des Tagesgangs der Sonneneinstrahlung, sowohl für Strom wie für Wärme,
- die Kompensation mehrtägiger Windflauten und
- saisonale Unterschiede des Angebots der erneuerbaren Energien [83].

5.3.1 Speicherung von elektrischer Energie

Für die Stabilisierung des Netzes, in dem Spannung und Frequenz in sehr engen Grenzen konstant bleiben müssen, benötigt man Energiespeicher, die innerhalb von einer Sekunde entladen werden können, aber keine sehr große Kapazität haben müssen. Dafür geeignet sind *Kondensatoren*, die die Energie elektrostatisch speichern, sogenannte *Super-Kondensatoren* [83, S. 86], die zusätzlich noch eine elektrochemische Speicherung enthalten, oder *Schwungradspeicher* [83, S. 37], in denen ein aus Stahl oder aus Kohlefaser-Verbundwerkstoffen bestehendes Schwungrad über einen Elektromotor mechanische Energie aufnimmt oder sie über einen Generator wieder abgibt. In der Entwicklung sind auch supraleitende Spulen (*SMES*) [83, S. 92], die elektrische Energie in einem Magnetfeld speichern, das von einer supraleitenden Spule erzeugt wird (Abb. 5.15).

SMES und Kondensatoren speichern typischerweise 30–50 kWh mit Wirkungsgraden um 95 %, Schwungradspeicher bis 5 MWh mit etwas geringeren Wirkungsgraden zwischen 80 und 95 %. Schwungradspeicher werden aber auch in kleineren Einheiten für dezentrale Nutzung oder Energiespeicherung in Fahrzeugen entwickelt.

Für die Langzeitspeicherung von elektrischer Energie gibt es nur zwei Alternativen: *Pumpspeicherkraftwerke* und *Druckluftspeicher*. *Pumpspeicherkraftwerke* [83, S. 35] haben zwei Wasserreservoire mit möglichst großem Höhenunterschied. Bei niedrigem Strompreis

Abb. 5.15 SMES-Laboranlage des KIT Karlsruhe mit einer Leistung von 1,6 MW bei 20 000 V.

wird Wasser in das obere Becken gepumpt, von wo man es bei hohen Preisen wieder auf eine Turbine herabströmen lassen kann. Dabei gehen etwa 20–30 % der Energie verloren. Bei Druckluftspeichern [83, S. 31] wird Luft durch einen Kompressor in unterirdischen Kavernen komprimiert und zur Stromerzeugung wieder dekomprimiert. Man kann nur rund die Hälfte des eingesetzten Stromes zurückgewinnen; das kann man etwas verbessern, wenn man die Wärme, die im Kompressor entsteht, einer Nutzung zuführt (adiabatischer Druckluftspeicher). Druckluftspeicher wurden bisher bis zur Größe von ca. 500 000 kWh (500 MWe) gebaut. In Deutschland gibt es bisher erst ein Kraftwerk mit ca. 300 MW. Pumpspeicherwerke sind in ihrer Größe nur durch die natürlichen Gegebenheiten begrenzt. In Deutschland gibt es über 30 Pumpspeicherkraftwerke, davon hat knapp die Hälfte auch einen natürlichen Zufluss, der die Leistung des Kraftwerks verstärkt (Abb. 5.16). Die gesamte Leistung dieser Anlagen beträgt 6500 MW; sie kann jedoch nur über 4–6 h aufrechterhalten werden. Die maximal speicherbare Energie beträgt 40 Mio. kWh (40 GWh).[16] Diese Speicherkapazität wurde für den normalen Ausgleich von Spitzenlasten errichtet und reicht dafür auch aus. Sie entspricht bezogen auf die gesamte Stromerzeugung dem Bedarf von etwa 45 Minuten. Für einen wirksamen Ausgleich des Tag-Nacht-Wechsels des solaren Energieangebots, erst recht für einen mehrtägigen Ausgleich von Windflauten müsste etwa die 50- bis 100-fache Speicherkapazität verfügbar sein, was auf der Basis dieser beiden Technologien nicht realisierbar ist. Zum Vergleich der Größenordnungen sei erwähnt, dass in der nationalen Erdgasreserve in ähnlich vielen Speicheranlagen etwa 10 000-mal mehr Energie als

---

16) http://de.wikipedia.org/wiki/Pumpspeicherkraftwerk#Deutschland, (17.02.2013).

Abb. 5.16 Pumpspeicherwerk Hohenwarte-Talsperre.

in den Pumpspeicherwerken enthalten ist. Dennoch muss die Speicherkapazität für Strom mit beiden Technologien oder mit Hilfe von Wasserstoff dringend verstärkt werden, um die Stabilität des Netzes auch bei einem wachsenden Anteil schwankend verfügbarer Energien gewährleisten zu können. Der Bau weiterer Pumpspeicherwerke

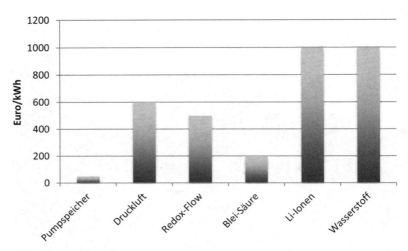

Abb. 5.17 Vergleich der Investitionskosten von Technologien zur Stromspeicherung in größeren Einheiten [84].

stößt in Deutschland wegen des hohen Flächennutzungsgrades und aus Gründen des Naturschutzes auf enge Grenzen. Die wenigen neuen Projekte treffen meist auf regionalen Widerstand.

Eine dritte Speicherform für elektrische Energie bilden elektrochemische Speicher, Batterien und Akkumulatoren, die als Reservespeicher und für den Antrieb von Elektrofahrzeugen genutzt werden [83, S. 54]. Darunter sind zunächst die *Blei-Säure-Batterien* zu nennen, die als Starterbatterien in jedem Auto zu finden sind; sie werden auch in der Notstromversorgung und zum Spitzenlastausgleich eingesetzt. Sie erreichen mit 25–40 Wh/kg nur eine geringe Energiedichte und können meist nur 300-mal be- und entladen werden. Für größere Leistungen bis 10 MW werden *Redox-Flow-Batterien* eingesetzt, bei denen die energiespeichernden Elektrolyte außerhalb der Zelle gespeichert werden. Sie haben eine Energiedichte von 15–70 Wh/kg, entladen sich selbst praktisch nicht und können bis zu 10 000-mal entladen werden. *Alkali-Mangan-Batterien* sind aus Kostengründen hauptsächlich als Klein-Batterien für Elektrogeräte verbreitet. Jeder Handy-Nutzer hat miterlebt, welchen Fortschritt *Lithium-Ionen-Akkumulatoren* gebracht haben, die bei Energiedichten von 120–200 Wh/kg bis zu 1000 Ladezyklen überstehen [87].

Einen Kostenvergleich all dieser Speichertechnologien zeigt Abb. 5.17. Zusätzlich sind auch die Kosten für eine Wasserstofferzeugung aus Strom angegeben.

5.3.2 Speicherung flüssiger und gasförmiger Energien

Als *Erdgasspeicher* werden meist unterirdische Kavernen genutzt. In Deutschland bestehen 43 solche Lager, in denen etwa ein Fünftel des Jahresbedarfs gespeichert ist.[17] Dabei muss etwa die Hälfte des Gases als »Kissengas« im Speicher verbleiben, um Druck und Stabilität der Kavernen sicherzustellen. In weiteren drei Kavernen wird auch rund 1 Mio. cm^3 Rohöl gelagert.[18]

5.3.3 Speicherung von Wärme

Sowohl bei der Nutzung der Kraft-Wärme-Kopplung (Abschnitt 3.1.2) als auch bei der Nutzung erneuerbarer Energien tritt häufig Wärme im Überschuss auf, die man für Stunden oder Tage bis hin zu Jahreszeiten speichern möchte. Als saisonale Wärmespeicher kommen Aquifere in Betracht, die wie bei der hydrothermalen Geothermie durch zwei Bohrungen erschlossen werden. Geeignete Aquifere müssen nach oben und unten dicht sein und geringe horizontale Strömungsgeschwindigkeiten haben. Die Beladung des Aquifers erfolgt im Sommer mit Wasser von 70 °C; bei der Entnahme nach einem halben Jahr hat das Wasser noch eine Temperatur von 40 bis maximal 60 °C. Das prominenteste Projekt dieser Art ist in die Energieversorgung der Parlamentsbauten in Berlin integriert [85].

Man kann Wärme auch im Erdreich mit sogenannten Sondenfeldern speichern. Diese Sonden sind Plastikrohre, die unterirdisch vergraben werden und das Erdreich als Speichermedium für Wärme benutzen. Zur Vermeidung von Verlusten darf das Sondenfeld nicht in rasch fließendem Grundwasser verlegt werden. Da zur Ein- und Ausspeicherung der Wärme eine Differenz der Temperatur des Wasser-Glykol-Gemisches in den Sonden zu der des Erdreichs erforderlich ist, treten dabei Verluste auf. In Golm bei Potsdam hat die

---

17) http://de.wikipedia.org/wiki/Erdgasspeicher, (17.02.2013).
18) http://de.wikipedia.org/wiki/Untergrundspeicher, (17.02.2013).

Max-Planck-Gesellschaft einen Sondenspeicher mit 400 000 m³ in Betrieb, der über 2 MWh an Wärme speichern kann.

Heißwasserspeicher in Tanks gibt es in allen Größen und für vielfältige Zwecke von Kurzzeitspeichern bis zu saisonalen Speichern in Fernwärmesystemen. Das Wasser, das auch mit Kies oder anderen Stoffen vermischt sein kann, verbleibt im Tank; die Wärme wird über Wärmetauscher zu- und abgeführt.

In Verbindung mit Wärmepumpen werden auch sogenannte »Solare Eisspeicher« verwendet, die in der Nähe des Gefrierpunkts arbeiten und damit die Kristallisationswärme für die Speicherung nutzen; zur Regeneration kann man alle Wärmequellen benutzen, die wärmer als 0 °C sind.

5.4 Energieeffizienz

Ein möglichst rationeller Umgang mit der verfügbaren Energie ist der wirksamste Beitrag zu einer ressourcen- und klimaschonenden Energieversorgung, denn es kommt ja letztlich nicht auf die eingesetzte Menge an Energie, sondern auf den gewünschten Zweck an.

International ist der Umgang mit Energie bedingt durch Entwicklungsstand, Lebensgewohnheiten, Klima und Traditionen sehr unterschiedlich. Abbildung 5.18 zeigt die großen Unterschiede im Energieverbrauch bezogen auf das erwirtschaftete Bruttoinlandsprodukt: Japan ist bei der Energieeffizienz vor Deutschland und dem Durchschnitt in Europa führend, die USA haben sich in den letzten Jahren deutlich verbessert, aber große Teile der Welt gehen noch sehr ineffizient mit Energie um.

In Deutschland hat die Effizienz des Umgangs mit Energie seit Langem große Bedeutung. Die hohen Energiepreise, aber auch der Strukturwandel in der Wirtschaft haben zu einem sparsamen Umgang mit Energie beigetragen.

Die bis vor 40 Jahren enge Kopplung von Primärenergieverbrauch und Bruttoinlandsprodukt hat sich in Deutschland gelockert. Waren 1990 noch 8,7 GJ notwendig, um ein Inlandsprodukt von 1000 € pro Einwohner zu erwirtschaften, so genügten 2010 dafür

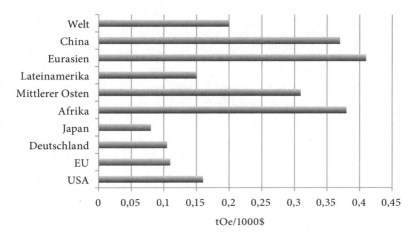

Abb. 5.18 Energieintensität weltweit in Tonnen Öläquivalent pro 1000 $ [12, S. 273].

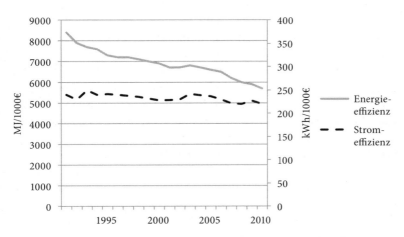

Abb. 5.19 Energieeffizienz in MJ/1000 € (linke Achse) und Stromeffizienz in kWh/1000 € (rechte Achse) in Deutschland[19].

5,7 GJ, die Energieeffizienz ist also jährlich um knapp 2 % gestiegen (Abb. 5.19) [80]. Diese Entwicklung dürfte wegen der weiter steigenden Energiepreise anhalten, allerdings muss man auch berücksich-

---

19) www.ag-energiebilanzen.de (19.08.2013), Ausgewählte Effizienzindikatoren zur Energiebilanz Deutschland, Daten für die Jahre von 1990 bis 2011 (erste Ergebnisse für 2012).

tigen, dass zusätzliche Fortschritte immer schwieriger werden, je höher das bereits erreichte Niveau ist.

Besondere Anstrengungen wurden in Deutschland seit 1990 zur Steigerung der Wirkungsgrade bei der Stromerzeugung unternommen (Abschnitt 3.1.2): der durchschnittliche Wirkungsgrad stieg von 36,5 % auf 41 % im Jahr 2009. Diese Entwicklung wird voraussichtlich nicht anhalten, weil durch den wachsenden Anteil erneuerbarer Energien in der Stromversorgung die konventionellen Kraftwerke nicht mehr im Optimum ihrer Betriebsauslegung arbeiten können.

5.4.1 Industrie

International wird der Endenergieverbrauch in der Industrie nach Einschätzung der IEA mit 49 % bis 2035 kräftig weiter wachsen [6, S. 86]. Mehr als die Hälfte dieses Wachstums wird in China und Indien erwartet.

In Deutschland ging der Verbrauch der Industrie vor allem bei Kohle und Mineralöl deutlich zurück, während der Stromverbrauch konstant blieb. Insgesamt kam die deutsche Industrie 2010 mit 78 % des spezifischen Energieeinsatzes von 1991 aus, dies entspricht einem Effizienzgewinn von ca. 1 % pro Jahr (Abb. 5.19) [80]. Der Stromverbrauch pro Brutto-Inlandsprodukt blieb dagegen praktisch konstant. Diese Asymmetrie zum Primärenergieverbrauch ergibt sich aus der Tatsache, dass die eingesetzten Verfahren zur sparsameren Verwendung von Energie stets mit einem zusätzlichen Steuerungsbedarf durch elektrische Anlagen und damit einem höheren spezifischen Stromverbrauch verbunden sind. Dies unterstreicht die große Bedeutung der elektrischen Energie für eine effiziente Energienutzung.

5.4.2 Haushalte

Der weltweite Bedarf der Haushalte ist schwer zu überschauen, da internationale Statistiken meist anders gegliedert sind. In Deutschland werden 25 % der Endenergie von den Haushalten verwendet, und zwar ganz überwiegend (70 %) für die Raumheizung (Abb. 5.20). Wichtigster Energieträger dafür ist das Erdgas, gefolgt vom Erdöl, die zusammen mehr als die Hälfte des gesamten Endenergiebedarfs der Haushalte und über zwei Drittel des Raumwärmebedarfs decken. Für den Rest des Wärmebedarfs kommen Fernwärme, erneuerbare Ener-

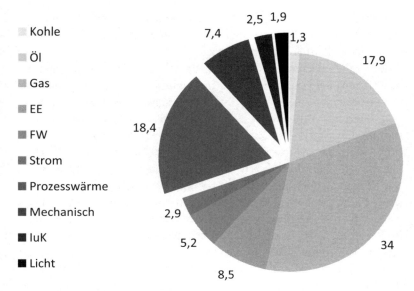

Abb. 5.20 Zusammensetzung des Endenergiebedarfs der Haushalte in Deutschland im Jahre 2009 [80, S. 249], zusammenhängend der Anteil der Raumwärme mit den Beiträgen der verschiedenen Endenergieträger (EE = erneuerbare Energien, FW = Fernwärme, IuK = Information und Kommunikation).

gien und Strom zum Einsatz. Zur Deckung des Prozesswärmebedarfs (Warmwasser, Kochen) tragen alle Endenergieträger bei, während der Bedarf für Licht, mechanische Energie und Information und Kommunikation und für die in Abb. 5.20 nicht ausgewiesene Regelung aller anderen Energiequellen durch Strom gedeckt wird.

Beachtliche Fortschritte wurden in den letzten Jahren beim spezifischen Energieverbrauch von Haushaltsgeräten erzielt, die durch entsprechende Kennzeichnungen für den Kunden transparent gemacht werden. Das EU-weite Verbot der herkömmlichen Glühlampe war bisher wohl der Schritt in Richtung besserer Energieeffizienz, der am unmittelbarsten die häuslichen Gewohnheiten veränderte, zumal die meist als Ersatz verwendeten Energiesparlampen lange brauchen, bis sie endlich hell geworden sind. Erst mit dem Übergang auf *LED*-Leuchten wird nun höchste Energieeffizienz wieder mit dem gewohnten Komfort des sofort hell strahlenden Lichts verbunden. Der Wermutstropfen an dieser erfolgreichen Innovation ist, dass die größte

Wirkungsgradsteigerung der Technikgeschichte von 5 % (Glühbirne) auf rund 90 % (LED) ausgerechnet den kleinsten Sektor des Energieverbrauchs, die Beleuchtung, betrifft.

Wesentlich wichtiger, aber auch sehr viel komplexer, ist dagegen eine Effizienzsteigerung in der Raumheizung. Auch hier gibt es zwar mit der Wärmepumpe (Abschnitt 1.2.7) eine fast genauso gute Innovation, denn der Aufwand an elektrischer Energie kann in der Wärmepumpe den fünffachen Bedarf an fossilen Energieträgern ersetzen. Wirtschaftliche Lösungen erfordern aber eine Absenkung des Wärmebedarfs der Wohnung durch Dämmmaßnahmen. Einen interessanten Beitrag können auch Infrarot-Wandheizungen liefern, die auch unter Putz verlegt werden können, deren hoher Anteil an Strahlungswärme eine Absenkung der Raumtemperatur bei gleichem Wohlbefinden erlaubt. In jedem Fall müssen ganzheitliche Konzepte zum Einsatz kommen, die die speziellen Gegebenheiten berücksichtigen.

Auch bei der Energieversorgung von Gebäuden muss man bei der Einführung der erneuerbaren Energien alte Denkstrukturen aufgeben. Bisher sind die erneuerbaren Energien vor allem durch das EEG für die Stromerzeugung ausgebaut worden. Die Solaranlagen auf den Dächern waren bisher lauter Mini-Kraftwerke, die in das Netz einspeisten, weil die Vergütung dafür höher war als die Kosten einer Kilowattstunde im Haushaltstarif. Damit hat man aber einen entscheidenden Vorteil der erneuerbaren Energien, insbesondere der Sonnenenergie, verschenkt: ihre dezentrale Verfügbarkeit. Würde man die Photovoltaik-Anlagen auf dem Dach vorrangig auf den Eigenbedarf dimensionieren, durch solarthermische Kollektoren ergänzen und für Strom und Wärme Speicherkapazitäten schaffen, erhielte man eine hohe Autonomie der Gebäude, eine Entlastung des Netzes und ein dezentrales System der Energiespeicherung, das großtechnisch nicht realisierbar ist.

Auch bei so gesteigerter Autonomie müssen die Haushalte künftig Beiträge zum Lastausgleich leisten. Die Forschung widmet sich daher einer Optimierung des Gesamtsystems Haus, wie zum Beispiel in dem *Smart-Home*-Projekt des *KIT* (Abb. 5.21), das auch ein Elektroauto in die Energiebilanz des Hauses einbezieht. In diesem Versuchshaus werden alle Komponenten der Stromerzeugung und des Stromverbrauchs erfasst und zentral gesteuert. So ungewohnt das klingt, so merkwürdig ist eigentlich, dass solche Elemente in unseren Wohnungen fehlen, wenn man sie mit einem Auto vergleicht. Moderne

Abb. 5.21 Programmieren von Haushaltsgeräten im Smart-Home-Projekt des KIT.

PKW verfügen über Klimaanlage, elektrische Fensterheber, Alarmanlage, Sitzheizung und vieles mehr; sie schalten viele Aggregate wie das Innenlicht nach dem Verlassen und Abschließen des Fahrzeugs aus. Warum ist das in einem Auto, das man nur wenige Tausend Stunden nutzt, selbstverständlich, nicht aber in einem über viele Jahrzehnte bewohnten Haus? Hier gibt es einen großen Nachholbedarf, der durch den Übergang zu mehr erneuerbaren Energien dringlicher wird.

Das Projekt »Peer Energy Cloud« am KIT ist der Entwicklung innovativer Erfassungs- und Prognoseverfahren für die Lastgangentwicklung gewidmet. Dadurch soll ein virtueller Markplatz für den Stromhandel innerhalb eines sogenannten »Micro Grids« entstehen, der einen lokalen Ausgleich zwischen Erzeugung und Verbrauch von Elektrizität innerhalb eines Subnetzes erlauben soll, was unmittelbar zu einer Entlastung übergeordneter Netzebenen führt.

Bei großen Gebäuden lassen sich mit solchen integrierten Lösungen erstaunliche Fortschritte realisieren. Ein Paradefall ist der *Post Tower* in Bonn [86] (Abb. 5.22). Innerhalb einer Doppelfassade sorgen Naturzug und Wind für die Strömung der Luft, die von wasserdurchströmten Betondecken erwärmt oder gekühlt wird. Diese Bauart spart

Abb. 5.22 Post-Tower in Bonn.

etwa ein Drittel der Energie, noch mehr Betriebskosten und 15 % des umbauten Raumes.

5.4.3 Gewerbe, Handel und Dienstleistungen

Dieser Sektor grenzt an der einen Seite an die Industrie, denn er enthält zahlreiche, meist handwerklich geprägte Herstellungsbetriebe; an der anderen Seite ähnelt er der Bedarfsstruktur der Haushalte, wo es um reine Bürotätigkeiten geht, wie bei Banken, Verlagen und Versicherungen. Aber auch die Landwirtschaft und die Gebietskörperschaften gehören dazu, Krankenhäuser, das Gastgewerbe sowie der Groß- und Einzelhandel. Insgesamt waren in diesem Sektor

in Deutschland im Jahr 2006 rund 28 Mio. Menschen beschäftigt.[20]
Wie Abb. 5.2 zeigt, wird in diesem Sektor fast die Hälfte der Endenergie für die Raumheizung aufgewendet, die andere Hälfte teilen sich mechanische Energie und Prozesswärme abzüglich eines in diesem Sektor mit 8,5 % besonders hohen Bedarfs für Beleuchtung, vor allem der Büros und der Straßen.

5.4.4 Verkehr

Mit 2280 MtOe hat der Verkehrssektor einen Anteil von 19 % am Weltenergiebedarf. 75 % dieses Bedarfs werden vom Straßenverkehr verursacht, in dem das Erdöl der weitaus dominierende Energieträger ist. 2009 besaßen von tausend Menschen in den hochentwickelten Ländern 500 ein Auto, in den anderen Ländern nur 40, doch wird diese Zahl rasch ansteigen. Die IEA erwartet, dass die hochentwickelten Länder um 2020 bei der Zahl der Automobilkäufe und um 2030 bei der Gesamtzahl der Personenwagen überholt werden. Trotzdem werden 2035 nur 125 von tausend Menschen in den Nicht-IEA-Ländern ein Auto besitzen. Der Energiebedarf des Verkehrssektors wird laut IEA bis 2035 um 43 % wachsen und zu rund 90 % durch Mineralöl gedeckt, den Rest sollen zu zwei Dritteln Bio-Treibstoffe und zu einem Drittel Erdgas beitragen [6, S. 87]. Damit ist der Verkehrssektor der Bereich, in dem das Erdöl sich am stärksten behaupten kann. Dank seiner guten Eigenschaften als Energiespeicher ist es im Straßenverkehr auch nur sehr schwer zu ersetzen.

Das größte Wachstum wird beim LKW-Verkehr erwartet. Zwar sind unter den 850 Mio. Fahrzeugen, die es derzeit auf der Welt gibt, nur ca. 50 Mio. LKW, doch verbrauchen sie wegen ihres höheren Gewichts und der sehr viel größeren Fahrleistung rund 60 % des Dieseltreibstoffs. Die IEA erwartet, dass sich ihre Zahl genauso wie die der Personenwagen bis 2035 verdoppelt; der LKW-Verkehr wird dabei für 40 % des Wachstums des Ölbedarfs verantwortlich sein [12, S. 90 ff.].

Die Eisenbahnstrecken der meisten Länder der Welt, auch Deutschlands, sind etwa zur Hälfte elektrifiziert;[21] nur in Australien und Südamerika liegt dieser Anteil wesentlich niedriger. Da die Strecken mit

---

20) www.isi.fraunhofer.de/isi-de/e/projekte/ghd_314889_sm.php, (15.02.2013).
21) http://de.wikipedia.org/wiki/Geschichte_des_elektrischen_Antriebs_von_Schienenfahrzeugen#Entwicklungen_bis_heute, (06.02.2012).

hohem Verkehrsaufkommen vorrangig elektrifiziert wurden, ist der Anteil des Stroms pro Passagier und Kilometer aber weit höher.

Flugzeuge sind mehr als alle anderen Verkehrsmittel auf gut speicherbare Treibstoffe hoher Energiedichte angewiesen. Das in den Raffinerien aus Erdöl gewonnene Kerosin ist schwer zu ersetzen. Deshalb gibt es inzwischen Überlegungen, ob es nicht vernünftig wäre, die Hochleistungsbiotreibstoffe der zweiten Generation für den Luftverkehr zu reservieren (Abschnitt 4.2.4).

Kommerzielle Schiffe werden nahezu ausschließlich mit schwerem Öl als Brennstoff ausgerüstet. Vor 40 Jahren gab es Versuche, die Geschwindigkeit der Container-Schiffe wesentlich zu erhöhen, vor allem um die Finanzierungskosten für die Güter während der Zeit ihres Transports auf den Weltmeeren zu senken. Dazu wurden Gasturbinen als Antrieb erprobt. Da der Energieverbrauch von Schiffen aber mit der dritten Potenz der Geschwindigkeit steigt, wurde auch der Einsatz der Kernenergie entwickelt, in Deutschland mit dem *Nuklearschiff Otto Hahn*, mit dem von 1968–1979 Betriebserfahrungen gesammelt wurden. Auch nach den Energiekrisen erwies sich aber der Antrieb mit Schweröl trotz der längeren Reisezeit als wirtschaftlicher, nicht zuletzt, weil dafür die kaum noch weiter aufzuarbeitende schwerste Fraktion der Raffinerieprodukte kostengünstig zur Verfügung steht. Auch im Interesse des Klimaschutzes wird sich daran kaum etwas ändern lassen.

In Deutschland hat sich das Verkehrsaufkommen sehr dynamisch entwickelt: zwischen 1990 und 2010 erhöhte sich der Personenverkehr um 50 %, der Güterverkehr hat sich in dieser Zeit jedoch nahezu verdreifacht. Als Folge von Effizienzsteigerungen hat der Durchschnittsverbrauch von Ottomotoren in dieser Zeit von 8,5 auf 6,0 l/100 km abgenommen. Deshalb lag der Endenergieverbrauch des Verkehrssektors nach einer vorübergehenden Steigerung um 18 % im Jahr 1999 aber 2010 nur 8 % über dem Wert von 1990. Der Anteil des Verkehrs am Endenergieverbrauch beträgt gleichbleibend 29 %. Straßen- und Schiffsverkehr sind nahezu vollständig auf Mineralölprodukte angewiesen, denen nur geringe Mengen von Bio-Kraftstoffen beigemengt werden (Exkurs 4 »E 10 – hält nicht, was es verspricht«). Die Bahn hat dank der Elektrifizierung aller Hauptschienenwege das größte Potenzial für eine klimaverträgliche Energieversorgung.

Abb. 5.23 Elektroauto als Teil des Energiesystems »Smart Home« des KIT (Abschnitt 5.4.2).

Die Klimaschutzpolitik der Bundesregierung, insbesondere der Ausbau der erneuerbaren Energien hat das Interesse an einer Ausweitung des Elektroantriebs für Straßenfahrzeuge neu belebt, das aus Gründen des Umweltschutzes schon länger bestand. Zwar sind Elektrofahrzeuge, als Gesamtsystem betrachtet, nur dann umweltfreundlicher, wenn die Stromerzeugung entsprechend gestaltet ist, in jedem Fall verringert ihr emissionsfreier Betrieb aber die Staub- und Schadstoffbelastungen der Ballungsräume. Für die neue Energiepolitik bietet der Elektroantrieb von Straßenfahrzeugen zwei Vorteile. Wenn der Strom in der Zukunft weitgehend CO_2-frei erzeugt wird, kann der Verkehrssektor mit Hilfe der Elektromobilität auch einen Beitrag zum Klimaschutz leisten. Daneben könnte man aber auch die Batterien der Elektroauto-Flotte zum Lastausgleich einsetzen (Abb. 5.23), also bei Überschusssituationen laden und bei Engpässen in der Versorgung entladen. Aus diesem Grund wünscht sich die Bundesregierung in ihrem Energiekonzept von 2010 (Kapitel 6) bis 2020 1 Mio., bis 2030 bereits 6 Mio. Elektrofahrzeuge auf unseren Straßen.

Wie realistisch sind diese Erwartungen? Technisch ist das *Elektroauto* nichts Neues – im Gegenteil: Die ersten Fahrzeuge, die ohne

Zugtiere auskamen, wurden elektrisch angetrieben, einige Zeit vor der Erfindung der Verbrennungsmotoren. Erhalten hat sich der Elektroantrieb wegen seiner Emissionsfreiheit in der Industrie für Fahrzeuge in Innenräumen und beim innerbetrieblichen Transport von Gütern. Für größere Strecken aber hat ihn der Verbrennungsmotor wegen des weitaus größeren Energieinhalts eines Benzin- oder Dieseltanks verdrängt. Mit einer Tankfüllung von 70 l Diesel kann heute ein Mittelklasse-PKW über 1000 km zurücklegen, und ein Tankstopp für die Rückfahrt dauert nur wenige Minuten. Die Speicherung von Benzin und Diesel erfolgt sowohl in den Tankstellen wie in den Autos drucklos bei Umgebungstemperaturen, auch über längere Zeiträume treten kaum Verluste auf. Die Energiedichte liegt bezogen auf das Volumen bei 10 kWh/l und bezogen auf das Gewicht bei 12 kWh/kg. Mit allen diesen Eigenschaften können Elektrobatterien als Energiespeicher nicht entfernt konkurrieren [4, S. 270 ff.].

Reine Elektroautos, die nicht als Hybrid-Fahrzeuge mit einem Benzin- oder Dieselmotor ausgestattet sind, werden voraussichtlich künftig mit Lithium-Ionen-Batterien ausgerüstet, die Energiedichten von 150–200 Wh/kg erreichen, 1200 Ladezyklen überstehen und unbenutzt nur 5–10 % ihrer Energie pro Monat verlieren. Die Ladezeit beträgt etwa 3 h. Aber sie haben auch Nachteile: Sie werden beschädigt, wenn sie zu weitgehend, und können explodieren, wenn sie, etwa bei einem Kurzschluss, zu schnell entladen werden [87].

Für die Entwicklung wesentlich leistungsfähigerer Batterien richten sich deshalb große Erwartungen an die Forschung, vor allem in der Hoffnung auf neue Lösungen durch die Nanotechnologie. Ziel ist die Entwicklung einer Batterie, die eine Reichweite des Fahrzeugs von 150 km erlaubt, nur kurze Zeit zum Aufladen benötigt und mindestens 2000 Ladezyklen erträgt, was bei einem Ladezyklus pro Tag zu einer Lebensdauer von sechs Jahren führt und damit in die Nähe der normalen Nutzungszeit eines Autos kommt.

Am KIT ist deshalb ein großer Forschungsverbund im Aufbau, der sich mit allen Fragen der Elektromobilität von der Grundlagenforschung und Materialentwicklung über neue Batteriekonzepte bis zur Integration aller Innovationen im Fahrzeug befasst. Kernelement ist der Schwerpunkt »*Competence E*«, in dem die Forschungsarbeiten für neue Batteriekonzepte zusammengefasst sind. Bis 2018 sollen hier Batteriesysteme entstehen, die eine Energiedichte von 250 Wh/kg bei Kosten von 250 €/kWh aufweisen. Aber es geht nicht nur um

Abb. 5.24 Versuchseinrichtung für den Antriebsstrang eines Elektrofahrzeuges des Schwerpunkts Competence E des KIT.

die Batterie allein: Das Gesamtsystem Auto muss für diese neue Energiequelle optimiert werden (Abb. 5.24). Nicht zuletzt müssen auch Sicherheitsfragen des Elektroantriebs berücksichtigt werden: der Schutz vor der bis zu 400 V hohen Spannung bei Reparaturen und Unfällen sowie vor der Explosionsgefahr von Batterien bei Kurzschluss.

Aber selbst wenn es derartige Autos geben wird: Werden sie ihre Kunden finden? In vielen herkömmlichen Autos leuchtet bald nach Unterschreiten einer Reichweite von 150 km bereits die Warnlampe, die zum baldigen Anfahren einer Tankstelle mahnt. Natürlich gibt es viele Zweitwagen, für die eine solche Reichweite im Alltag ausreicht: für die Fahrten zwischen Wohnung und Arbeitsstelle, für die Kutschfahrten der Mütter zu Klavierunterricht und Ballettstunden oder die Einkäufe im Supermarkt. Der Verwendung als Zweitwagen widerspricht allerdings die ökonomische Vernunft. Noch stärker als Diesel- im Verhältnis zu Benzin-PKW sind Elektroautos durch hohe Anschaffungs- und niedrige Betriebskosten geprägt, weil eine Batterie teurer als ein Motor, die elektrische Energie aber billiger als Benzin und Diesel ist. Elektrofahrzeuge werden also nur bei großen Fahrleistungen pro Jahr wirtschaftlich, welche die geringe Reichweite aber nicht zulässt. Auch ist offen, ob die Besitzer von Elektroautos sie als Energiespeicher zur Verfügung stellen, da sie dann zeitweise nicht verfügbar sind und durch zusätzliche Ladezyklen die Lebensdauer der Batterie verkürzt wird. Wahrscheinlich besteht das größte Potenzial für Elektromobilität bei Bussen und Müllfahrzeugen, die viele Kilometer zurücklegen, aber auch Pausen zum Aufladen der Batterie einplanen können.

Warum werden dann gegenwärtig von der Automobilindustrie so viele Elektrofahrzeuge entwickelt und auf Automessen in den Vordergrund gestellt? Das könnte andere Gründe haben: Im April 2009 trat eine EU-Verordnung zur Verminderung der CO_2-Emissionen von Personenwagen in Kraft; ihr Ziel ist es, bis 2020 den CO_2-Ausstoß auf durchschnittlich 95 g/km zu senken. Unternehmen, die dieses Ziel in ihrer Autoflotte bezogen auf die Neuzulassung verfehlen, drohen finanzielle Sanktionen. Durch das Angebot eines emissionsfreien Elektrofahrzeugs ist der Flottenverbrauch besonders wirkungsvoll zu reduzieren. So ist es kein Zufall, dass Elektrofahrzeuge vor allem von den Herstellern sehr leistungsstarker Autos in den Vordergrund gestellt werden.

Fortschritte zu mehr Elektromobilität ließen sich leichter als im Straßenverkehr bei der Bahn verwirklichen. Wegen der noch bestehenden nichtelektrifizierten Strecken werden weiterhin Diesellokomotiven und -triebwagen eingesetzt. Sie fahren aber nach Aussagen der Bundesbahn zu 60 % auf elektrifizierten Strecken. Hier könnten Elektrolokomotiven mit ausreichender Batteriekapazität eine echte Alternative sein, zumal die Anforderungen an die Energiedichte bei der Bahn weniger hoch sind als im Auto. Die Batterien könnten während der Fahrt unter der Oberleitung regelmäßig wieder aufgeladen werden. Hier liegt ein interessantes Anwendungsfeld für moderne Batteriekonzepte.

Exkurs 5   Elektro-Lastkraftwagen auf dem Schienennetz: ein Vorschlag

Fährt man auf der Autobahn längere Zeit neben einer Bahnstrecke her, so fällt der große Kontrast zwischen der dichten Folge der LKW und PKW zu den nur gelegentlich zu sehenden Zügen unmittelbar auf. Die Ursache liegt im Betriebssystem der Bahn, das aus Gründen der

Verkehrssicherheit durch Gleisabschnitte geprägt ist, in denen sich jeweils nur ein Zug befinden darf. Fährt ein Zug in einen Gleisabschnitt ein, so verwehrt ein Signal nachfolgenden Zügen so lange die Einfahrt, bis er ihn wieder verlassen hat. Die Abschnitte sind – mit Rücksicht auf die langen Bremswege – je nach den zulässigen Geschwindigkeiten unterschiedlich lang. Das System hat sich über mehr als hundert Jahre bewährt.

Heute könnte man die Sicherheit des Bahnverkehrs auch eleganter lösen. Über GPS ist der Ort, an dem sich ein Zug befindet, schon jetzt mit hinreichender Genauigkeit zu ermitteln, nach Inbetriebnahme des *Galileo-Systems* mit noch größerer Genauigkeit. Bisher nutzt die Bahn zur Verkehrsüberwachung und Ortung der Züge nur die in den Leitzentralen verfügbaren Informationen über Betriebsabläufe und Prozesse, Zugbewegungen und Gleisbelegungen. Mit GPS und später Galileo könnten Züge aber auch vollständig von einem Leitsystem gesteuert, also auch synchron gebremst werden, so dass kein Sicherheitsabstand mehr nötig wäre. Als redundante Sicherheitsmaßnahme könnte man ein automatisches System zur Abstandshaltung zu einem vorausfahrenden Fahrzeug einsetzen, wie es bereits in PKW der Oberklasse angeboten wird. Wird dieses System aktiviert, so folgt das Fahrzeug einem vorausfahrenden, es beschleunigt und verzögert praktisch gleichzeitig. Da die Reaktionszeit des Fahrers wegfällt, kann dies bei unüblich kurzen Abständen geschehen, was für die Insassen des Autos gewöhnungsbedürftig ist. Die Hauptanwendung dieser Technologie liegt künftig bei LKW, die seit der dramatischen Zunahme des Güterverkehrs in den letzten 20 Jahren fast nur noch in geschlossenen Schlangen hintereinander herfahren. Durch dieses System wird der Fahrer entlastet und das Risiko von Auffahrunfällen minimiert. Würde dieses System auch bei der Bahn eingeführt, wäre eine weitaus bessere Auslastung der Bahntrassen möglich.

Diese zusätzliche Transportkapazität auf der Schiene müsste nicht von schwerfälligen Güterzügen ausgefüllt werden. Dass auf der Schiene nur Züge und keine Einzelfahrzeuge verkehren, ist ein Relikt aus der Zeit der Dampfmaschine, die sich nicht besonders gut in kleineren Einheiten einsetzen ließ. Warum sollten also nicht auf den Bahngleisen Elektro-LKW verkehren, die ihre Energie, wie früher die in vielen Städten verbreiteten O-Busse, von der Oberleitung erhalten? Die Vorteile dieser Innovation wären vielfältig. Manche Beschränkungen des LKW-Verkehrs würden entfallen: Das Gesamtgewicht des Fahrzeugs kann wesentlich größer sein, die Zahl der Anhänger ist kaum begrenzt, die Geschwindigkeit muss nicht wie auf der Autobahn auf 80 km/h gedrosselt werden, sie kann, angepasst an den übrigen Zugverkehr, sehr viel höher liegen. Die Verkehrsdichte auf den Straßen und Autobahnen würde geringer und damit auch der Ausbaubedarf des Straßennetzes, die Straßenabnutzung verringerte sich und mit ihr der Erneuerungsbedarf der Fahrbahnen. Auch der Bahn winken viele Vorteile: Ansagen wie »Unser Zug hat leider eine Verspätung von 30 min wegen einer Signalstörung« gehörten der Vergangenheit an, die Unterhaltung des Signalsystems entfiele und die bessere Auslastung des Schienensystems durch LKW wäre eine zusätzliche Einnahmenquelle.

Beschränkungen des Potenzials dieser Innovation ergeben sich aus der Bindung der Elektro-LKW an die Schiene. Zwar kann man sich auch Fahrzeuge vorstellen, die von Schienen- auf Straßenbetrieb umgestellt werden können, doch dürfte allein das Potenzial für den Transport von Gütern zwischen Unternehmen mit Bahnanschluss, so etwa für die Zulieferung von Bauteilen für die Automobilproduktion, die so zuverlässiger »just in time« erfolgen könnte, und für den Transport von Brennstoffen und Gefahrgütern für eine Markteinführung des Systems ausreichen. Willkommener Nebeneffekt wäre eine Aufwertung von alten Industriestandorten, heute meist Brachflächen, die noch über einen Gleisanschluss verfügen, und damit eine Dämpfung des Wachstums von Gewerbegebieten an den Autobahnausfahrten.

Diese Überlegungen können sowohl an noch unentdeckten Problemen, wie auch an verfestigten Denkstrukturen scheitern. Aber versuchen müssen wir solche neuartigen Ansätze in vielen Bereichen, wenn wir die Herausforderungen der Energiewende bewältigen wollen.

6
Welche Erfolgschance hat die deutsche Energiewende?

Mit dem Energiekonzept vom August 2010 hatte die Bundesregierung ihre Energiepolitik dem Ziel untergeordnet, bis 2050 eine möglichst klimaneutrale Energieversorgung Deutschlands zu verwirklichen. Neun Monate später wurde mit der »Energiewende« durch die Rücknahme der Laufzeitverlängerung der Kernkraftwerke das Tempo verschärft. Wie groß die mit Energiekonzept und Energiewende eingeleiteten Veränderungen sind, lässt sich erst auf dem Hintergrund der bisherigen Energiepolitik der Bundesrepublik ermessen.

6.1 Die Energieprogramme 1973–1991

Die erste Energiekrise des Jahres 1973, ausgelöst von den arabischen Staaten in der Folge des Jom-Kippur-Krieges, traf Deutschland völlig unerwartet. Ihre Auswirkungen, vor allem die Sonntagsfahrverbote und Geschwindigkeitsbeschränkungen im November und Dezember 1973, haben einen tiefen Eindruck hinterlassen. Eine ausformulierte Energiepolitik gab es bis dahin nicht; die Energieabteilungen der Wirtschaftsministerien von Bund und Ländern beobachteten die Entwicklungen bei der Kohleförderung und bei den Ölimporten, getreu nach den Grundsätzen staatlicher Zurückhaltung in der Marktwirtschaft, und kamen ihren Verpflichtungen zur Überwachung des Stromsektors nach dem Energiewirtschaftsgesetz nach. Nun war aber der Staat gefragt, die einseitige Importabhängigkeit, die sich durch die schleichend gewachsenen Ölimporte ergeben hatte, zu reduzieren, durch internationale Abmachungen und Vorratshaltung die Versorgungssicherheit zu verbessern und neue Wege »weg vom Öl« zu suchen. Am 26. September 1973 beschloss die Bundesregierung das erste Energieprogramm [88], das Zielsetzungen für eine dauerhaft kosten- und umweltgerechte Sicherung der deutschen Energieversorgung formulierte. Diesem Schnellschuss folgte am 23. Oktober 1974 eine erste Fortschreibung des Energieprogramms [89], in der die bisherigen Maßnahmen noch verschärft wurden: noch stärkere Zurückdrängung des Mineralölanteils von 55 % auf 44 % in 1985 (tatsächlich wurden es sogar nur 41 %) und bessere Krisenvorsorge, Stärkung der deutschen Steinkohle, beschleunigte Nutzung von Kernenergie, Braunkohle und Erdgas, höhere Priorität für die Energieforschung.

Es erschien als Glücksfall, dass soeben die Kernenergie ihre wirtschaftliche Reife als neue Quelle für die Stromerzeugung erreicht hatte. Ihr fiel die Hauptrolle in der neuen Energiepolitik zu. Aber dies war keine einseitige staatliche Vorgabe; die Ausbaupläne des ersten Energieprogramms von 45 Mio. kW (45 GWe), die in der Fortschreibung noch auf 50 GWe gesteigert wurden, beruhten sämtlich auf konkreten Planungen der Energiewirtschaft.

Das Ziel »weg vom Öl« wurde auch benutzt, um das Leben des deutschen Steinkohlebergbaus künstlich zu verlängern. Unter dem Beifall aller Parteien des Deutschen Bundestages wurde 1974 per Gesetz der »*Kohlepfennig*« als Sonderabgabe auf den Strompreis beschlossen. Die damit ermöglichten Subventionen erreichten in den achtziger Jahren die Größenordnung von über 5 Mrd. € pro Jahr. 1994 wurde das Gesetz vom Bundesverfassungsgericht als verfassungswidrig eingestuft. Aber auch nach der Übernahme der Subventionen in die Haushalte des Bundes und der Länder Nordrhein-Westfalen und Saarland wurden zwischen 1997 und 2006 insgesamt noch 35 Mrd. € bereitgestellt. 2007 wurde beschlossen, dass der deutsche Steinkohlebergbau 2018 endgültig auslaufen soll (Abschnitt 3.1.4).

Bereits das erste Energieprogramm enthielt ein eigenes Kapitel über rationelle Energieverwendung und griff damit auch die ersten Bedenken gegenüber einem ungebremsten Wachstum von Wirtschaft und Energieverbrauch auf. Tatsächlich ist im Lauf der Jahre die Effizienz zu einem Markenzeichen des Umgangs mit Energie in Deutschland geworden. Aber erst die zweite Fortschreibung des Energieprogramms [90] vom 14. Dezember 1977 räumte erstmals die Möglichkeit ein, als Folge größerer Energieeffizienz das Wachstum des Primärenergieverbrauchs von dem des Bruttoinlandsprodukts abkoppeln zu können (Abb. 6.1).

1977 konnte man schon beachtliche Erfolge vermelden: Die Voraussetzungen für eine nationale Ölreserve für 90 Tage waren erfüllt,

Abb. 6.1 Energieprogramme 1977–1986.

eine nationale Steinkohlereserve von 10 Mio. t war angelegt (eigentlich unnötig, aber eine schöne Gelegenheit für eine weitere Kohlesubvention), ein Energiesicherungsgesetz erlaubte Eingriffe in Krisenfällen, der Bau von Ölkraftwerken war de facto verboten und die Kernenergie deckte bereits 11 % des Strombedarfs.

Besonders interessant ist diese Fortschreibung aus dem Jahr 1977, weil sie eine Prognose des Primärenergieverbrauchs Deutschlands enthält, die von drei wirtschaftswissenschaftlichen Instituten für das Jahr 2000 erarbeitet worden war; sie reicht ebenso wie die Prognosen der IEA im World Energy Outlook 2012 für 2035 genau 23 Jahre in die Zukunft (Abb. 6.2).

Wie man in Abb. 6.2 sieht, wurde so fest mit einer Fortsetzung des bisherigen Wachstums gerechnet, dass selbst die vorsichtigere Alternative viel zu hoch liegt. Tatsächlich markiert das Jahr 1980 das Ende des Wachstums des Primärenergieverbrauchs in Deutschland. Die Ursachen dafür sind zunehmende Energieeffizienz, vor allem aber ein Strukturwandel in der deutschen Wirtschaft. Aber auch in der dritten Fortschreibung des Energieprogramms vom 4.

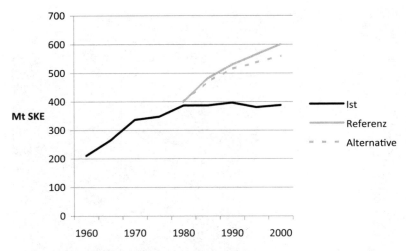

Abb. 6.2 Primärenergieverbrauch in Deutschland (alte Länder) bis 2000 (Ist) und Prognosen in der zweiten Fortschreibung des Energieprogramms für die Jahre 1977–2000.

November 1981 [91] rechnete man für 1995 noch mit einem auf 460–500 Mio. tSKE gesteigerten Bedarf.

Diese Energiepolitik, die gleichermaßen Wirtschaftlichkeit, Sicherheit und Umweltschutz als Ziele hatte, war nicht nur die Grundlage für alle drei Fortschreibungen unter Bundeskanzler Helmut Schmidt, auch von der Regierung unter Bundeskanzler Helmut Kohl wurde sie nahtlos fortgesetzt. Seine Regierung legte am 24. September 1986 zwar keine Fortschreibung, aber einen »Energiebericht« [92] vor. Die ausführlichsten Kapitel dieses Berichts, »Folgen eines Verzichts auf Kernenergie« und »Gründe für eine weitere Nutzung der Kernenergie«, spiegeln den Wandel in der Akzeptanz dieser Energiequelle im Jahr des Unfalls von Tschernobyl wider. Statt einer Prognose des Primärenergieverbrauchs bis 2000 werden nur verschiedene Vorausschätzungen von Dritten wiedergegeben, die die später eingetretene Entwicklung nur noch geringfügig überschätzen.

1991 wurde dieser Bericht aus Anlass der Wiedervereinigung aktualisiert (Energiepolitik für das vereinte Deutschland [93]); danach haben die Bundesregierungen fast 20 Jahre darauf verzichtet, ihre Energiepolitik zusammenhängend darzustellen, weil damit angesichts der starken Konfrontation in der Frage der Kernenergie und extrem hoher Erwartungen an die erneuerbaren Energien in der Öffentlichkeit wenig zu gewinnen gewesen wäre.

6.2 Die Energieforschungsprogramme

Bis zur Energiekrise 1973 bestand die Energieforschung in Deutschland ganz überwiegend aus Kernforschung und Kerntechnik. In beschränktem Umfang wurden im Rahmen der Ressortforschung aber auch andere Technologien, etwa die Kohle-Bergwerkstechnik, gefördert. 1973 hatte die Bundesregierung das 4. Atomprogramm (1973–1976) [94] beschlossen, wegen der aufflammenden Proteste gegen die Kernenergie erst nach einer öffentlichen Anhörung. Das Atomprogramm diente nicht allein der Energiegewinnung, es förderte auch die Grundlagen-Kernforschung und den Strahlenschutz. Zu den wichtigen Themen zählte bereits damals die Entsorgung und die Sicherheitsforschung für Kernkraftwerke. Die größten Projekte waren die Bauvorhaben für die Prototypen der neuen Reaktorlinien, des *Hochtemperaturreaktors* (*THTR 300*) und des Schnellen *Brutreaktors* (*SNR 300*) (Abb. 6.3). Die beiden Großprojekte befanden sich in guter Gesellschaft: Die frühen siebziger Jahre waren die Zeit vieler kühner Ideen. Nach dem Erfolg der Kernenergie-Entwicklung und der Mondlandung schien nahezu alles durch geplantes Zusammenwirken von Wissenschaft, Wirtschaft und Staat realisierbar zu sein. Die Zeit von 1970–1974 umschließt auch die Geburtsjahre des ICE und des Transrapid, des Airbus, der europäischen Trägerrakete Ariane und der ersten Großrechner, später kamen das nukleare Entsorgungszentrum und die Neuentdeckung der erneuerbaren Energien hinzu. Gemessen an der Kühnheit der Pläne ist die Erfolgsbilanz gar nicht so schlecht. Aus technischer Sicht haben nur der Hochtemperaturreaktor und die erneuerbaren Energien die hochgesteckten Erwartungen nicht ganz erfüllen können, für Transrapid und Brüter bestand später kein Bedarf, und das Entsorgungszentrum scheiterte politisch.

Die Energiekrise von 1973 wurde als technologische Herausforderung verstanden und in Angriff genommen. Zur Ergänzung des 4. Atomprogramms durch nichtnukleare Vorhaben wurde ein »Rahmenprogramm Energieforschung« [95] erarbeitet und großzügig fi-

Abb. 6.3 Die ersten Energieforschungsprogramme.

nanziert. Es konzentrierte sich vor allem auf Projekte der Kohle- und Bergwerkstechnik, auch der Erschließung neuer Reserven an Öl und Gas sowie der rationelleren Energieverwendung. Für die erneuerbaren Energien sollten zunächst Daten über das Nutzungspotenzial in Deutschland gesammelt werden; es gab kaum Kenntnisse darüber.

1977 wurde dann die gesamte *Energieforschung* erstmals in einem Programm zusammenfassend dargestellt. Inzwischen waren zahlreiche Großprojekte für die Erzeugung von flüssigen oder gasförmigen Treibstoffen aus Kohle begonnen worden, teilweise in internationaler Zusammenarbeit. Für die Erprobung verschiedener Typen von Solarkraftwerken begann im Rahmen der IEA der Aufbau der Solar-Plattform in *Almeria* (Spanien). Für die Nutzung der Sonnenenergie in Deutschland wurde der Wärmebedarfsdeckung noch Vorrang vor der Stromerzeugung gegeben, weil der Bedarf dort größer und die Effizienz der Umwandlung in elektrische Energie zu gering sei. Die Sonnenenergie sollte nicht einfach zusätzlich angewandt, sondern in neue Konzepte für die möglichst weitgehende energetische Autonomie des Hauses integriert werden. Erste Konzepte für Niedrigenergie-

Abb. 6.4 Solarhaus (»Experimentierhaus«) der Firma Philips in Aachen 1974 mit dem damaligen Bundesforschungsminister Hans Matthöfer (links) und dem Autor (2. von links).

häuser mit integrierter solarer Warmwasserversorgung und Heizung wurden erprobt (Abb. 6.4).

Die Kosten der Großprojekte, aber auch der Rückenwind der zweiten Energiekrise 1979 trieben dann das finanzielle Gesamtvolumen für die Energieforschung (immer noch einschließlich der kernphysikalischen Grundlagenforschung) im Rekordjahr 1982 auf nahezu 1,5 Mrd. €. Von da an ging es lange Zeit bergab, nacheinander wurden die Projekte THTR 300 und SNR 300 eingestellt, das Entsorgungszentrum zerlegt, die zahlreichen Pilot- und Demonstrationsanlagen zur Erzeugung von Gas oder flüssigen Treibstoffen aus Kohle eingestellt. Die Gründe für das Scheitern vieler ambitionierter Projekte sind individuell unterschiedlich, haben aber zwei gemeinsame Wurzeln: Zum einen war 1986 die Technikakzeptanz unter dem Eindruck des Unfalls von *Tschernobyl* und der Explosion der Raumfähre Challenger auf einem Tiefpunkt angekommen, zum anderen kehrte der Ölpreis in diesem Jahr auf sein altes Niveau vor den Energiekrisen zurück.

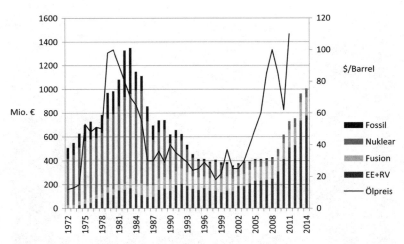

Abb. 6.5 Förderung der Energieforschung von Bund und Ländern in Mio. € (nominal) und Entwicklung des Ölpreises in $ pro Barrel (real, bezogen auf 2011).

Vergleicht man die Entwicklung der finanziellen Aufwendungen für die Energieforschung mit dem Auf und Ab des Ölpreises (Abb. 6.5), so ergibt sich eine frappante Übereinstimmung: Die Forschungsmittel folgen dem Auf und Ab des Ölpreises mit einigen Jahren Verzögerung.[1] Das gilt auch für das bescheidene Wiedererwachen der Energieforschung in den letzten Jahren (Abschnitt 6.3.3), das durch die Darstellung in nominalen Werten bedeutender aussieht als es ist. Man sträubt sich gegen die Annahme, dass die Politik so simpel und kurzsichtig ist, nur bei hohen Ölpreisen in die Zukunft zu investieren, kann aber die eindeutige Übereinstimmung nicht übersehen.

Was hat die Energieforschung in den letzten 40 Jahren hervorgebracht? Bei den erneuerbaren Energien ist an erster Stelle die Windenergie zu nennen; hier ist es wirklich gelungen, mit Hilfe neuer Technologien und Materialien die historischen Vorbilder um Größen-

---

1) Es sei darauf hingewiesen, dass zur besseren Vergleichbarkeit der Kurven die Mittel für die Energieforschung in nominalen, die Ölpreise dagegen in realen Kosten bezogen auf 2011 dargestellt sind, das ändert aber nichts an den im Abstand von einigen Jahren gleichen Gradienten beider Zahlenreihen.

ordnungen zu übertreffen. Dass das Ergebnis trotzdem nicht ganz zufriedenstellend ist, liegt nicht an der Technologie, sondern an den Launen des Windes, die die Menschheit schon seit Jahrtausenden nerven. Mit den Biomasseverfahren der zweiten Generation entsteht gegenwärtig auch eine leistungsfähige Hoch-Technologie. Die Geothermie war bisher ein Stiefkind der Forschung. Der große Markterfolg der Photovoltaik ist nur zu einem geringen Teil auf technische Fortschritte zurückzuführen. Auch vor 40 Jahren gab es schon polykristalline Siliziumzellen mit ähnlichen Wirkungsgraden. Es ist eine große Enttäuschung, dass diese Technologie so gar nicht an dem technisch-historisch beispiellosen Aufschwung der Halbleitertechnologie teilgenommen hat, zu der die Photovoltaik ja gehört. Seit 40 Jahren gilt dort ein »*Moore'sches Gesetz*«, nach dem sich die Zahl der Schaltelemente pro Chip alle ein bis zwei Jahre verdoppelt. Vor 40 Jahren benötigte ein typischer Großrechner wie die *IBM 360* Hunderte Quadratmeter für das Aufstellen der vielen Schränke voller Rechner und Speicher, deren Leistung (Arbeitsspeicher von 4 bis 4096 kByte) heute von jedem Smartphone haushoch übertroffen wird. Der Schlüssel zu diesem Erfolg war die Miniaturisierung, die die einzelnen Schaltelemente inzwischen bis auf atomare Dimensionen reduzierte, eine typisch menschliche, naturferne Technik mit extrem hohen Leistungsdichten, diesmal nicht der Energie (die Informations- und Kommunikationstechnik verursacht weltweit nur etwa 2 % des Strombedarfs), sondern der Information und mit der in der Natur kaum vorkommenden digitalen Rechentechnik. Durch die Notwendigkeit, die Sonnenenergie auf großen Flächen zu sammeln, ist dieser auf Miniaturisierung beruhende Fortschritt an der Photovoltaik vorbeigegangen. Die Kosten der Panels konnten aber als Folge der Rationalisierung der Herstellung dank wachsender Mengen reduziert werden.

Zur Steigerung der Effizienz der Energienutzung hat die Forschung vielfältig beigetragen, vor allem der Fortschritt der Informationstechnik erlaubt es nun, Verbrennungsprozesse in Kraftwerken, Automotoren oder Turbinen und fast alle Energieanwendungen in Industrie und Haushalten besser zu steuern.

In der Kerntechnik hat die Forschung die Grundlagen für eine neue Generation von sicheren Kernkraftwerken und für verantwortbare Lösungen für die Entsorgung der radioaktiven Reststoffe gelegt. Eine internationale Renaissance der Kernenergie aufgrund dieser Fortschritte zeichnet sich allerdings nicht ab, da die meisten Länder einer Laufzeitverlängerung der älteren Kernkraftwerke den Vorzug vor Neubauten geben. In Deutschland ist die Nuklearforschung für die verbleibenden Aufgaben neben dem Abbau der Kernkraftwerke vor allem für die Entsorgung der radioaktiven Abfälle die Forschung aber weiter von großer Bedeutung.

Insgesamt blieb der große Traum, durch Erforschung neuer Energietechnologien die Handlungsmöglichkeiten künftiger Generationen mindestens in dem Maße zu erweitern, wie sie durch den Verbrauch der leicht erreichbaren Ressourcen der Erde seit Beginn der Industrialisierung geschmälert werden, jedoch unerfüllt.

6.3 Das Energiekonzept der Bundesregierung 2010

Im September 2010 legte die Bundesregierung nach langer Pause wieder ein Energiekonzept [96] vor. Seit 20 Jahren hatten die Vorgängerregierungen die nach der ersten Energiekrise 1973 begründete Tradition mehrjähriger Energieprogramme nicht mehr fortgesetzt, da sie in der hochkontroversen Energiepolitik mit keinem, wie auch immer gestalteten Energiekonzept breite Akzeptanz erwarten konnten.

Die Reaktion auf das Energiekonzept von 2010 belegt, dass diese Sorgen der Vorgängerregierungen begründet waren. Sucht man den Grund, warum nun trotzdem ein Energiekonzept vorgelegt wurde, so drängt sich der Gedanke auf, dass es darum ging, die beschlossene Verlängerung der Laufzeit der Kernkraftwerke in einem größeren Zusammenhang zu begründen und ihr mit einer betont »grünen« Energiepolitik zu mehr Akzeptanz zu verhelfen. Zur Vorbereitung hatte die Bundesregierung bei drei wirtschaftswissenschaftlichen Instituten ein Gutachten [97] in Auftrag gegeben, das im August 2010 veröffentlicht wurde.

6.3.1 Das Gutachten der wirtschaftswissenschaftlichen Institute

Eine nähere Betrachtung des Gutachtens der drei wirtschaftswissenschaftlichen Institute ist alles andere als langweilig, verrät es doch viel stärker als das Energiekonzept mit seiner geglätteten Sprache, wie schwer es ist, die Energieversorgung für ein modernes Industrieland wie Deutschland weitgehend klimaneutral zu gestalten. Die Wissenschaftler sollten keine Prognose abgeben, sondern ermitteln, welche

Konsequenzen mehrere von der Regierung vorgegebene Szenarien auf die Entwicklung der Volkswirtschaft in Deutschland hätten. So richtig klar wird allerdings nicht, was eigentlich Vorgabe der Regierung und was Ergebnis der Institute ist: »Die wesentlichen Annahmen für die Szenarien wurden in einem fortlaufenden Diskussionsprozess zwischen Auftraggebern (BMWi/BMU) und den Gutachtern entwickelt«, heißt es in der Einleitung der Studie [97, S. 1]. Die vier Szenarien unterscheiden sich fast nur hinsichtlich der Laufzeitverlängerung der Kernkraftwerke um 4, 12, 20 oder 26 Jahre; diese Unterschiede sind jetzt nur noch von historischem Interesse. Trotz der eingeräumten Mitwirkung an der Diskussion der Annahmen betonen die Gutachter, dass sie von den Auftraggebern folgende Vorgaben für die Zielszenarien [97, S. 4] erhalten haben:

- Reduktion der gesamten Treibhausgasemissionen um 40 % bis 2020 und um 85 % bis 2050,
- Steigerung der Energieeffizienz um 2,3–2,5 % pro Jahr,
- Steigerung des Anteils der erneuerbaren Energien am Endenergieverbrauch auf mindestens 18 % bis 2020 und mindestens 50 % bis 2050.

Wichtigstes Ziel der Bundesregierung ist es also, die CO_2-Reduktionsziele, die nach den Berichten der *IPCC* (Abschnitt 2.2.2) bei weltweiter Beachtung die Erderwärmung auf 2 °C begrenzen würden, zur Grundlage ihrer Energiepolitik zu machen. Die Vorgaben für die Zielszenarien, die dem IEA-Szenarios »Klimaschutz« (Abschnitt 2.1) entsprechen, sind ausgesprochen ehrgeizig.

Das erste Ziel, die steile Reduktion der Treibhausgasemissionen, könnte man vor dem Hintergrund der zwischen 1990 und 2010 eingetretenen Einsparung von gut 25 % als eine nur wenig gesteigerte Extrapolation für die folgenden 40 Jahre halten, erschiene da nicht beim genaueren Hinsehen um das Jahr 2000 ein Knick im Verlauf der Linie (Abb. 6.6). Der steile Rückgang der Emissionen in der ersten Dekade war ein Nebeneffekt der Wiedervereinigung Deutschlands, die in der ehemaligen DDR zu zahlreichen Betriebsschließungen, einer Erneuerung der ineffektiven Energie-Infrastruktur und damit zu einem starken Rückgang der hohen Emissionen führte, die die Bundesrepublik gerade rechtzeitig vor dem Bezugsjahr des Kyoto-Protokolls »geerbt« hatte [23]. Nachdem diese »Wall Fall Profits« vorbei waren, verlief die weitere Abnahme der Emissionen wesentlich flacher, ob-

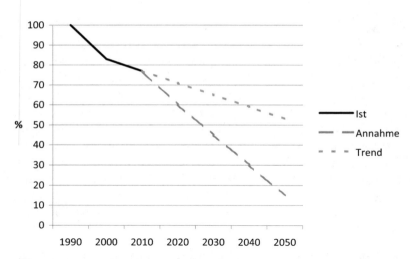

Abb. 6.6 In Deutschland eingetretene Reduktion der Treibhausgase bezogen auf 1990–2010, Annahme der Bundesregierung und möglicher Verlauf ohne Wall Fall Profits [98].

wohl im Jahr 2000 das EEG (Abschnitt 5.1.3) als Motor für den Ausbau der erneuerbaren Energien gestartet wurde. Extrapoliert man nun diesen Trend, so wäre die Emission im Jahr 2050 noch nicht einmal halbiert. Außerdem muss noch der Ausfall der Kernkraftwerke verkraftet werden, der durch die Laufzeitverlängerung in der zweiten Halbzeit des Prognosezeitraums wirksam werden sollte. Die Kernkraft hat, bezogen auf das Jahr 2010 im Vergleich zu einer Bedarfsdeckung mit Kohlekraftwerken der Atmosphäre rund 15 % der Treibhausgasemissionen erspart. Auch diese Lücke muss also klimaneutral geschlossen werden. Für die im Energiekonzept vorgesehene Entwicklung müssen also weitere Instrumente eingesetzt werden.

Die zweite Vorgabe unterstellt künftig deutlich höhere Effizienzgewinne bei der Energienutzung um 2,3–2,5 % pro Jahr, die in den letzten 20 Jahren im Mittel bei 1,8 % lagen. Dadurch stieg die Energieproduktivität von 1990–2011 um rund 50 % [52] doch wurde diese Minderung des Energiebedarfs, wie die konstante Entwicklung des Primärenergiebedarfs zeigt, stets von der Zunahme des Bedarfs durch das Wachstum der Wirtschaft kompensiert. Auch 2011 übertrafen die verbrauchssteigernden Wirkungen der gesamtwirtschaftlichen Leistung nach Berechnungen des Statistischen Bundesamtes (nach Bereinigung des Effektes der besonders milden Witterung im Jahr 2011) den Effizienzgewinn [99]. Da die erneuerbaren Energien aber tendenziell eher zu mehr Stromtransporten, zu Energieverlusten bei der häufigen Energiespeicherung und Wirkungsgradverlusten bei den Ersatzkraftwerken führen, ist dieses Ziel auf dem in Deutschland bereits hohen Niveau der Energieeffizienz schwer erreichbar.

Auch die dritte Vorgabe für den Anteil der erneuerbaren Energien ist, wie man an den Ergebnissen sieht, nur mit Mühe einzuhalten. Für die Berechnung der Zielszenarien haben die Gutachter noch weitere Postulate [97, S. 29] aufgestellt:

- Die Bevölkerung geht in Deutschland bis 2050 von heute 82 Mio. auf 73,8 Mio. zurück, die Haushalte werden kleiner (von 2,08 auf 1,86 Personen), aber ihre Zahl bleibt gleich.
- Die Wirtschaftsleistung wächst mit knapp 1 % pro Jahr insgesamt um etwa 50 % bis 2050, wobei weitere Verschiebungen von der Produktion zu mehr Dienstleistungen unterstellt werden.
- Der Preis für Erdöl steigt von 94 $ pro Barrel (2008) bis 2050 auf 130 $ pro Barrel (real) bzw. 314 $ pro Barrel (nominal) und der Erdgaspreis folgt diesem Anstieg.
- Die Stromnachfrage geht bis 2050 um 25–28 % zurück.
- Die Abtrennung und Speicherung von CO_2 durch die CCS-Technologie (Abschnitt 3.1.5) soll vor dem Abschalten der Kernkraftwerke kommerziell verfügbar sein, um Stein- und Braunkohlekraftwerke klimaneutral einsetzen zu können.

Solche Annahmen sind über einen so langen Zeitraum von 40 Jahren natürlich mit großen Unsicherheiten belastet. Besonders überraschend ist der erwartete Rückgang des Strombedarfs. Denn dieser steigt in Deutschland seit 1900 nahezu kontinuierlich an; nur viermal ist er für einige Jahre rückläufig gewesen: nach der Weltwirtschaftskrise Ende der zwanziger Jahre, in den letzten Jahren des Zweiten Weltkrieges, während der ersten Energiekrise und in den ersten Jahren nach der Wiedervereinigung. Jedes Ereignis hinterließ nur eine rasch vorübergehende Delle in der ansonsten stetig nach oben strebenden Kurve (Abb. 6.7). In den letzten Jahren sind nach einem sehr hohen Verbrauchszuwachs im Jahr 2010 die Werte geringer ausgefallen, haben aber schon wieder steigende Tendenz. Dieses Wachstum des Strombedarfs war immer die Folge von Effizienzgewinnen im Umgang mit Energie, denn die Einsparungen wurden

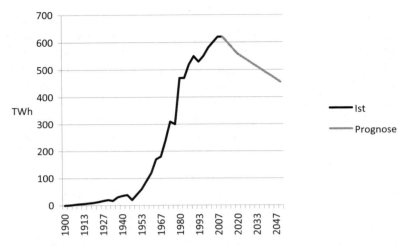

Abb. 6.7 Entwicklung des Strombedarfs in Deutschland seit 1900 und Erwartung bis 2050.

meist durch bessere Steuerung von Prozessen mit Hilfe elektrischer Energie erzielt. Dieser Verdrängungswettbewerb zugunsten der elektrischen Energie wird weitergehen, wenn die erwarteten hohen Effizienzgewinne tatsächlich eintreten, wenn die Elektromobilität ausgebaut wird und wenn mehr Wärmepumpen in der Raumheizung eingesetzt werden. Eine nähere Begründung für die Annahme der Reduktion findet sich im Gutachten nicht. Für unsere europäischen Nachbarn erwarten die Gutachter keinen vergleichbaren Rückgang. Die IEA rechnet für die EU bis 2035 mit einem gleich hohen Prozentbetrag, bloß mit einem Plus, nicht einem Minus vor der Zahl [6, S. 176].

In den Zielszenarien kommen die Gutachter zu folgenden Ergebnissen:

1. Der Primärenergiebedarf wird bis 2050 auf weniger als die Hälfte zurückgehen [97, S. 6]. Das ist zunächst sehr überraschend, denn der Primärenergiebedarf Deutschlands ist bis 1980 stetig angestiegen (Abb. 6.8) und verharrte bis 2000 auf gleichbleibend hohem Niveau; ab 2010 ist erstmals eine leichte Abnahme zu erkennen, die sich auch 2011 fortgesetzt hat. 2012 folgte wieder ein leichter Anstieg. Die IEA erwartet in ihrem realistischen Szena-

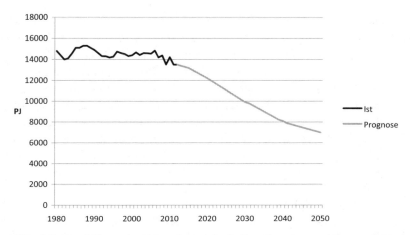

Abb. 6.8 Entwicklung des Primärenergiebedarfs 1980–2010 und Prognose bis 2050.

rio »New Policies« (Abschnitt 2.1), dass der Primärenergiebedarf Europas mit 0,3 % pro Jahr zwar nur langsam, aber immer noch weiter wächst [6, S. 81].

Etwa zur Hälfte ist diese Abnahme des Primärenergieverbrauchs auf die Vorgabe einer Effizienzsteigerung von 2,3–2,5 % (gegenüber der langjährigen Rate von 1,8 %) und die Annahme eines durchschnittlichen Wachstums der deutschen Volkswirtschaft von knapp 1 % pro Jahr zurückzuführen. Damit würde sich der Primärenergieverbrauch schneller als bisher vom Bruttoinlandsprodukt entkoppeln, und die gesteigerten Prozentsätze addierten sich dann über 40 Jahre bis 2050 zu einer ansehnlichen Veränderung. Dass beide Annahmen, die hohe Effizienzsteigerung und die niedrige Wachstumsrate der Wirtschaft, eintreten, ist nicht auszuschließen, aber auch nicht selbstverständlich. Dies ist einer der zahlreichen Fälle, in denen die Gutachter die für ihre Rechnungen günstigste Variante und nicht etwa eine vorsichtigere, robustere Annahme gewählt haben.

Die andere Hälfte der Reduktion ist ein Artefakt, Folge der Wirkungsgrad-Methode, mit welcher der Primärenergieverbrauch berechnet wird. Bei der Stromerzeugung in Wärmekraftwerken wird der Primärenergieeinsatz aus der erzeugten Strommenge mit Hilfe der Wirkungsgrade von Kohlekraftwerken (40 %) oder

Kernkraftwerken (33 %) rückgerechnet, ebenso bei Stromerzeugung aus Biogas. Bei Kernkraftwerken ergibt das pro Kilowattstunde den dreifachen Primärenergieeinsatz. Aber Wind- und Sonnenenergie werden eins zu eins als Primärenergie berechnet, da direkt Strom erzeugt wird und keine Umwandlungsverluste auftreten, obwohl die physikalischen Wirkungsgrade, vor allem bei der Solarenergie, sehr gering sind. Werden also Kohle- oder Kernkraftwerke durch Windenergie- oder Solaranlagen ersetzt, so sinkt der Primärenergieverbrauch auch dann, wenn der Endenergieverbrauch konstant bleibt. Im Vergleich der Energieeffizienz (Abb. 5.18) wird Deutschland dann, wenn auch zum Teil unverdient, zum Weltmeister avancieren.

2. Beim Endenergiebedarf wird in den Szenarien der Anteil der Raumwärme drastisch reduziert. Während der gesamte Endenergieverbrauch bis 2050 um 44 % zurückgehen soll – und das wäre real aufgrund der unterstellten hohen Effizienzgewinne und nicht etwa eine Folge von Begriffsdefinitionen wie beim Primärenergieverbrauch – bleiben vom Raumwärmebedarf insgesamt nur 35 % übrig [97, S. 7]. Das wird angestrebt, weil die Raumwärme insgesamt zu mehr als 75 % aus den fossilen Energieträgern Erdgas (48 %), Erdöl (27 %) und Kohle (2 %) erzeugt wird und im Verkehrssektor die über 90 %ige Abhängigkeit vom Erdöl kaum zu vermindern ist. Dass man in Abb. 6.9 den Raumwärmebedarf im Sektor Gewerbe, Handel und Dienstleistungen im Jahr 2050 nicht mehr sieht, ist kein Fehler der Graphik: Tatsächlich soll der Raumwärmebedarf dort bis auf 1–2 % eliminiert werden, weil die Gutachter mit kurzen Lebensdauern der gewerblich genutzten Gebäude und mit höchsten Energiesparstandards bei den Neubauten rechnen.

Den größten Beitrag zur Endenergieeinsparung müssen die Haushalte erbringen; ihr Raumwärmebedarf soll auf 44 % schrumpfen. Bei Neubauten kann das durch Verschärfung der *Energie-Einspar-Verordnung (EnEV)* ordnungsrechtlich erzwungen werden. Dort soll der Heizenergiebedarf von 53 kWh/m^2 (2008) bis 2020 auf weniger als ein Viertel (12 kWh/m^2) und bis 2050 bei nur noch 4 kWh/m^2 praktisch zum Verschwinden gebracht werden. Da die jährliche Neubaurate jedoch nur 0,6 % des Wohnflächenbestandes beträgt, muss der gesamte Bestand von 20 Mio. bestehender Gebäude sehr tiefgreifend saniert werden. Das Gut-

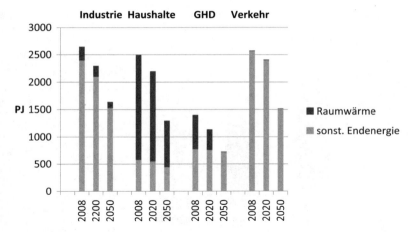

Abb. 6.9 Endenergieverbrauch in den Sektoren Industrie, Haushalte, Gewerbe, Handel und Dienstleistungen (GHD) und Verkehr im Jahr 2008 und Prognose der Gutachter für 2020 und 2050.

achten verlangt dafür eine Absenkung des spezifischen Heizenergiebedarfs von 150 kWh/m² (2008) auf 20 kWh/m² im Jahr 2050, also eine Reduktion um (!) 85 %, und fordert auch hierfür gesetzliche Vorgaben: eine »Ausweitung des Anwendungsbereichs der EnEV« sowie eine »Vollzugskontrolle und spürbare Sanktionierung bei Nichteinhaltung«; nur ergänzend sollen die ordnungsrechtlichen Lösungen durch Fördermaßnahmen flankiert werden [97, S. 70]. Zusätzlich wird erwartet, dass jedes Jahr 2 % des Gebäudebestandes in dieser Weise saniert werden.

3. Das Ziel, den Strombedarf im Jahr 2050 zu 80 % aus erneuerbaren Energien zu decken, wird in den Zielszenarien trotz der angenommenen Reduktion der Nachfrage um mehr als 25 % nur erreicht, wenn 22–31 % des Stroms importiert werden, die aus klimaneutralen Quellen stammen sollen. Die Begründung ist interessant: »Der wesentliche Treiber hierfür sind (sic) komparativ günstigere Erzeugungsoptionen im europäischen Ausland. Dies gilt in besonderem Maße bei einer intensivierten Klimaschutzpolitik, sowohl für die Kernenergie als auch für Solar- und Windstandorte im Süden bzw. an den Küstenlinien Europas [97, S. 9].« Das sollte wohl niemand auf Anhieb verstehen. Im Klartext heißt es: Die Gutachter erwarten, dass Deutschland auch nach dem Abschalten seiner Kernkraftwerke weiter nuklear erzeugten

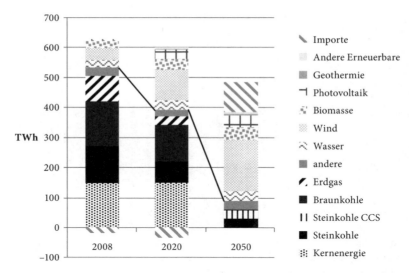

Abb. 6.10 Stromerzeugung 2008 und Ergebnisse der Zielszenarien für 2020 und 2050, oberhalb der Verbindungslinien: Anteil der erneuerbaren Energien.

Strom nutzen wird, nur eben nicht mehr aus Anlagen im Inland. Die vorgesehene Importmenge von mindestens 100 TWh pro Jahr entspräche etwa der gesamten Stromerzeugung der Niederlande, wäre deutlich mehr als unsere anderen Nachbarländer Belgien, Tschechien, Polen, die Schweiz und Österreich jeweils für ihren Bedarf erzeugen. Nur Frankreich hat eine mit unserer vergleichbare Erzeugungskapazität. Seit jeher ist es der wichtigste Partner im Stromhandel, aber derartige Größenordnungen erreicht auch dieser Stromaustausch nicht entfernt (Abb. 6.12). Um auf so große Leistungen aus dem Ausland gesichert zurückgreifen zu können, müssten sich deutsche Energieversorgungsunternehmen schon an grenznahen Kernkraftwerken beteiligen. Später wird das im Gutachten noch deutlicher gesagt: »Sollte sich der Rückgang der Stromnachfrage in den Zielszenarien für Deutschland nicht einstellen, so müsste dies durch zusätzliche Erzeugung ausgeglichen werden, vor allem durch zusätzliche Stromimporte aus Kernenergie und heimische Kohle-CCS-Anlagen« [97, S. 105].

Niemand kann heute ausschließen, dass die Entwicklung in der Zukunft tatsächlich so verläuft, wie die Gutachter annehmen. Aber wenn die IEA-Prognosen stimmen, ja wenn die künftige Entwicklung auch nur ein wenig von den Annahmen der Bundesregierung abweicht, fällt das Zahlengebäude für das Energiekonzept wie ein Kartenhaus zusammen; es ist alles andere als robust gegenüber der künftigen Bedarfsentwicklung. Wenn es also nur unter extremen Annahmen gelingt, eine klimaneutrale Energieversorgung Deutschlands zu entwerfen, dann muss man folgern, dass dies im Normalfall bis 2050 nicht realistisch erreichbar ist.

Abschließend erklären die Gutachter es zwar für möglich, die Ziele der Bundesregierung ohne starke Nachteile für die deutsche Volkswirtschaft zu realisieren, formulieren dafür aber eine Reihe harter Bedingungen:

- Ein verbindliches internationales Klimaschutzabkommen sei »unabdingbar«, damit Deutschland durch seine Energiepolitik nicht Wettbewerbsnachteile auf dem Weltmarkt hinnehmen müsse.
- Eine klar ausgerichtete Politik und ein breiter gesellschaftlicher Konsens seien erforderlich, denn einige Gruppen könnten von den notwendigen Maßnahmen fühlbar betroffen sein.
- Ohne technische Innovationen sei das Konzept nicht realisierbar; dazu zählen die Einführung von CCS, der Elektromobilität und vielfache Prozessinnovationen.

Diese Bedingungen sind, vielleicht weil sie erst auf Seite 188 des Gutachtens stehen, wenig beachtet worden.

6.3.2 Das Energiekonzept der Bundesregierung vom September 2010

Das im September 2010 vorgelegte Energiekonzept [96] der Bundesregierung folgt den Szenarien-Rechnungen der Gutachter, freilich ohne ihre zentralen Forderungen zu erfüllen (Abb. 6.11). Vier Wochen nach dem Gutachten verschreibt sich die Bundesregierung dem Ziel, bis 2050 im nationalen Alleingang eine weitgehend klimaneutrale Energieversorgung Deutschlands zu verwirklichen. Das ist ein Bruch mit den bisherigen Prinzipien der deutschen Energiepolitik, die immer von drei gleichberechtigten Zielen bestimmt war: Versorgungssicherheit, Wirtschaftlichkeit und Umweltverträglichkeit. Dieser Dreiklang lebt zwar noch auf dem Titelblatt des Energiekonzepts fort, ist aber im Inhalt stark verstimmt.

Abb. 6.11 Titelbild des Energiekonzeptes 2010.

Der Klimaschutz erhält eindeutig Priorität über Versorgungssicherheit und Wirtschaftlichkeit. Hätte vor einigen Jahren die rot-grüne Bundesregierung ein solches Programm vorgelegt, so wäre ihr Realitätsferne und die Gefährdung des Industriestandortes Deutschland vorgeworfen worden. Doch diese Aufkündigung der bewährten deutschen Energiepolitik wurde zunächst überhaupt nicht beachtet, zu sehr war der Blick der Politiker und Journalisten auf die Laufzeitverlängerung der Kernkraftwerke fokussiert. Sollte es die Absicht der Regierung gewesen sein, durch ein extrem »grünes« Energieprogramm mehr Akzeptanz für die Laufzeitverlängerung zu gewinnen, so wäre dies gänzlich misslungen.

Was folgt nun aus dieser Festlegung auf eine klimaneutrale Energieversorgung Deutschlands bis 2050? Nicht allzu viel Konkretes, denn man muss zunächst feststellen, dass solche extrem langfristigen Festlegungen in Demokratien schwer durchzuhalten sind. Immerhin finden in Deutschland bis 2050 noch viele Bundestagswahlen statt, und damit gibt es noch ebenso viele Möglichkeiten, andere Entwicklungen einzuleiten. Andererseits muss man berücksichtigen, dass die Zeitkonstanten im Energiesektor lang sind. Kraftwerke und ihre Infrastruktur sind meist über 50 Jahre und mehr in Betrieb; was heute gebaut oder unterlassen wird, wirkt deshalb tatsächlich noch über 2050 hinaus.

Aber was kann eine Regierung heute noch national regeln? Die in Europa weit verbreitete Praxis, Energiepolitik national zu betreiben, ist eigentlich ein Anachronismus. Der Energiemarkt ist ein europäischer Binnenmarkt. Mitte der neunziger Jahre des vorigen Jahrhunderts wurde der Strommarkt in Europa liberalisiert, und nirgendwo wurde dies so rasch umgesetzt wie in Deutschland. Heute sind die Stromversorger keine Regionalmonopolisten mit klaren Rechten und Pflichten mehr, sondern international agierende Unternehmen, die ihr Kapital dort investieren, wo es die höchste Rendite verspricht, und das ist nicht immer Deutschland. National regelbar sind nur noch die Sicherheitsanforderungen an Kernkraftwerke. Darüber hinaus hat eine nationale Regierung keinen Einfluss auf die Wahl der Energieträger durch Unternehmen und Privatleute. Für die Genehmigung konventioneller Kraftwerke besteht ein Rechtsanspruch, sofern der Investor die in Verordnungen festgelegten Voraussetzungen erfüllt. Ob ein Unternehmen ein Kohle- oder ein Gaskraftwerk baut, ist von der Bundesregierung nicht beeinflussbar. Das gilt auch für die industrielle Eigenerzeugung von elektrischer Energie, die im Fall weiter steigender Kosten und Netzinstabilitäten zunehmen könnte.

Die stärkste Waffe zur Durchsetzung der neuen Energiepolitik ist deshalb das *EEG* (Abschnitt 5.1.3), dessen für die Bundesregierung offenbar überraschend ausufernde Kosten aber auch ein wachsendes Risiko für die neue Energiepolitik darstellen.

Die Vorgaben für die Gutachter und deren Annahmen hat die Bundesregierung in ihr Energiekonzept übernommen. Allerdings zeigten sich schon vier Wochen nach Vorlage des Gutachtens bereits erste Erosionserscheinungen. Es stellte sich heraus, dass eine Anwendung der *EnEV* zur nachträglichen Umrüstung der bestehenden Gebäude auf Niedrigenergie-Standards verfassungsrechtliche Probleme aufwirft. Erzwungene Sanierungskosten von mehreren 100 bis zu 1000 €/m^2 bei mittleren heutigen Heizkosten von ca. 1 €/m^2 und Monat würden Amortisierungszeiträume von mehreren Jahrzehnten bedeuten und einen enteignungsgleichen Eingriff darstellen. Deshalb wird die von den Gutachtern geforderte Hierarchie der Maßnahmen umgedreht: Ordnungsrechtliche Regelungen sollen behutsam ausfallen, in der Hauptsache bleibt es bei der Förderung freiwilliger Maßnahmen, deren Rate allerdings von 1 % auf 2 % pro Jahr erhöht werden soll. So könnte man über 40 Jahre zwar 80 % der Gebäude sanieren, aber ob dabei die spezifische Heizleistung wirklich um 80 % sinkt, ist fraglich.

Der wichtigste Energieträger für diesen Sektor, aber auch für Reservekraftwerke, das Erdgas, wird im Energiekonzept praktisch überhaupt nicht erwähnt. Dabei wird es in der Zukunft für den verbleibenden Wärmebedarf und für rasch regelbare Ersatzkraftwerke weiter große Bedeutung behalten. Und angesichts der umstrittenen problematischen neuen Fördermethoden gibt es hier wirklich energiepolitischen Handlungsbedarf.

Der Ausbau der erneuerbaren Energien ist das zentrale Thema des Energiekonzepts. Ihr Anteil am Primärenergieaufkommen soll bis 2050 auf 60 % steigen. Bei Strom soll der Anteil von den 2010 fast erreichten 20 % pro Dekade um 15 % klettern, um damit 2050 80 % zu erreichen (Abb. 6.9). Als wichtigste Aufgabe nennt die Bundesregierung dabei die Steigerung der ökonomischen Effizienz der erneuerbaren Energien. Offenbar zielt diese Bemerkung auf die Photovoltaik, die gemessen an der Stromerzeugung das 2,5-Fache der EEG-Kosten beansprucht. Auch von der solarthermischen Stromversorgung ist kaum noch die Rede. Ein Jahr zuvor hatte die Idee Furore gemacht, ganz Mitteleuropa aus solarthermischen Kraftwerken in Nordafrika mit Strom zu versorgen. Jetzt reichte es nur noch zu einer lapidaren Erwähnung des Desertec-Projekts im Kapitel über internationale Zusammenarbeit.

Die Hoffnungen der Bundesregierung richten sich in erster Linie auf die Windenergie. Off-shore sollen bis 2030 Anlagen mit insgesamt 25 GW errichtet werden, die die dann auslaufenden Kernkraftwerke ersetzen sollen. Die ersten zehn Windparks werden zur Absicherung der technisch bedingten Risiken mit einem Kreditvolumen von 5 Mrd. € gefördert. On-shore soll die Kapazität bis 2020 durch das »Repowering«-Programm, also den Austausch bestehender Anlagen durch wesentlich leistungsstärkere, verdoppelt werden.

Die zweite Säule ist die Biomasse, die für die Anwendungsfelder Kraftstoffe, Wärme und Strom ausgebaut werden soll, überwiegend aufgrund von Importen. Hier ist viel von Nachhaltigkeit und Nutzungskonkurrenz die Rede, aber ob die hier von der EU beschlossenen Grundsätze ausreichen, den Konflikt mit dem Ernährungssektor zu vermeiden, und wie weit man diese Energiequelle als klimaneutral betrachten darf, ist bestenfalls zweifelhaft. Aber es ist evident, warum die Biomasse trotz dieser Probleme so wichtig für das Konzept ist: Sie ist die einzige speicherbare »neue« erneuerbare Energie.

Kohlekraftwerke sollen auch künftig zum Energiemix beitragen, allerdings sollen sie ab 2025 mit Vorrichtungen zur Rückhaltung des CO_2 ausgerüstet sein (CCS-Technologie, Abschnitt 3.1.5).

Ein neues Lieblingsprojekt der Bundesregierung ist die Elektromobilität. Bis 2020 wünscht sie sich 1 Mio., bis 2030 sogar 6 Mio. Elektro-PKW auf unseren Straßen, um auch den Verkehrssektor etwas weniger klimaschädlich zu machen (Abschnitt 5.4.4).

Schließlich gilt ein langes Kapitel dem Ausbau des Stromnetzes, auf das völlig neuartige Anforderungen zukommen. Bisher wurde Strom in großer zeitlicher und räumlicher Nähe zum Bedarf erzeugt. Mit wachsenden Anteilen der erneuerbaren Energien müssen nun große Leistungen über große Entfernungen transportiert werden, wenn etwa die zu zwei Dritteln im Süden stehenden Kernkraftwerke durch Off-Shore-Windanlagen im Norden ersetzt werden sollen. Auch müssen große Leistungsreserven gespeichert werden, da die Angebote von Sonne und vor allem Wind keine Rücksicht auf die zeitlichen Strukturen des Strombedarfs nehmen. Für die nicht selten mehrtägigen Windflauten ist eine Überbrückung durch Energiespeicherung illusorisch. Deshalb muss ein angemessener fossil befeuerter Kraftwerkspark in Reserve verfügbar bleiben. Außerdem muss das Netz auch in der Lage sein, die »erheblichen« Stromimporte, von denen die Bundesregierung spricht, ohne die Zahlen aus dem Gutachten zu erwähnen, weiterzuleiten.

Energieeffizienz und Ausbau der erneuerbaren Energien sind im Konzept gleichrangige Ziele, aber nirgendwo steht, dass sie in Konflikt geraten können. Denn das neue System der Stromversorgung er effizient sein als das alte. Solaranlagen sind im Jahmit 10 %, Windenergieanlagen mit 18 % ihrer Nennleisa Netz, der von ihnen erzeugte Strom muss zur Anpassung n Bedarf gespeichert werden, wobei im günstigsten Fall, bei pspeicherwerken, »nur« 20–30 % verloren gehen. Für den Restu d Regelbedarf müssen konventionelle Kraftwerke bereitstehen, die meist nicht im Optimum ihrer Auslegungswerte arbeiten, so dass die dadurch auftretenden Wirkungsgradverluste, die zu erhöhten CO_2-Emissionen führen, die Vorteile der erneuerbaren Energien schmälern.

Irgendwann gelangt man schließlich auch zu dem Kapitel über die Laufzeitverlängerung der Kernkraftwerke, auf das sich die Diskussion des Konzeptes in der Politik und in den Medien reduzierte. Die Kernkraftwerke sollten im Schnitt zwölf Jahre länger laufen und damit den Strompreis trotz Ausbaus der erneuerbaren Energien moderat halten. Die ökonomischen Vorteile für die Kernkraftwerksbetreiber sollten durch eine Kernbrennstoffsteuer und Abgaben in einen Fonds zur Förderung der erneuerbaren Energien weitgehend abgeschöpft werden. Anders als meist berichtet, wird der Ausstieg aus der Kernenergie aus dem Jahr 2000 nicht rückgängig gemacht, denn das Neubauverbot im Atomgesetz wird nicht in Frage gestellt. Allenfalls könnte man in dem merkwürdig hohen Stromimport, der sehr weit über das bisherige Niveau des Stromhandels in Europa hinausreicht, eine verkappte Aufforderung an die deutsche Stromwirtschaft sehen, durch Beteiligung an Kernkraftwerken in unseren Nachbarländern auch in fernerer Zukunft einen dann immer noch einigermaßen kostengünstigen Beitrag der klimaneutralen Kernenergie zu unserer Versorgung sicherzustellen.

Grundsätzlich war die Laufzeitverlängerung angesichts des hohen Sicherheitsstandards der deutschen Kernkraftwerke zwar verantwortbar, auf die Dauer konnte es aber ohnehin keine befriedigende Lösung sein, eine Technologie, die trotz vieler Nachrüstungen und Ertüchtigungen letztlich auf einem frühen Entwicklungsstand beruht, immer länger zu nutzen, statt die vorhandenen Kernkraftwerke nach und nach durch neue Anlagen zu ersetzen, deren Technologie von Grund auf die Ergebnisse von 30 Jahren Sicherheitsforschung seit dem letzten Beginn eines Kernkraftwerkprojektes in Deutschland berücksichtigt.

Insgesamt war das Energiekonzept ausgesprochen »clever« entwo.. fen: Es erfüllte rechnerisch die ehrgeizigsten Ziele des Klimaschutzes, verschob aber die unangenehmen Folgen in künftige Jahrzehnte und polsterte die nahe Zukunft gegen allzu harte Konsequenzen.

6.3.3 Das 6. Energieforschungsprogramm

Anders als die Energieprogramme sind die Energieforschungsprogramme seit 40 Jahren lückenlos fortgeschrieben worden. Am 3. August 2011 hat die Bundesregierung das sechste Energieforschungsprogramm verabschiedet, also nach der »Energiewende«, doch findet diese nur in der Einleitung ein einziges Mal Erwähnung. Tatsächlich bezieht sich das Programm, wie es auch im Gleichlaut der Titel zum Ausdruck kommt, auf das Energiekonzept vom September 2010 [100]. Die Gutachter hatten bei der Vorbereitung des Energiekonzepts die Notwendigkeit von Innovationen in allen Bereichen des Energiesektors betont und die Erfolge in ihren Rechnungen bereits unterstellt, doch vermisst man in dem nun vorgelegten Forschungsprogramm einen neuen Aufbruch. Inhaltlich besteht das Programm weitgehend aus einer Fortschreibung der schon länger laufenden Aktivitäten. Das Programm sieht zwar wachsende Aufwendungen aus dem Bundeshaushalt von 600–700 Mio. € pro Jahr vor (Abb. 6.5), aber das ist nominell knapp die Hälfte und inflationsbereinigt nur ein Viertel der Mittel, die Anfang der achtziger Jahre des letzten Jahrhunderts als Antwort auf die beiden vorherigen Energiekrisen zur Verfügung standen. Ein Aufbruch zu neuen Ufern, den die Energiewende eigentlich auslösen müsste, ist das noch nicht.

Die Aufwendungen für die Energieforschung sollten durch Mittel aus einem »Energie- und Klimafonds« verstärkt werden und dadurch nahezu 1 Mrd. € pro Jahr erreichen. Geplant war, den Fonds durch Beiträge der Kernkraftwerkbetreiber nach der Laufzeitverlängerung der Kernkraftwerke zu speisen; doch die Energiewende hat diese Quelle versiegen lassen. Auch die Einnahmen des Bundes aus der Versteigerung der CO_2-Emissionszertifikate, die ab 2012 unmittelbar in den Fonds fließen, sind als Folge der Finanzkrise rückläufig. Die Forschungsmittel werden also deutlich niedriger ausfallen.

Dabei müsste die neue Energiepolitik durch eine wirklich kraftvolle Energieforschungsinitiative gestützt werden, denn es gibt keinen Grund, mit dem erreichten Niveau der Leistungsfähigkeit der erneu-

...rgien und der Energiespeicherung zufrieden zu sein. Abon der technologisch weitgehend ausgereiften Windenergie, für die Solarenergie, vor allem die Photovoltaik, für die Biotechnologien der zweiten Generation und für die Geothermie ist eine Großforschungsoffensive notwendig, damit so schnell wie möglich bessere Technologien für den weiteren Ausbau der erneuerbaren Energien verfügbar werden. So aber sieht das Forschungsbudget nicht einmal 2 % der Mittel vor, die über das EEG in die Markteinführung noch nicht ausgereifter Techniken fließen.

Als 2011 in einer Diskussionsrunde in Stuttgart Starkoch Alfons Schuhbeck fragte, ob denn das nun alles sei, was wir vom Zeitalter der erneuerbaren Energien zu erwarten hätten: »Windradl« wohin man blicke, noch mehr Stromleitungen vor dem Fenster und überall Solarzellen auf Dächern und Hügeln – oder ob da später vielleicht doch noch etwas Besseres käme [101], da blieben ihm die versammelten Experten die Antwort schuldig. Wenn die Forschungsförderung so weiter geht wie bisher, wird er auch in Zukunft keine befriedigende Antwort auf seine berechtigte Frage erhalten.

Die Forschung müsste sich auch viel intensiver mit dem Problem befassen, dass der geplante starke Ausbau der erneuerbaren Energien zu einem permanenten Wechsel von Mangel und Überfluss führt. Für beides brauchen wir neue Lösungen, große Anstrengungen für die Entwicklung von Energiespeichern, vor allem für elektrische Energie, aber auch die Entwicklung von unterbrechbaren Produktionsprozessen. Noch unzureichend erkannt, weil dem klassischen Technikansatz fremd, ist das Potenzial der Überschusssituationen. Hier können auch Prozesse zum Einsatz kommen, die bisher wegen ihrer schlechten Wirkungsgrade wenig Beachtung fanden, wie die Erzeugung und Speicherung von Wasserstoff als Sekundärenergieträger. Denn bei Überschuss ist auch eine ineffektive Nutzung der Energie besser als gar keine.

Auch ein Kapitel über nukleare Sicherheit und Entsorgung ist im Programm enthalten; es scheint noch vor der »Energiewende« geschrieben zu sein. Auch hier wäre eine Verstärkung der Forschung wünschenswert. Wenn jetzt die Realisierung eines Endlagers für wärmeerzeugende Abfälle durch einen neuen Suchprozess noch einige Jahrzehnte auf sich warten lassen wird, dann sollte man diese Zeit nutzen, um die Endlagertechnologie noch sicherer zu machen und Alternativen, wie Partitioning und Transmutation ($P\&T$, Abschnitt 3.4.5) zu untersuchen und bewertbar zu machen. Häufig wird in der Politik die Ansicht vertreten, Deutschland dürfe sich nicht an der Entwicklung einer vierten Generation von Kernkraftwerken beteiligen. Warum sollen wir mit unserem immer noch hohen Stand der Sicherheitsforschung nicht dazu beitragen, die Welt sicherer zu machen, vor allem auch die Kernkraftwerke, die in unserer Nachbarschaft noch betrieben und künftig neu errichtet werden? Das diente unmittelbar unseren Interessen, die wir nur durch aktive Mitwirkung vertreten können. Außerdem müssen wir weiter Fachleute für die Kerntechnik ausbilden, für den Rückbau der Kernkraftwerke und für die Entsorgung, für die Industrie, vor allem aber auch für Genehmigungsbehörden und Gutachterorganisationen, deren Kompetenz wichtig für das Sicherheitsniveau der Zukunft ist, auch als Vorsorge gegen die nuklearen Risiken, denen wir aus den uns in Europa umgebenden Anlagen weiterhin ausgesetzt sein werden.

Verstärkt wird die Schwäche der Energieforschung durch die Aufteilung der Verantwortung: Federführend und zuständig für Energieeffizienz ist das Wirtschaftsministerium, die erneuerbaren Energien werden vom Umweltministerium verwaltet, die Biomasse vom Landwirtschaftsministerium betreut und nur für die Kernenergie- und Fusionsforschung sowie die Grundlagenforschung ist das Forschungsministerium noch verantwortlich, das früher die gesamte Energieforschung in seiner Hand hatte. Dadurch werden gerade Elemente, die ganzheitlich betrachtet werden müssen, wie zum Beispiel die Integration erneuerbarer Energien in die Energieversorgung der Haushalte, aus verschiedenen Ressorts betrieben. Die Koordinierung ist so schwach, dass nicht einmal der Versuch gemacht wird, das Forschungsprogramm wenigstens auf dem Papier einheitlich darzustellen: Im 6. Energieforschungsprogramm der Bundesregierung ist die Heftklammer das stärkste Bindeglied zwischen vier separaten Ressortbeiträgen.

6.4 Die Energiewende

Nirgends war die Reaktion auf die Nuklearkatastrophe von Fukushima (Exkurs 3 »Was in Fukushima geschah«) so heftig wie in Deutschland. Die Medienberichterstattung [102] war weitaus intensiver als in unseren Nachbarländern, aber überall stand in mehr als der Hälfte der Berichte Fukushima im Vordergrund gegenüber dem Tsunami, der insgesamt 19 000 Menschen das Leben kostete. Unter dem Eindruck dieser extrem starken öffentlichen Reaktion erließ die Bundesregierung am 15. März 2011 ein Moratorium für die acht älteren Kernkraftwerke und beauftragte die *Reaktorsicherheitskommission* (RSK), das Sicherheitsniveau der Kernkraftwerke im Lichte des Unfalls von Fukushima noch einmal sorgfältig zu untersuchen. Dabei ging es nicht um die Gefahr durch einen Tsunami, der in Deutschland unmöglich ist, sondern generell um das Problem der Verkettung mehrerer Vorgänge, Störfälle oder äußerer Einwirkungen, die in Fukushima das Problem so verschärft hatten. Außerdem wurde eine »Ethik-Kommission« eingesetzt, die technische und ethische Aspekte der Kernenergie prüfen, einen gesellschaftlichen Konsens zum Ausstieg aus der Kernenergie vorbereiten und Vorschläge für den Übergang in das Zeitalter der erneuerbaren Energien erarbeiten sollte.

Merkwürdig ist dabei die handwerklich fragwürdige Form, in der das Moratorium umgesetzt wurde. Denn eine Stilllegungsverfügung setzt voraus, dass akute Sicherheitsgefahren vorliegen, und das war angesichts der eher abstrakten Ableitungen möglicher Gefahren aus dem Unfall in Fukushima für deutsche Reaktoren fraglich. Hatte die rot-grüne Bundesregierung 1998–2000 lange mit den Unternehmen, die Kernkraftwerke betreiben, um einen »Energiekonsens« gerungen, so entschied sich die schwarz-gelbe Regierung 2011 zu einem gewagten hoheitlichen Handeln. Sie wies die zuständigen Landesbehörden an, Stilllegungsverfügungen zu erlassen. Das Einreichen einer Klage gegen die Anordnung durch den Betreiber eines dadurch stillgelegten Kernkraftwerks hätte genügt, um die Anlage sofort weiterbetreiben zu können. Um dies zu verhindern, hätte die Stilllegungsverfügung mit Sofortvollzug ausgestattet werden müssen. Aber für einen solchen Sofortvollzug hätte sich die Problematik der Begründung verschärft gestellt. Die mögliche Blamage für die Bundesregierung blieb aus, weil die Betreiber der betroffenen Kernkraftwerke mit Rücksicht auf die Stimmungslage in Deutschland ihre rechtlichen Möglichkeiten nicht ausschöpften. In einem nachfolgenden Rechtsstreit wurde die Stilllegungsverfügung für das Kernkraftwerk Biblis tatsächlich für rechtswidrig erklärt.[2]

Die beiden Kommissionen kamen zu unterschiedlichen Schlussfolgerungen. Die RSK hat weder einen akuten Handlungsbedarf noch einen systematischen Unterschied zwischen älteren und neueren Anlagen festgestellt. In allen anderen Ländern kam es zu ähnlichen Prüfungen und Ergebnissen, worauf alle Anlagen in Betrieb blieben. Zudem widersprach die RSK indirekt der Aussage der Bundeskanzlerin, das bisher nur als theoretische Größe empfundene Restrisiko sei in Japan Realität geworden. Sie stellte fest, dass es sich in Fukushima um einen Auslegungsfehler handelt. Es sei keine ausreichende Vorsorge gegen mehr als 10 m hohe Tsunamis getroffen worden, obwohl dies bei einer Häufigkeit von mehr als einmal in 1000 Jahren an diesem Standort nach internationalen Standards erforderlich gewesen wäre. Ein Tsunami dieser Größe gehörte an diesem Standort also nicht in den Bereich des Restrisikos, sondern hätte in der Konstruktion der Anlage berücksichtigt werden müssen.

Die Ethik-Kommission lieferte dann die Begründung für die »Energiewende«: Da der Ausstieg aus einer so risikobehafteten Technologie jetzt möglich sei, sei er auch ethisch geboten. Allerdings räumte die Kommission ein, dass in dieser Frage auch andere Bewertungen möglich seien, und vermied damit eine Beleidigung aller Länder, die an der Kernenergie festhielten, nicht zuletzt unserer französischen Nachbarn, welche die intensiv genutzte Kernkraft in einem merkwürdigen Kontrast zu den Deutschen mit großer Mehrheit unterstützen. Was die Ethik-Kommission im Eifer übersah, war, dass es längst nicht mehr um eine Grundsatzentscheidung ging. Denn der Kernenergieausstieg war unausweichlich, seit die Energiewirtschaft ab 1982 auf den Bau neuer Kernkraftwerke verzichtete und, spätestens, seit sie 1999 das Neubauverbot in Deutschland widerspruchslos akzeptierte. Seitdem war es nur noch eine Frage des Datums, wann das letzte Kernkraftwerk abgeschaltet werden würde. Auch der Weg in die erneuerbaren Energien lief bereits seit 2000 mit dem EEG auf Hochtouren. Welche Entscheidung ethischer Dimension war im Jahr 2011 noch zu treffen?

---

2) www.echo-online.de/nachrichten/landespolitik/biblis120112.
/RWE-mit-Klage-erfolgreich-Stilllegung-war-rechtswidrig;art175,3711212,
(26.02.2013).

Am 30. Juni 2011 verabschiedete der Deutsche Bundestag mit sehr großer Mehrheit die von der Bundesregierung vorgelegten Änderungen zum *Atomgesetz*, nach dem die acht durch das Moratorium stillgelegten Reaktoren auf Dauer abgeschaltet bleiben und die jüngeren Reaktoren nach und nach bis 2022 außer Betrieb genommen werden. Erstmals nach 40 Jahren waren sich alle im Bundestag vertretenen Parteien, von Nuancen abgesehen, in der Frage der Kernenergie wieder einig. Gegen dieses Gesetz haben die Unternehmen, die Kernkraftwerke betreiben,[3] Klage vor dem Bundesverfassungsgericht eingereicht, da das Gesetz nach dem Votum der RSK nicht begründet gewesen sei. Wenn das Gericht ihre Auffassung teilt, dass das Gesetz einen enteignungsgleichen Eingriff darstellt, können die betroffenen Unternehmen Schadenersatz geltend machen.

Mit der Rücknahme der Laufzeitverlängerung wurde die mit ihr verbundene Kernbrennstoffsteuer[4] keineswegs abgeschafft. Allerdings hat auch hier ein Gericht die Steuer als nicht verfassungsgemäß eingestuft und das Bundesverfassungsgericht angerufen. Die Steuer auf die reduzierte Kernkraftwerksflotte bedeutet anfangs eine Einnahme von jährlich 1,5 Mrd. € für den Bundeshaushalt. Die Folge ist eine Kostensteigerung des nuklear erzeugten Stroms, die dazu geführt hat, dass in der Merit Order (Abschnitt 5.1.2) die klimaneutrale Kernenergie von der besonders klimaschädlichen Braunkohle in der Grundlast verdrängt wurde. Im Interesse einer rechtlich ungesicherten Einnahme von 1,5 Mrd. €, die in den nächsten Jahren mit dem Abschalten weiterer Kernkraftwerke schrumpfen wird, leistet die Bundesregierung damit dem Klimaschutz einen Bärendienst, während die Stromkunden dafür ab 2013 über 20 Mrd. € allein über das EEG zahlen müssen.

Außer dem unmittelbar betroffenen Japan, wo alle Kernkraftwerke, von Ausnahmen abgesehen, abgeschaltet blieben, folgte kein anderes Land der Welt, das Kernkraftwerke betreibt, dem deutschen Beispiel. In allen Ländern durften alle Kernkraftwerke nach einer Sicherheitsüberprüfung weiterlaufen, fast alle Regierungen erklärten, dass sie die Nutzung der Kernkraft fortsetzen werden; Ausnahmen davon bildeten Belgien und die Schweiz, deren Regierungen einen langfristigen Ausstieg aus der Kernenergie ankündigten, zunächst auch Japan,

---

3) Mit Ausnahme der EnBW, die sich überwiegend in öffentlichem Besitz befindet.
4) http://de.wikipedia.org/wiki/Kernbrennstoffsteuer, (04.09.2013).

wo aber nach einem Regierungswechsel die Nutzung der Kernen fortgesetzt werden soll.

Der deutsche Ausstieg aus der Kernenergie ist nur ein Aus aus der Produktion von nuklearem Strom. Nutzen werden wir Kernenergiestrom auch in Zukunft, weil er infolge des Grundlastbetriebes der Kernkraftwerke im europäischen Netz immer vertreten und Strom im europäischen Binnenmarkt ein frei handelbares Produkt ist. Niemand könnte einen Import aus Frankreich verbieten, wo mehr als 78 % des Stroms aus Kernenergie erzeugt werden. Wir sind auch nicht vor den Risiken der Kernenergie gefeit: In Mitteleuropa arbeiten zahlreiche Reaktoren, nicht alle mit einem so hohen Sicherheitsstandard wie die in Deutschland abgeschalteten; bei einem schweren Unfall könnte auch Deutschland mitbetroffen sein.

Was war der Grund für diese Wende in Deutschland? Hat hier die Bundesregierung tatsächlich »panisch«, wie es in der Presse häufig genannt wurde, auf die schwindende Akzeptanz ihrer Energiepolitik reagiert? Oder wurde hier die Gelegenheit ergriffen, den einzigen unüberwindlichen Störfaktor für eine eventuelle künftige Koalition zwischen CDU und Grünen zu beseitigen?

Im Schatten der erneut alles überlagernden Kernenergiedebatte ist bald darauf ein weiterer Eckstein des Energiekonzepts abhanden gekommen: Der Bau einer geplanten Pilotanlage für die CCS-Technologie, die eine nahezu klimaneutrale Nutzung von Stein- und Braunkohle ermöglichen könnte, wurde wegen mangelnder politischer Unterstützung aufgegeben.

Damit sind die beiden Technologien, die nach dem Energiekonzept bis 2050 einen klimaneutralen Sockelbeitrag aus konventionellen Kraftwerken liefern sollten, in der ersten Halbzeit die Kernkraftwerke, in der zweiten Halbzeit CCS-Kohlekraftwerke, nicht mehr verfügbar. Die Aufgabe des Übergangs in eine klimaneutrale Energieversorgung Deutschlands ist schwieriger geworden. Viele der im Gutachten der wirtschaftswissenschaftlichen Institute getroffenen Annahmen und gestellten Bedingungen sind damit nicht mehr voll erfüllt und die Frage, ob die ehrgeizigen langfristigen Ziele einer klimaneutralen Energiepolitik bis 2050 noch erreichbar sind, ist offen.

6.5 Chancen und Risiken der Energiewende

Worin besteht eigentlich diese »Energiewende«? Wenn man es genau nimmt, wurde im Juni 2011 lediglich die neun Monate zuvor gewährte Laufzeitverlängerung der Kernkraftwerke zurückgenommen und der vorherige Zustand wiederhergestellt. Warum wurde diese Entscheidung so aufgewertet, mit dem an die Wiedervereinigung anknüpfenden Begriff »Wende« aufgeladen und eine Ethik-Kommission für die Rechtfertigung bemüht? War es die Sorge vor den Folgen? Der Kunstgriff des Energiekonzepts hatte darin bestanden, die fernen Ziele bis zum Jahr 2050 zu beschwören, für die keine heutige Regierung wirklich einstehen muss. Für die nächsten Jahre einer weiter angestrebten Regierungsverantwortung aber dienten die Laufzeitverlängerung der Kernkraftwerke und die CCS-Technik als Netz, das den Drahtseilakt des Aufbruchs in die Welt der erneuerbaren Energien hinsichtlich Kosten und Netzstabilität absichern sollte.

Gegenüber dem langfristig angelegten Energiekonzept hat die Energiewende ein politisches Verfallsdatum in absehbarer Zeit. Wenn es rechtzeitig vor 2022, bevor die letzten Kernkraftwerke vom Netz genommen werden sollen, nicht gelungen sein sollte, deren Leistung durch Stromtransporte aus im Norden gewonnener Windenergie zu ersetzen, dann dürfte die Energiewende als politisch gescheitert gelten. Zwar muss die Energieversorgung Deutschlands überall in der Lage sein, ohne Windenergie auszukommen, weil sie sonst Flauten nicht überstehen würde, doch wäre die so groß angekündigte Wende mit einem Ersatz der Kernkraftwerke durch fossil befeuerte Anlagen verfehlt, erst recht, wenn es sogar notwendig würde, das Abschalten der letzten Kernkraftwerke wieder um einige Jahre aufzuschieben.

Die Energiewende kann aber auch schon früher in Schwierigkeiten geraten, die von zwei Faktoren ausgehen können: der Kostenentwicklung und der Netzstabilität. Denn das Zusammentreffen von weiter steigenden Strompreisen mit Zusammenbrüchen des Netzes könnte die jetzt noch so einmütige Akzeptanz der erneuerbaren Energien gefährden. Bereits im Oktober 2012 ergab eine *Umfrage zur Strompreisentwicklung* Deutschlands größter Boulevardzeitung, an der sich über 118 000 Personen beteiligten, dass sich 65 % der Deutschen die Kernkraft zurückwünschten. Das darf man nicht überschätzen, denn seit Jahren belegen *Umfragen zu erneuerbaren Energien*, allerdings meist von Interessengruppen lanciert, eine hohe Wertschätzung der erneuerbaren Energien, die über 90 % für wichtig erklären. Soviel Zustimmung zu einer Technologie ist selten von langer Dauer, da sie meist auf unzureichenden Kenntnissen beruht. Wenn mehr Probleme sichtbar werden, wenn auch der Einzelne in seinem Verhalten Einschränkungen beim Stromverbrauch hinnehmen muss, wenn die Presse weiter in regelmäßigen Abständen die steigenden Kosten der Energiewende anprangert, dann kann auch die Zustimmung zu den erneuerbaren Energien rasch bröckeln.

Die drängendste Aufgabe der Energiepolitik ist zunächst der Ausbau des Stromnetzes, denn der Beitrag der erneuerbaren Energien schreitet, angetrieben vom EEG, immer weiter voran. War im Jahr 2003 nur an zwei Tagen ein Regeleingriff in das Netz, also das manuelle Zu- oder Abschalten eines Kraftwerkes, erforderlich, so musste im Jahr 2010 an 306 Tagen insgesamt 990-mal in das Netz eingegriffen werden, aus der Ausnahme ist also Normalität geworden [103]. An einigen Tagen im Februar 2012 war die Situation nach Aussagen von Netzbetreibern kritisch.

Immerhin hat die Dramatisierung der Energiewende es jetzt erlaubt, erste Konsequenzen des Wegs in die erneuerbaren Energiequellen umzusetzen. Da bisher der Ausbau des Netzes wegen der langen Planungszeiträume und wegen des häufigen regionalen Widerstands mit den Anforderungen nicht Schritt gehalten hat, hat die Bundesregierung 2012 ein *Netzausbaubeschleunigungsgesetz* auf den Weg gebracht. Mit ihm soll »die Grundlage für einen rechtssicheren, transparenten, effizienten und umweltverträglichen Ausbau des Übertragungsnetzes sowie dessen Ertüchtigung« gelegt und der Ausbauplan der *Bundesnetzagentur* zügig verwirklicht werden. Der Netzausbauplan sieht zunächst ein »Startnetz« mit Wechselstrom-Hochspannungsleitungen vor, das das bestehende Netz an strategisch wichtigen Punkten verstärken und robuster machen soll. Das Investitionsvolumen dafür beträgt 5 Mrd. €. Für den weiteren Ausbau des Netzes ist vor allem die Aufgabe maßgeblich, die Windenergieeinspeisung aus Off-Shore-Anlagen in Nord- und Ostsee und On-Shore-Anlagen an den Küsten in die Lastzentren nach Süden zu transferieren. Dazu wird es erforderlich sein, auf etwa 4500 km bestehenden Hochspannungstrassen zu etwa 60 % Neubauten zu errichten, zu etwa 30 % neue Leitungen zu verlegen und zu etwa 10 % eine Umstellung auf *Hochspannungs-Gleichstrom-Übertragung* (HGÜ)

(Abschnitt 1.2.3) vorzunehmen. Zusätzlich zum »Startnetz« von insgesamt 700 km wird eine Ausbau von etwa 1000 km Wechselstromleitungen und ein Neubau von 2000–3000 km Gleichstromleitungen erforderlich. In diesen Zahlen verbergen sich drei geplante »Stromautobahnen«, auf denen mit Hilfe der HGÜ bis zu 10 GW aus Wind erzeugten elektrischen Stroms von Norden nach Süden transportiert werden sollen. Bei windarmen und sonnenreichen Wetterlagen können diese neuen Trassen auch Strom von Süden nach Norden liefern, aber dabei handelt es sich um geringere Leistungen. Die Gesamtkosten dieses Netzausbaus bis 2022, wenn das letzte Kernkraftwerk vom Netz geht, werden auf 18–27 Mrd. € geschätzt. Vom Erfolg dieser jetzt eingeleiteten Maßnahmen hängt die Zukunft der Energiewende entscheidend ab.

Das Stromnetz muss in möglichst naher Zukunft auch durch Energiespeicher und Reservekapazitäten verstärkt werden. Kurzfristig kommt für die Realisierung von Stromspeichern nur der Bau von Pumpspeicherwerken in Frage (Abschnitt 5.3.1), aber das Potenzial dafür ist begrenzt, und die wenigen konkret verfolgten Projekte treffen auf lokalen Widerstand. Ohnehin könnten Pumpspeicherwerke nur zur Deckung kurzzeitiger Lastspitzen dienen, an eine ausreichende Kapazität zur Überbrückung langfristiger Windflauten ist nicht zu denken. Deshalb kommt dem Bau und der Bereithaltung einer ausreichenden Reservekapazität aus Gas- und Kohlekraftwerken sehr große Bedeutung zu. Schon unmittelbar nach der Energiewende zeigte sich jedoch, dass der erwartete Zubau von Gaskraftwerken von der Energiewirtschaft nicht in Angriff genommen wurde. Ausschlaggebend dafür ist, dass die Dynamik des Ausbaues der erneuerbaren Energien mit ihrem Vorrang bei der Stromeinspeisung es unmöglich macht, die Wirtschaftlichkeit einer solchen Investition zu kalkulieren. Versorgungssicherheit sei wichtig, hörte man aus der Energiewirtschaft, werde aber nicht vergütet. Auch dies soll nun anders werden: Die Bundesnetzagentur will jetzt die sogenannte »*Kaltreserve*« von fossilen Kraftwerken zum Ausgleich angespannter Netzsituationen, wie sie im Winter 2011/2012 mehrfach auftraten, erweitern. Auch diese Kaltreserve wird durch Umlage auf den Strompreis finanziert.

Wie hat sich der europäische Stromhandel entwickelt, der nach dem Energiekonzept ja in Zukunft bis zu 31 % unseres Strombedarfs decken soll? Wie Abb. 6.12 zeigt, ist der bisherige Exportüberschuss nach dem Abschalten der acht älteren Kernkraftwerke noch erhalten

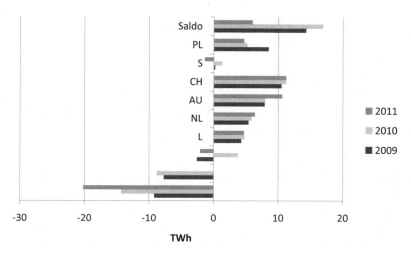

Abb. 6.12 Deutsche Stromimporte (links) und -exporte (rechts) 2009–2011 in TWh.

geblieben, aber geringer geworden. Ökonomisch ist Deutschland dabei bereits zum Importland geworden, denn die früher finanziell positive Stromhandelsbilanz ist 2011 negativ geworden, weil Deutschland mehr teuren Spitzenstrom einkaufen musste. Die Graphik zeigt auch, dass das bisherige Handelsvolumen nur ein Zehntel der im Energiekonzept eingeplanten Importe umfasst.

In ihrem ersten »Monitoring-Prozess Energie der Zukunft« [104] zeichnet die Bundesregierung ein positives Bild der Umsetzung der Energiewende, und die »Unabhängige Experten-Kommission« widerspricht ihr dabei in ihrer Stellungnahme zum ersten Monitoring-Bericht [105] zwar nur in wenigen, für den Erfolg der Energiewende allerdings entscheidenden Punkten:

- Ohne weitergehende zusätzliche Maßnahmen würden die Effizienzziele der Energiewende nicht erreicht.
- Die Fördermittel für die energetische Gebäudesanierung erschienen im Hinblick auf die angestrebten Ziele im Gebäudebereich nicht ausreichend.
- Der Ausbau der Windenergie off-shore bliebe hinter den Erwartungen zurück.

6.6 Gibt es neue Perspektiven für Deutschlands Energiezukunft?

Zwei Entscheidungen, die Deutschlands Energiezukunft prägen, sind für lange Zeit unveränderbar: Der Ausstieg aus der Kernenergie und der Vorrang für die erneuerbaren Energien sind Fakten, über die zu streiten sinnlos wäre. Aber diese beiden Säulen der künftigen deutschen Energiepolitik sind sehr unterschiedlich. Beim Ausstieg aus der Kernenergie sind die entscheidenden Daten fixiert; hier sind zwar noch wichtige Hausaufgaben zu machen, aber energiepolitische Spielräume gibt es nicht mehr. Ganz anders ist es beim Aufbruch in das Zeitalter der erneuerbaren Energien, denn wir erkunden neue Wege, von denen wir nicht wissen, wie weit sie tragen werden. Hier müssen wir uns die Gestaltungsspielräume bewusst machen und intelligent nutzen.

Eröffnet haben sich diese Spielräume durch das kaum noch abwendbare Scheitern der internationalen Klimapolitik. Deutschland oder auch die gesamte Europäische Union können die ausbleibende Einigung der großen und der wirtschaftlich rasch wachsenden Staaten nicht ersetzen. Selbst wenn sie ihren Volkswirtschaften die dafür erforderlichen Kosten aufbürden wollten, würde die Globalisierung einen Strich durch ihre Rechnung machen. Denn die dann in Europa unwirtschaftlichen Prozesse würden in andere Länder verlagert und dort, wahrscheinlich noch verstärkt durch ein niedrigeres Anforderungsniveau weiter zum Klimaproblem beitragen. Deutschland oder die EU können durchaus in ihren Klimaschutzzielen führend bleiben, doch ein zu großer Abstand vor dem Rest der Welt wäre so sinnlos wie der Versuch der drei kleinen Schweinchen, sich hinter der Tür vor dem bösen Wolf zu schützen, der bereits das übrige Haus weggeblasen hat. Wenn es das Ziel der deutschen Energiewende ist, die Klimaerwärmung auf 2 °C zu begrenzen, dann ist es doppelt unrealistisch: Erstens ist das Ziel durch die Erfolglosigkeit der Klimakonferenzen verpasst worden, und zweitens ist Deutschland zu klein, um die Entwicklung des Weltklimas beeinflussen zu können.

Wichtig wäre ein größeres Engagement bei der Ermittlung und Bewältigung der regional unterschiedlichen Auswirkungen der Klimaveränderung, sowohl in Europa wie in besonders schwer betroffenen Regionen der Welt. In der Emanzipation von einem inzwischen utopischen Klimaschutzziel liegt aber auch eine große Chance für die

Energiewende. Man kann sie jetzt, ohne die fernen Ziele zu verraten, zu einer ausgewogeneren und zukunftsweisenderen Energiepolitik umwandeln, um dann, wenn die Welt endlich reif ist für die Einführung einer klimaneutralen Energietechnik, mit moderneren Konzepten bessere Lösungen als heute offerieren zu können. Es gibt viele Ansatzpunkte dafür:

- Deutschland sieht sich mit der Energiewende als Vorreiter einer international gewünschten, aber (noch?) nicht zu erwartenden Entwicklung. Wenn man diese Rolle wirklich spielen will, dann ist das EEG der falsche Weg. Das EEG war dazu gedacht, möglichst schnell einen ansehnlichen Prozentsatz der erneuerbaren Energien an der Stromerzeugung in Deutschland zu erzielen; das hat es auch erreicht. Aber dazu wurde die gewaltsame Markteinführung noch nicht ausgereifter Technologien in Kauf genommen. Eine nachahmenswerte Demonstration der technologischen und wirtschaftlichen Leistungsfähigkeit erneuerbarer Energien konnte das EEG nicht hervorbringen. Wenn es uns gelänge, die technisch-wirtschaftliche Leistungsfähigkeit der erneuerbarer Energien so zu steigern, dass sie tatsächlich ohne Krücken konkurrenzfähig zu den fossilen Energieträgern würden, dann könnten wir die Welt verändern und dem Klimaschutz eine neue Chance geben. Für ein solches Forschungsprogramm würden 10 % der Mittel ausreichen, die für das EEG aufgewendet werden.

- Das EEG, das als Motor für den Ausbau der erneuerbaren Energien diente, droht nicht nur wegen der ungebremsten Kosten zum Stolperstein der Energiewende zu werden. Immer mehr zeigen sich die Schwächen eines Gesetzes, das im Gegensatz zu den Prinzipien der Marktwirtschaft Detailregelungen festlegt statt Ziele vorzugeben. So fordert die Energiewirtschaft eine Reform des EEG, in deren Zentrum neue Steuerungselemente, die Herstellung von Markt- und Wettbewerbsfähigkeit, die Systemintegration und die Begrenzung der Kosten stehen sollte,[5] also eine Änderung des Gesetzes in allen wesentlichen Punkten. Deutschlands Vorreiterrolle für den Wandel zu den erneuerbaren Energien wird auch abgese-

5) www.bdew.de/internet.nsf/id/
20120206-pi-starkes-gefaelle-bei-eeg-zahlungsstroemen-bestaetigt-sich-de,
(15.02.2013).

hen von den Problemen des EEG fraglich, weil viele Länder der Welt diesen Weg nur noch halbherzig gehen, seit die neuen Fördermethoden ihnen kostengünstige heimische Ressourcen an Öl und vor allem Gas bescheren. Dadurch zeichnet sich nur zwei Jahre nach der »Energiewende« international eine Verlängerung des Zeitalters der fossilen Energien ab, der eine energiesche Klimaschutzpolitik immer unwahrscheinlicher macht.

- Die Energiewende wird, wenn sie so weiter betrieben wird wie bisher, sehr teuer. Allein die Kosten des EEG, die bereits bis einschließlich 2013 auf 428 Mrd. € geklettert sind (Abschnitt 5.1.3), werden selbst bei moderater Fortsetzung in wenigen Jahren eine halbe Billion Euro übersteigen. Diese Kosten werden nicht, wie gelegentlich behauptet, durch den »Merit Order-Effekt« (Abschnitt 5.1.3) vermindert. Zwar sinkt der Strompreis, wenn sich in der Merit Order die ohne Kosten berechneten erneuerbaren Energien vor alle anderen schieben, aber damit sinkt auch die Einspeisevergütung, so dass die EEG-Umlage entsprechend weiter ansteigt. Andere Einsparmöglichkeiten sind begrenzt, weil die Vergütung jeweils für 21 Jahre festgeschrieben ist. Nur über die verstärkte Eigennutzung des Stroms aus Photovoltaikanlagen wäre eine gewisse Kostenentlastung zu erreichen. Eine stärkere Einbeziehung der energieintensiven Industrie könnte die anderen Stromkunden entlasten, wäre aber ein volkswirtschaftlich riskanter Schritt. Schließt man die zahlreichen anderen Folgen der Energiewende ein, den Netzausbau, den Bau von Energiespeichern und Ersatzkraftwerken, die Steigerung der Energieeffizienz, vor allem die Sanierung des Gebäudebestandes und viele weitere, so sind die Gesamtkosten der Energiewende mit rund einer Billion Euro sicher nicht überschätzt. Es wird in Zukunft deshalb darauf ankommen, kostenbewusster zu handeln und nur sehr effektive Maßnahmen zu unterstützen.
- Mit den erneuerbaren Energien, vor allem mit Sonnenenergie und Biomasse begeben wir uns auch in eine Welt, die unserer bisherigen Technik fremd ist. Niedrige Energiedichten und schwache Wirkungsgrade erfordern oft andere Antworten, als wir sie mit unserer hochgezüchteten Technik geben können. Die Tatsache, dass der gewaltige Fortschritt der Halbleitertechnik der letzten 40 Jahre an der Photovoltaik nahezu spurlos vorbeigegangen ist, zeigt, dass wir für diese Naturprozesse andere Lösungen suchen müssen. Bio-

logie und Nanotechnologie könnten im Verbund heute die Chance bieten, die Nutzung des Sonnenlichts mit preiswerten biotechnologischen Materialien wirtschaftlicher zu realisieren.
- Der Reifegrad der erneuerbaren Energien ist durchaus unterschiedlich; für alle außer der Windenergie kam die massive Markteinführung durch das EEG technologisch gesehen eigentlich zu früh. Biomasse und Geothermie sollten für etliche Jahre zurück ins Labor geschickt werden. Erst mit den Verfahren der zweiten Generation kann aus Biomasse sinnvoll und klimaneutral Energie gewonnen werden. Und die Geothermie kämpft noch mit zu vielen offenen Fragen (des Wärmeübergangs, des Kühlmittels und der seismischen Folgen).
- Nicht alles, was an den erneuerbaren Energien aktuell Probleme bereitet, muss auch auf Dauer ein Nachteil sein. Die Sonnenstrahlung erreicht uns mit niedriger Energiedichte, die je nach Tages- und Jahresgang der Sonne und je nach dem Wetter nur eingeschränkt zur Verfügung steht. Dass die Sonne aber, wenn sie scheint, überall scheint, ist nur dann ein Nachteil, wenn man die Solardächer als Teil eines großen virtuellen Solarkraftwerks betrachtet oder Freilandanlagen errichtet, den solar erzeugten Strom also über das Stromnetz einsammeln muss. Da die Verteilung elektrischer Energie fast so viel kostet wie die Erzeugung des Stroms in Kraftwerken, ist das eigentlich wenig sinnvoll. Denn die Sonnenenergie ist ja bereits verteilt, eine dezentrale Nutzung würde das Netz entlasten und einen wichtigen Vorteil der Solarenergie zur Geltung bringen. Sollte die Sonnenenergie nicht besser dezentral zur Deckung des Eigenbedarfs genutzt werden und sollten Überschussmengen nicht durch Batterien oder Warmwasserspeicher dezentral verfügbar bleiben?
- Der Bau solarer Kraftwerke könnte eigentlich aufgeschoben werden, bis es zu einer breiten internationalen Klimaschutzpolitik kommt. Aber ehe man weiter Freilandanlagen in Deutschland errichtet, könnte man Solarkraftwerke am südlichen Rand der Europäischen Union errichten und betreiben, was dort zu halben Kosten pro Kilowattstunde möglich wäre. Griechenland, Italien und Spanien, die Sorgenkinder der Schuldenkrise könnten auf diese Weise zusätzliche Einnahmen erzielen. Innerhalb der EU wäre die Abhängigkeit von Importen aus diesen Anlagen kaum proble-

matisch, anders als bei einem Bezug des Stroms aus Ländern des Nahen Ostens.
- Die Fokussierung auf die erneuerbaren Energien hat zu einer technikzentrierten Energiepolitik geführt. Wäre es nicht besser, wieder zu einer Problemorientierung zurückzufinden? Am Beispiel eines Ein- oder Mehrfamilienhauses: Die Aufgabe heißt nicht, möglichst viele Solarpanels auf dem Dach zu montieren, sondern den Bedarf an Strom, Raumwärme und Warmwasser so weit wie möglich zu reduzieren und dann so effizient wie möglich zu decken. Dazu gibt es viele Möglichkeiten, zu denen passive Elemente wie Wärmedämmung oder eine intelligente Gestaltung der Fensterflächen, die im Winter viel und im Sommer wenig Sonnenstrahlung hereinlassen, ebenso gehören können, wie aktive Systeme, Wärmepumpen für die Raumwärme, solare Warmwasserbereitung, Photovoltaik, Speicher für warmes Wasser und für Strom. Erst durch bedarfsgerechte Abstimmung und Dimensionierung solcher Komponenten entstehen wirtschaftlich tragbare und tatsächlich nachhaltige Lösungen.
- Der Ersatz von Erdölprodukten im Individualverkehr durch Strom könnte wirksamer als mit einer Flotte von Kurzstrecken-PKWs durch LKW-Verkehr auf dem Schienensystem gelingen, wenn sich die Bahn von ihrem 150 Jahre alten Sicherheitssystem trennen und zu modernen Lösungen übergehen würde – ein schönes Beispiel dafür, dass für Innovationen nicht immer neue Technologien, aber stets neue Denkansätze erforderlich sind (Exkurs 5: Elektro-Lastkraftwagen auf dem Schienennetz: ein Vorschlag).
- In einer zukunftweisenden Energiepolitik sollte die Förderung der Forschung, der Markteinführung neuer Technologien und der Steigerung der Energieeffizienz in einem ausgewogenen Verhältnis stehen. Aber 2012 wurden in Deutschland etwa 700 Mio. € für die Forschung, 1,5 Mrd. € für die Steigerung der Energieeffizienz und über 20 Mrd. € für die Markteinführung erneuerbarer Energien in der Stromerzeugung ausgegeben. Sind das sinnvolle Relationen?
- Die Energieforschung sollte wieder höchste Priorität erhalten und in einem Ressort zusammengeführt werden, damit die inneren Bezüge der Themen zur Geltung kommen, nicht nur einzelne neue Technologien entstehen, sondern problemorientierte Systemlösungen gefunden werden können und eine vernünftige Prioritätensetzung nach sachlichen Kriterien erfolgen kann. Energie-

forschung ist keine besondere wissenschaftliche Disziplin; vielmehr kann an einer Technischen Hochschule jeder Lehrstuhl zur Energieforschung beitragen, einschließlich der Wirtschafts- und Sozialwissenschaften und mancher Geisteswissenschaften. Energieforschung sollte deshalb Teil der Forschungspolitik sein. Mit einer Großforschungsoffensive für erneuerbare Energien könnte Deutschland den Weg für einen weltweiten Übergang zu einer klima- und ressourcenschonenden Energieversorgung ebnen.

Man könnte diese Wunschliste noch lange fortsetzen. Letztlich geht es darum, den Aufbruch in die Zeit der erneuerbaren Energien von seinen Kinderkrankheiten zu befreien und zu einem ausgereiften politischen und technologischen Ansatz weiterzuentwickeln. Dazu müssen wir lediglich zu den Grundsätzen zurückkehren, welche die erfolgreiche Entwicklung der Bundesrepublik Deutschland seit ihrer Gründung gefördert haben und die im Überschwang der Begeisterung für die erneuerbaren Energien und die Energiewende außer Kraft gesetzt wurden: marktwirtschaftliche Selbststeuerung der Wirtschaft, ausgewogene Ziele – im Energiebereich heißen sie Versorgungssicherheit, Wirtschaftlichkeit, Umwelt- und Klimaschutz –, besonnene Entscheidungen und technologische Spitzenstellung in der Welt dank intensiver Forschung.

Kann man mit diesen Instrumenten sicherstellen, dass der deutsche Energiebedarf bei den Primärenergien überwiegend und bei der Stromerzeugung fast ausschließlich von erneuerbaren Energien gedeckt werden wird? Nein, das geht grundsätzlich nicht – und das ist auch gut so. Wer sich derartige Festlegungen wünscht, überzeugt davon, nun den einzig richtigen Weg in die Energiezukunft gefunden zu haben, möge sich bewusst machen, was bei einer Festschreibung der Energiepolitik des ersten Energieprogramms geschehen wäre, von deren Richtigkeit man damals genauso überzeugt war. Wir hätten heute eine überwiegend von Kernkraftwerken mit insgesamt 50 GWe getragene, nahezu klimaneutrale Stromversorgung. Eine Energiewende im Stromsektor wäre zum Schutz des Klimas nicht notwendig und ein Ausstieg aus der unbeliebten Technik sehr viel schwieriger.

Vor 40 Jahren sahen nur wenige Experten die Gefahr einer Veränderung des Weltklimas durch die Freisetzung von Treibstoffgasen aus fossilen Energiequellen. Auch in den kommenden Jahrzehnten wird die Menschheit dazulernen. Die Vorhersagen über die Klimaentwicklung können anhand der eintretenden Entwicklung überprüft und mit verfeinerten Modellen bei größerer Rechenleistung der Computer weiterentwickelt werden. Mit einem neuen Aufbruch in die Energieforschung kann man vielleicht den Erfindungsreichtum der Menschen, der sich in den letzten 40 Jahren so stark auf die Informations- und Kommunikationstechnologien konzentriert hat, wieder für die so dringend notwendigen Neuerungen in der Energietechnik anregen. Wer glaubt, dass wir heute bessere Antworten haben als vor 40 Jahren, hat Grund zu der Hoffnung, dass es in den kommenden Jahrzehnten noch bessere Antworten und neue Denkansätze geben wird.

7
Epilog

Deutschlands Energie-Vergangenheit war von vielen Wandeln geprägt, sowohl von geplanten wie auch von gänzlich unerwarteten. Bis vor 50 Jahren war die Kohle das Fundament des Wohlstands, den die Industrialisierung ermöglicht hatte. Überrascht stellten die Deutschen vor 40 Jahren während der ersten Energiekrise fest, wie stark sie in die Abhängigkeit von Rohölimporten geraten waren. Der als Antwort auf dieses Problem gedachte Ausbau der gerade anwendungsreif gewordenen Kernenergie wurde schon 10 Jahre später wieder beendet. Gleichzeitig kam mit dem Erdgas eine neue Säule der Energieversorgung hinzu. Zu dieser Zeit, vor dreißig Jahren also, sorgten aber auch ein Strukturwandel der Wirtschaft und neue effizientere Energietechnologien für eine Entkoppelung von Wirtschaftswachstum und Energieverbrauch, dessen stetige Zunahme damit abgeschlossen war. Vor zwanzig Jahren begann die Sorge um eine Veränderung des Weltklimas durch den Einsatz der fossilen Energiequellen, aber es gelang bisher nicht, die Welt zu einer Umkehr in der Energiepolitik zu bewegen. Im Inneren verhinderten die immensen Herausforderungen der Wiedervereinigung, aber auch die heftige und unversöhnlich geführte Kontroverse um die Kernenergie den Aufbruch zu neuen Ufern einer zukunftsfähigen Energieversorgung, der dann jedoch vor 10 Jahren mit dem Ausbau der erneuerbaren Energien und der Abkehr von der Kernenergie begann. In diesen Jahren besteht nach der »Energiewende« wieder ein breiter politischer Konsens über die künftige Energiepolitik. Aber schon bald nach Erreichen der ersten Etappe treffen wir auf dem Weg in die Zeit der erneuerbaren Energien auf die ersten Hindernisse in Form ausufernder Kosten und den Widerstand von Bürgern gegen den Bau neuer Stromtrassen von Norden nach Süden sowie gegen die Beeinträchtigung der Umwelt durch immer mehr und immer größere Windräder oder große Stauseen zur Speicherung elektrischer Energie. Ruft man sich diese Entwicklung und die jahrzehntelangen Erfahrungen der Vergangenheit vor Augen, so erscheint es nicht sehr wahrscheinlich, dass Deutschlands Energiezukunft sich wirklich so entwickeln wird, wie sie im Energiekonzept und mit der Energiewende geplant wurde. Da fast keine Form der menschlichen Tätigkeit ohne Energie auskommt, werden alle Veränderungen unserer Lebensweise immer auch neue Anforderungen an den Energiesektor stellen. Neue Erkenntnisse werden hinzukommen, die Auswirkungen auf unser Energiesystem haben können; insbesondere werden wir erfahren, ob die Vorhersagen, dass eine Erwärmung des Erdklimas um 2 °C schon bei der bereits erreichten Konzentration der Treibhausgase unvermeidbar sei, tatsächlich zutreffen. Das Kaleidoskop der Möglichkeiten, auf neue Probleme wieder neue Antworten zu finden, und der Konsequenzen, die mit diesen Antworten verbunden wären, ist in diesem Buch an uns vorbeigezogen. Wichtig wäre es, die künftigen Handlungsmöglichkeiten durch Innovationen in der Gewinnung und Nutzung von Energie zu erweitern – und deshalb wäre es sinnvoll, einen Teil des hohen finanziellen Aufwandes für die »Energiewende« nicht als Subventionen zu verbrauchen, sondern in neue Ansätze der Energieforschung zu investieren.

Ist die intensive Nutzung externer Energiequellen durch die Menschheit nun Segen oder Fluch? Die Sorge um eine gefährliche Klimaveränderung könnte dazu verführen, die schädlichen Wirkungen des Energieeinsatzes höher zu gewichten als die positiven. Aber es genügt, sich vor Augen zu rufen, wie schwierig und hart die Lebensbedingungen für die Menschen waren, als sie noch über wenig Energie verfügten, wie arm die Menschen waren und in manchen Teilen der Welt leider heute noch sind, wenn sie nur auf die von ihrem Körper zu erbringende Arbeitskraft angewiesen sind, welche sozialen Probleme und Spannungen aus den so entstandenen Klassenunterschieden resultierten, welche Folgen ein Energiemangel für die sieben Milliarden Menschen auf der Erde hätte, wie sehr unsere Arbeit und unsere Mobilität, unsere Kultur und Zivilisation auf ein umfassendes Angebot unterschiedlicher Energien angewiesen sind, um zu erkennen, wie elementar wichtig Energie für uns geworden ist. Aber es ist eine Daueraufgabe, den Fluch der Energienutzung so gering wie möglich zu halten und ihren Segen zu mehren. Dass dies in der Vergangenheit immer wieder gelungen ist, belegt die positive Entwicklung der Menschheit, seit sie sich vor rund einer Million Jahren mit dem Feuer verbündete.

Bildquellenverzeichnis

0.0	Turner: The Fighting Temeraire	Nat. Gallery, London
1.1	Höhlenmalerei in Altamira	Ramessos, wc
1.2	Römisches Mauerwerk	Autor
1.3	Treidler-Denkmal bei Eberbach	Xocolatl, wc
1.4	Holland-Windmühle	HFW
1.5	Wassermühle bei Lüneburg	Olaf Oliviero Riemer, wc
1.6	Mühlengalerie in Ostia	Autor
1.7	Dampfmaschine von 1815	Deutsches Museum, wc
1.8	Lokomotive	Torsten Bätke, wc
1.9	Edisons Glühlampen	W. J. Hammer, wc
1.10	Erde bei Nacht	NASA, wc
1.11	Benz-Motorwagen	Martin Dürrschnabel, wc
1.12	Montgolfiere	Sebastian Breier, wc
1.13	Arbeitstisch Otto Hahns	Markus Breig, KIT
1.14	Kraftwerk-Mix Borssele	HFW
1.15	Kirchturm Berlin-Buch	MDC Berlin Buch
1.16	Elektromotor	Autor
1.17	Generator	Autor
1.18	Kernspaltung	Stefan Xp, wc
2.1	Weltenergieverbrauch	Autor
2.2	Szenarien der IEA für 2035	Autor nach[6, S. 36]
2.3	Strahlungsbilanz der Erde	F. Fiedler [13]
2.4	Die Erde	NASA, Apollo 17 crew, wc
2.5	Quellen der Treibhausgasemissionen	Autor
2.6	Klimaveränderungen seit 1 Mio. Jahren	Autor
2.7	IPCC: Anstieg der CO_2-Emissionen	Autor nach IPCC

2.8	IPCC: Anstieg der CO_2-Konzentrationen	Autor nach IPCC
2.9	IPCC: Anstieg der Temperaturen	Autor nach IPCC
2.10	CO_2-Emissionen vor und nach Kyoto	Autor
2.11	Verpflichtungen und Veränderungen	Autor
2.12	Weltweite CO_2-Emissionen	Autor
2.13	Mehrkosten von CO_2-Minderung	Autor
2.14	Anstieg der CO_2-Konzentrationen (IEA)	Autor
2.15	Meerwasserentsalzungsanlage in Oman	Starsend, wc
2.16	Kühlturm des Kohlekraftwerks Rostock	Morloc, wc
3.1	Braunkohlekraftwerk Eschweiler	HFW
3.2	Braunkohletagebau	HFW
3.3	Walzenschrämlader	Gebr. Eickhoff, wc
3.4	Kraftwerk Großkrotzenburg	Dmitry A. Mottl, wc
3.5	Ölplattform »Deep Water Horizon«	US Coast Guard, wc
3.6	Verteilung der Erdölvorräte der Welt	Autor
3.7	Pferdekopfpumpe	Bodo Klecksel, wc
3.8	Flüssiggas-Tanker	TennenGas, wc
3.9	Fracking-Anlage in Texas	Tim Lewis, wc
3.10	Kernkraftwerk Brokdorf	HFW
3.11	Verglasungsanlage des KIT	KIT
3.12	Kernkraftwerk Olkiluoto	Teollisuuden Voima Oy, wc
3.13	Kernkraftwerkskapazität der Welt	Autor
3.14	Protokoll der 1. Atomkommission	Autor
3.15	FR 2 des Kernforschungszentrums	KIT
3.16	Kernkraftwerk Niederaichbach	Storz, Presse- und Informationsamt der Bundesregierung, Bildbestand (B 145) April 1988
3.17	Mittelaktive Abfälle in der Asse	Stefan Brix, wc
3.18	Erkundungsbergwerk Gorleben	Fice, wc
3.19	Handschuhbox	KIT
3.20	Querschnitt durch ITER	KIT
3.21	Testspule für ITER	KIT
3.22	Spulenanordnung des Stellarators	KIT
3.23	Fukushima Daiichi am 16.03.2011	Digital Globe, wc
3.24	Bodenkontamination Fukushima	KIT

4.1	Staudamm des Kraftwerks Itaipu	Stahlhoefer, wc
4.2	Laufwasserkraftwerk im Schwarzwald	HFW
4.3	Windenergie-Karte Deutschland	DWD (120)
4.4	Leistungsdauerlinie Wind	Autor
4.5	Windenergieeinspeisung pro Tag 2008	Autor
4.6	On-shore-Windpark	Millhouse, pixelio.de
4.7	Growian	Uli Harder, wc
4.8	Windenergieanlage mit 7,5 MW	Zonk43, wc
4.9	Parabolrinnen-Kraftwerk in Kalifornien	US Gov BLM, wc
4.10	Solar-Turmanlage in Sevilla/Spanien	Solucar, wc
4.11	Polykristalline Solarzellen	Georg Stickers, wc
4.12	Fachwerkhaus mit Photovoltaik-Anlage	Turelio wc
4.13	Sonneneinstrahlung in Europa	DLR
4.14	Monatliche Stromerzeugung aus PV	Autor
4.15	Zusammensetzung der Biomasse 2010 und 2035	Autor
4.16	Verwendung der Biomasse	Autor
4.17	BIOLIQ-Anlage des KIT	Markus Breig, KIT
4.18	Geothermie-Kraftwerk in Island	Gretar Ivarsson, wc
4.19	Geothermie-Kraftwerk Landau	Markus Breig, KIT
4.20	Wellen-Kraftwerk mit 500 kW	Peter Church, wc
4.21	Leistungsdichten von Energiequellen	Autor
4.22	Beiträge der Primärenergieträger zum Treibhauseffekt	Autor
4.23	Gesundheitswirkungen Primärenergien	Autor
4.24	Externe Kosten der Stromerzeugung	Autor
5.1	Umwandlung der Primärenergie	Autor
5.2	Endenergieeinsatz in den Sektoren	Autor
5.3	Stromerzeugung aus Primärenergien	Autor
5.4	Kostenvergleich elektrische Energie	Autor
5.5	Zusammensetzung des Strompreises	Autor

5.6	Typische Merit Order Anfang 2013	Autor
5.7	Zahlungsverpflichtungen nach dem EEG	Autor
5.8	Beiträge der erneuerbaren Energien 2012	Autor
5.9	Einspeisemengen des EEG-Stroms	Autor
5.10	Vergütungszahlungen nach dem EEG	Autor
5.11	Kostenanteile der EEG-Technologien	Autor
5.12	380 kV-Hochspannungsleitung	Martin Lober, KIT
5.13	Biogas-Anlage in Schleswig-Holstein	Philipp Pohlmann, pixelio.de
5.14	Wasserstoff-Technikum des KIT	KIT
5.15	Supraleitender Energiespeicher	KIT
5.16	Pumpspeicherwerk	Richard Peter WC
5.17	Kostenvergleich Stromspeicherung	Autor
5.18	Energieintensität weltweit	Autor
5.19	Energieeffizienz in Deutschland	Autor
5.20	Endenergiebedarf der Haushalte	Autor
5.21	Smart Home Projekt des KIT	Andreas Drollinger, KIT
5.22	Post-Tower in Bonn	Thomas Robbin, wc
5.23	Elektroauto im Smart Home-Projekt	Andreas Drollinger, KIT
5.24	Versuchseinrichtung Competence E	KIT
6.1	Energieprogramme 1977–1986	Autor
6.2	Primärenergieverbrauch Deutschland	Autor
6.3	Energieforschungsprogramme	Autor
6.4	Philips-Solarhaus 1974	NN (Eigentum des Autors)
6.5	Energieforschung 1972–2014	Autor
6.6	Reduktion der Treibhausgase (D)	Autor
6.7	Entwicklung des Strombedarfs (D)	Autor
6.8	Entwicklung des Primärenergiebedarfs	Autor
6.9	Endenergiebedarf in den Sektoren	Autor
6.10	Stromerzeugung 2008, 2020 und 2050	Autor
6.11	Titelblatt des Energiekonzeptes	Autor
6.12	Deutsche Stromimporte und -exporte	Autor

Abkürzungen:

HFW Dr. Hermann Friedrich Wagner
WC Wikimedia Commons

Literaturverzeichnis

1. Roebroeks W., Villa P. (2011) On the earliest evidence for habitual use of fire in Europe. PNAS, Bd. 108, Nr. 13, S. 5209–5214.
2. Landels J.G. (1978) Die Technik in der antiken Welt. C.H. Beck Verlag, München.
3. Lenz C., Billeter F. (2004) Hans Purrmann: Die Gemälde. Werkverzeichnis, Bd. I. Hirmer-Verlag, München.
4. Armaroli N., Balzani V. (2011) Energy for a Sustainable World. Wiley-VCH Verlag GmbH, Weinheim.
5. Kissinger H. (2011) On China. The Penguin Press. New York, S. 49.
6. IEA (2012) World Energy Outlook 2011. International Energy Agency, Paris.
7. Lenin W.I. (1959) Werke, Bd. 31. Dietz-Verlag, Berlin, S. 414.
8. Diekmann B., Heinloth, K. (1997) Energie. Teubner Verlag, Stuttgart.
9. Michel H. (2008) Die natürliche Photosynthese. In: Gruss P., Schüth, F. (Hrsg.) Die Zukunft der Energie. C.H. Beck Verlag, München.
10. Petermann T., Bradke H., Lüllmann A., Poetzsch M., Riehm U. (2011) Was bei einem Blackout geschieht – Folgen eines langandauernden und großflächigen Stromausfalls. Studien des Büros für Technikfolgenabschätzung beim Deutschen Bundestag, Bd. 33. Edition Sigma, Berlin.
11. Murck B. (2005) Environmental Science – A Self-Teaching Guide. Wiley-VCH Verlag GmbH, Weinheim.
12. IEA (2013) World Energy Outlook 2012. International Energy Agency, Paris.
13. Fiedler F. (2005) Energie- und Wasserhaushalt der Atmosphäre – Inwieweit beherrschen Klimamodelle diese zentralen Bereiche des globalen Klimas? In: Bayerische Akademie der Wissenschaften (Hrsg.) Klimawandel im 20. und 21. Jahrhundert – Welche Rolle spielen Kohlenstoffdioxid, Wasser und Treibhausgase wirklich? Rundgespräche der Kommission für Ökologie, München, S. 69–81.
14. Schönwiese C.-D. (1994) Klima. BI-Taschenbuch Verlag, Mannheim, S. 92.
15. Arrhenius S.A. (1896) On the influence of carbonic acid in the air upon the temperature of the ground. Philosophical Magazine and Journal of Science 5: 237–276.
16. Marotzke J., Roeckner E. (2008) Energie und Klima: Klimaprojektionen für das 21. Jahrhundert. In: Gruss P., Schüth, F. (Hrsg.) Die Zukunft der Energie. C.H. Beck Verlag, München.
17. Feldmann H., Schädler G., Panitz H.-J., Kottmeier C. (2012) Near future changes of extreme precipitation over complex terrain in Central Europe derived from high resolution RCM ensemble simulations. Int. J. Climatol, pu-

blished online: 15. August 2012, DOI:10.1002/joc.3564.

18. IPCC Climate Change 2007 – The Physical Science Basis, Contribution of Working Group I to the Fourth Assessment Report of the IPCC (ISBN 978 0521, 88009-1), S. 827.

19. Parry M.L., Canziani O.F., Palutikof J.P., van der Linden P.J., Hanson C.E. (Hrsg.) (2007) Contribution of Working Group II to the Fourth Assessment Report of the Intergovernmental Panel on Climate Change. Cambridge University Press, Cambridge, United Kingdom and New York, NY.

20. Kottmeier C. (2010) Gibt es wissenschaftlich seriöse Argumente, die gegen eine vom Menschen verursachte Erwärmung des Erdklimas sprechen? www.energie-fakten.de/html/klima-nicht-menschen-gemacht.html (13.02.2013).

21. Vahrenholt F., Lüning S. (2012) Die kalte Sonne. Hoffmann und Campe Verlag, Hamburg.

22. United Nations Framework Convention on Climate Change (2013) National Greenhouse Gas Inventory Data, detailed by party, http://unfccc.int/di/DetailedByParty.do (13.02.2013).

23. Rahmstorf S., Schellnhuber H.-J. (2006) Der Klimawandel: Diagnose, Prognose, Therapie. Verlag C.H. Beck, München, S. 107.

24. Beer M. (2009) CO_2-Vermeidungskosten erneuerbarer Energien. Forschungsstelle für Energiewirtschaft, München.

25. IEA World Energy Outlook 2012. Executive Summary in www.worldenergyoutlook.org/publications/weo-2012/#d.en.26099 (13.02.2013)

26. BP (2011) Energy Outlook 2030. London.

27. Lattemann S. (2011) Meerwasserentsalzung. In: Lozán J.L., Graßl H., Hupfer P., Karbe L., Schönwiese C.-D. (Hrsg.) Warnsignal Klima – Genug Wasser für Alle? (4. Auflage), Universität Hamburg.

28. Popp M. (2010) Welche Bedeutung haben Werkstoffe für die künftige Energieversorgung? www.energie-fakten.de/stiftung/2010-werkstoffe/2010-03-werkstoffe.html (14.02.2013).

29. Schilling H.-D. (2004) Wie haben sich die Wirkungsgrade der Kohlekraftwerke entwickelt und was ist künftig zu erwarten? www.energie-fakten.de/ (12.02.2013).

30. Frondel M., Kambeck R., Schmidt C.M. (2006) Steinkohlesubventionen, Rheinisch-Westfälisches Institut für Wirtschaftsforschung, Essen.

31. EMNID-Umfrage im Auftrag des Bundesverbandes Solarenergie vom 24.–26. Februar 2010, zitiert nach Frankfurter Allgemeine Zeitung, 8. März 2010, S. 12.

32. Grünwald R. (2008) Treibhausgas – ab in die Versenkung? Studien des Büros für Technikfolgenabschätzung beim Deutschen Bundestag, Sigma-Verlag, Berlin.

33. Leitner W. (1995) Kohlendioxid als Rohstoff am Beispiel der Synthese von Ameisensäure und ihren Derivaten. Zeitschrift für die chemische Industrie, Bd. 107: 2391–2405.

34. Meadows D., Meadows D.H., Zahn, E. (1972) Die Grenzen des Wachstums. Bericht des Club of Rome zur Lage der Menschheit, Deutsche Verlags-Anstalt, Stuttgart.

35. Popp M. (2011) Wann gehen die Öl- und Gasvorräte der Erde zu Ende? www.energie-fakten.de/...11.../2011-02-peak-oil-popp.pdf (24.01.2013).

36. Popp M. (2012) Was gibt es Neues zur Entwicklung des Energieverbrauchs der Welt?

www.energie-fakten.de/stiftung/ 2012-02-energy-outlook/2012-02- (24.01.2013).

37 Meiners H.G., Denneborg M., Müller F., Bergmann A., Weber F.-A., Dopp E., Hansen C., Schüth C., Buchholz G., Gaßner H., Sass I., Homuth S., Priebs R. (2012) Umweltauswirkungen von Fracking bei der Aufsuchung und Gewinnung von Erdgas aus unkonventionellen Lagerstätten – Risikobewertung, Handlungsempfehlungen und Evaluierung bestehender rechtlicher Regelungen und Verwaltungsstrukturen. Umweltbundesamt Dessau-Roßlau.

38 IAEA (2007) World Distribution of Uranium Deposits (UDEPO) with Uranium Deposit Classification. IAEA, Wien.

39 Gesellschaft für Reaktorsicherheit (1980) Deutsche Risikostudie Kernkraftwerke – Eine Untersuchung zu den durch Störfälle in Kernkraftwerken verursachten Risiko. Verlag TÜV Rheinland, Köln.

40 Hermann, A, (2006) Karl Wirtz – Leben und Werk, Schattauer Verlag, Stuttgart.

41 Popp M. (2013) Wie geht es weiter mit der Entsorgung hochradioaktiver Abfälle? www.energie-fakten. de/html/entsorgung-2012.html (24.01.2013).

42 Knebel J., Salvatores M. (2011) Partitioning & Transmutation (P&T). www.energie-fakten.de/pdf/p-und-t. pdf (26.02.2013).

43 Bradshaw A.M., Gruss P., Schüth F. (2008) Die Zukunft der Energie. C.H. Beck Verlag, München, S. 295–309.

44 GRS (2012) Fukushima Daiichi – 11. März 2011 – Unfallablauf – Radiologische Folgen. www.grs.de/node/1677 (11.03.2013).

45 NEA (2012) Timeline for the Fukushima Daiichi nuclear power plant accident. www.oecd-nea.org/press/ 2011/NEWS-04.html (11.03.2013).

46 Tromm W. (2012) Fukushima – ein Jahr danach. www.energie-fakten. de/html/fukushima-tromm.html (11.03.013).

47 Yonekura Y. (2011) Exposures from the Events at the NPPs in Fukushima following the Great East Japan Earthquake and Tsunami. www.nirs.go.jp/ENG/ (11.03.2013).

48 World Health Organization (2012) Preliminary dose estimation from the nuclear accident after the 2011 Great East Japan Earthquake and Tsunami. www.who.int/ ionizing_radiation/pub_meet/en/ (26.01.2013).

49 Ten Hoeve J.E., Jacobson, M.Z. (2012) Energy Environ. Sci. 5: 8743–8757, doi:10.1039/C2EE22019A, first published on the web 17. July 2012.

50 IEA-World (2012) Energy Outlook. Presseveröffentlichung.

51 Kühn M., Klaus T. (2010) Rückenwind für eine zukunftsfähige Technik. In: Bührke T., Wengenmayr R. (Hrsg.) Erneuerbare Energie: Konzepte für die Energiewende. Wiley-VCH Verlag GmbH, Weinheim, S. 14 ff.

52 AG Energiebilanzen (2012) Energieverbrauch in Deutschland im Jahr 2011. Berlin

53 ISET (2009) Windstromeinspeisung in Deutschland 2008, zitiert nach www.lvi-online.de/ upload/mediapool/2011_06_ dr_fritz_energieversorgung2.pdf (27.02.2013).

54 IWES (2012) Windenergie Report Deutschland 2011. Fraunhofer Institut für Windenergie und Energiesystemtechnik, Kassel, S. 19.

55 Hötker H. (2006) Auswirkungen des Repowering von Windkraftanlagen auf Vögel und Fledermäuse, Michael-Otto-Institut im Untersuchung im Auftrag des Landesamtes

56 Kiefer A. (2011) in: www.youtube.com/watch?v=JY9V66v_QSQ, Warum Windräder Fledermäuse töten, SWR.
57 Pitz-Paal R. (2011) Wie die Sonne ins Kraftwerk kommt. In: Bührke T., Wengenmayr R. (Hrsg.) Erneuerbare Energie: Konzepte für die Energiewende. Wiley-VCH Verlag GmbH, Weinheim, S. 30 ff.
58 Schlaich J., Bergermann R., Weinrebe G. (2011) Strom aus heißer Luft. In: Bührke T., Wengenmayr R. (Hrsg.) Erneuerbare Energie: Konzepte für die Energiewende. Wiley-VCH Verlag GmbH, Weinheim, S. 77–82.
59 Trieb F. (2005) Concentrating solar power for the Mediterranean region. www.dlr.de/tt/med-csp (26.01.2013).
60 Popp M. (2011) Solarstrom aus der Wüste für Mitteleuropa – ist das realistisch? www.energie-fakten.de/stiftung/2011-pdf-und-frames/2011-01- (26.03.2013).
61 Hahn G. (2011) Solarzellen aus Folien-Silizium. In: Bührke T., Wengenmayr R. (Hrsg.) Erneuerbare Energie: Konzepte für die Energiewende. Wiley-VCH Verlag GmbH, Weinheim, S. 147.
62 Fraunhofer-ISE (2012) Aktuelle Fragen zur Photovoltaik in Deutschland. Freiburg.
63 Queisser H.J. (2008) Solarzellen auf Basis anorganischer Materialien. In: Gruss P., Schüth F. (Hrsg.) Die Zukunft der Energie. C.H. Beck Verlag, München, S. 92.
64 Burger B. (2013) Stromerzeugung aus Solar- und Windenergie im Jahr 2012. Fraunhofer Institut für Solare Energiesysteme, Freiburg.
65 Wengenmayr R. (2011) Solarzellen – ein Überblick. In: Bührke T., Wengenmayr R. (Hrsg.) Erneuerbare Energie: Konzepte für die Energiewende. Wiley-VCH Verlag GmbH, Weinheim, S. 38–44.
66 Wengenmayr R. (2011) Grüne Chance und Gefahr. In: Bührke T., Wengenmayr R. (Hrsg.) Erneuerbare Energie: Konzepte für die Energiewende. Wiley-VCH Verlag GmbH, Weinheim.
67 Crutzen P.J., Mosier A.R., Smith K.A., Winiwarter W. (2007) N_2O release from agro-biofuel production negates global warming reduction by replacing fossil fuels. Atmos. Chem. Phys. Discuss. 7: 11191-11205.
68 Dahmen N., Dinjus E., Henrich E (2011) Synthesekraftstoffe aus Biomasse. In: Bührke T., Wengenmayr R. (Hrsg.) Erneuerbare Energie: Konzepte für die Energiewende. Wiley-VCH Verlag GmbH, Weinheim, S. 71–75.
69 Leitner W. (2008) Kraftstoffe aus Biomasse: Stand der Technik, Trends und Visionen. In: Gruss P., Schüth F. (Hrsg.) Die Zukunft der Energie. C.H. Beck Verlag, München, S. 190–211.
70 Antonietti M., Gleixner G. (2008) Biomasse-Nutzung für globale Zyklen: Energieerzeugung oder Kohlenstoffspeicherung. In: Gruss P., Schüth F. (Hrsg.) Die Zukunft der Energie. C.H. Beck Verlag, München, S. 212–222.
71 Huenges E.(2011) Energie aus der Tiefe. In: Bührke T., Wengenmayr R. (Hrsg.) Erneuerbare Energie: Konzepte für die Energiewende. Wiley-VCH Verlag GmbH, Weinheim.
72 Lübbert D. (2005) Das Meer als Energiequelle. Deutscher Bundestag, WF VIII–116/2005.
73 Ruprecht A., Weilepp J. (2011) Mond, Erde und Sonne als Antrieb. In: Bührke T., Wengenmayr R. (Hrsg.) Erneuerbare Energie: Konzepte für die Energiewende.

Wiley-VCH Verlag GmbH, Weinheim, S. 91–94.
74 Graw K.-U. (2011) Energiereservoir Ozean. In: Bührke T., Wengenmayr R. (Hrsg.) Erneuerbare Energie: Konzepte für die Energiewende. Wiley-VCH Verlag GmbH. Weinheim, S. 84–90.
75 Peinemann K.-V. (2011) Salz- contra Süßwasser. In: Bührke T., Wengenmayr R. (Hrsg.) Erneuerbare Energie: Konzepte für die Energiewende. Wiley-VCH Verlag GmbH. Weinheim, S. 95–96.
76 Wagner H.-J., Koch M.K., Burkhard J. (2007) CO_2-Emissionen der Stromversorgung. BWK Bd. 59. Springer-VDI-Verlag, Düsseldorf, S. 44–52.
77 Voß A.(2011) Nachhaltige Energieversorgung – Perspektiven für Deutschland. www.ier.uni-stuttgart. de/publikationen/online/onpub_vortraege.html (26.01.2013).
78 Friedrich R. (2011) Vergleichende Bewertung von Stromerzeugungssystemen. In: Bruhns H. (Hrsg.) Energie – Perspektiven und Technologien, Vorträge auf der Dresdner DPG-Tagung 2011, Deutsche Physikalische Gesellschaft, Bad Honnef, S. 47–63.
79 Michel H. (2008) Die natürliche Photosynthese und ihre Konsequenzen. In: Gruss P., Schüth F. (Hrsg.) Die Zukunft der Energie, C.H. Beck Verlag, München S. 83–84.
80 BMWi (2010) Energie in Deutschland. Bundesministerium für Wirtschaft, Berlin.
81 BWK (2009) Bd. 61, Nr. 6. Springer-VDI-Verlag, Düsseldorf.
82 Schlögl R., Schüth F. (2008) Transport- und Speicherformen für Energie, In: Die Zukunft der Energie, Gruss P., Schüth F. (Hrsg.), C.H. Beck Verlag, München.
83 Oertel, D. (2008) Energiespeicher – Stand und Perspektiven, TAB-Arbeitsbericht Nr. 123 Büro für Technikfolgenabschätzung beim Deutschen Bundestag, Berlin.
84 Mahnke E., Mühlenhoff J. (2011) Strom speichern. Agentur für Erneuerbare Energien e.V., Berlin, http://www.fvee.de/fileadmin/publikationen/Themenhefte/th2010-2/th2010_13_01.pdf (19.08.2013).
85 Köhler S., Kabus F., Huenges E. (2011) Wärme auf Abruf. In: Bührke T., Wengenmayr R. (Hrsg.) Erneuerbare Energie: Konzepte für die Energiewende. Wiley-VCH Verlag GmbH, Weinheim, S. 103 ff.
86 Wengenmayr R. (2011) Prima Klima im Glashaus. In: Bührke T., Wengenmayr R. (Hrsg.) Erneuerbare Energie: Konzepte für die Energiewende. Wiley-VCH Verlag GmbH, Weinheim, S. 128 ff.
87 Vezzini A. (2011) Elektrofahrzeuge. In: Bührke T., Wengenmayr R. (Hrsg.) Erneuerbare Energie: Konzepte für die Energiewende. Wiley-VCH Verlag GmbH, Weinheim, S. 118 ff.
88 Energieprogramm der Bundesregierung (1973) Drucksache 7/1057, Deutscher Bundestag.
89 Energieprogramm der Bundesregierung, 1. Fortschreibung (1974) Drucksache 7/2713, Deutscher Bundestag.
90 Energieprogramm der Bundesregierung, 2. Fortschreibung (1977) Drucksache 8/1357, Deutscher Bundestag.
91 Energieprogramm der Bundesregierung, 3. Fortschreibung (1981) Drucksache 9/983, Deutscher Bundestag.
92 Energiebericht der Bundesregierung (1986) Drucksache 10/6073, Deutscher Bundestag.
93 Energiepolitik für das vereinte Deutschland (1991) Drucksache 12/1799, Deutscher Bundestag.

94 4. Atomprogramm für die Bundesrepublik Deutschland 1973–1976. BMFT Bonn, 1973.
95 Rahmenprogramm Energieforschung 1974–1977. BMFT Bonn, 1974.
96 Energiekonzept für eine umweltschonende, bezahlbare und sichere Energieversorgung, 28.09.2010, Bundesministerium für Wirtschaft und Technologie. Bundesministerium für Umwelt, Berlin.
97 EWI, GWS, prognos (2010) Energieszenarien für ein Energiekonzept der Bundesregierung, 27.08.2010. www.bmu.de/fileadmin/bmu-import/files/pdfs/allgemein/application/pdf/energieszenarien_2010.pdf (18.04.2013).
98 Übersicht zur Entwicklung der energiebedingten Emissionen in Deutschland 1990–2010 (2011). Dessau-Roßlau. www.umweltbundesamt.de/.
99 AG Energiebilanzen (2012) Energieverbrauch in Deutschland im Jahr 2011. Berlin.
100 Forschung für eine umweltschonende, zuverlässige und bezahlbare Energieversorgung, Das 6. Energieforschungsprogramm der Bundesregierung, Bundesministerium für Wirtschaft und Technologie. Berlin, 3. August 2011.
101 Popp M. (2011) Energie-Wende – Bleibt der Klimaschutz auf der Strecke? www.energie-fakten.de/stiftung/2011-07-klimaschutz/2011-07-klimaschutz.html (06.03.2013).
102 Kepplinger H.M., Lemke L. (2012) Die Reaktorkatastrophe bei Fukushima in Presse und Fernsehen in Deutschland, Schweiz, Frankreich und England, Jahrestagung 2012 der Strahlenschutzkommission 15. März 2012 in Hamburg.
103 Popp M. (2011) Die Energiewende und ihre Folgen. www.energie-fakten.de/.../2012-05-verteilnetze-haupt.html (26.02.2013).
104 Erster Monitoring-Prozess »Energie der Zukunft« (2012) Bundesministerium für Wirtschaft und Technologie. Bundesministerium für Umwelt, Naturschutz und Reaktorsicherheit, Berlin.
105 Expertenkommission zum Monitoring-Prozess »Energie der Zukunft« (2012) Stellungnahme zum ersten Monitoring-Bericht der Bundesregierung für das Berichtsjahr 2011. http://www.bmwi.de/DE/Mediathek/publikationen,did=543190.html Berlin, Mannheim, Stuttgart.

Verzeichnis der Abkürzungen

BMU	Bundesministerium für Umwelt, Naturschutz und Reaktorsicherheit
BMWi	Bundesministerium für Wirtschaft und Technologie
BMFT	Bundesministerium für Forschung und Technologie
BP	British Petroleum
Bq	Becquerel
cal	Kalorie
CCS	Carbon Capture and Storage
Cd	Cadmium
Ci	Curie
CO_2	Kohlenstoffdioxid
DII	Desertec Industrial Initiative
DLR	Deutsches Zentrum für Luft- und Raumfahrt
DNS	Desoxyribonukleinsäure
EEG	Erneuerbare-Energien-Gesetz
EEX	European Energy Exchange
EnEV	Energie-Einspar-Verordnung
EPR	European Pressurized Water Reaktor
ESK	Entsorgungskommission
EU	Europäische Union
eV	Elektronenvolt
FR2	Forschungsreaktor 2
GPS	Geo-Positioning System
GRS	Gesellschaft für Reaktorsicherheit
Gy	Gray
HGÜ	Hochspannungs-Gleichstrom-Übertragung
IAEO	Internationale Atomenergie Organisation
IEA	International Energy Agency
IPCC	International Panel on Climate Change

K	Kalium
°K	Grad Kelvin
KIT	Karlsruher Institut für Technologie
kWh	Kilowattstunde
LKW	Lastkraftwagen
LULUCF	Land Use, Land Use Change and Forestry
MWe	Megawatt elektrisch
MWth	Megawatt thermisch
NEA	Nuclear Energy Agency
NIRS	National Institue of Radiation Science, Japan
NVV	Nichtverbreitungsvertrag für Atomwaffen
Oe	Öläquivalent
OECD	Organisation for Economic Co-operation and Development
OPEC	Organisation ölexportierender Staaten
PKW	Personenkraftwagen
Ppm	Parts per million
Pu	Plutonium
RSK	Reaktorsicherheitskommission
SKE	Steinkohleeinheiten
SNR	Schneller Brutreaktor
Sv	Sievert
Th	Thorium
THTR	Thorium-Hochtemperaturreaktor
U	Uran
UNO	Vereinte Nationen
UNFCC	United Nations Framework Convention on Climate Change
UNSCEAR	UN Scientific Committee on the Effects of Atomic Radiation
WHO	World Health Organisation